제2판

유기농업원론

Principles of Organic Agriculture

(제2판)

유기농업원론

초 판 1쇄 펴낸날 / 2009. 9. 25.
제2판 1쇄 펴낸날 / 2013. 3. 30.
제2판 3쇄 펴낸날 / 2016. 9. 07.

지은이 / 이효원
펴낸이 / 이동국
펴낸곳 / (사)한국방송통신대학교출판문화원
출판등록 1982년 6월 7일 제1-491호
서울특별시 종로구 이화장길 54 (우03088)
전화 (02) 1644-1232
팩스 (02) 742-0956
http://press.knou.ac.kr

책임편집 / 장웅수
편집·조판 / ㈜하람커뮤니케이션
표지 디자인 / Toga

ISBN 978-89-20-00016-4 93520
값 23,000원

• 이 책은 한국방송통신대학교 학술진흥재단의 저작지원금을 받아 집필되었습니다.

제2판

유기농업원론

Principles of Organic Agriculture

이효원 지음

초판 머리말

『생태유기농업』을 출간하고 5년이 지나는 동안 독자의 성원에 힘입어 3쇄를 거듭하게 되었다. 그러나 시대적 상황이 바뀌어 후속 연구서의 필요성이 제기되어 이 책의 집필에 착수하게 되었다. 그간 유기농업 관련 국제대회가 유치되고 상당수의 관행농가가 유기농가로 전환되었으나 철학과 이념이 정립되지 않은 채 짧은 기간에 급격한 변화를 겪게 되어 여러 가지 시행착오를 거치는 것을 보면서, 이 부분에 도움이 될 연구서의 필요성을 절감한 바 있다.

이 책은 기본적으로 유기농업기사시험의 유기농업개론의 목차에 맞추어 집필하였으며 추가적으로 '유기농업의 철학과 이념' 그리고 '도전받는 유기농업'이라는 주제를 추가하여 총 10개 장으로 구성하였다.

이 책을 집필하는 데 5년이라는 시간을 보냈으나 막상 출간을 앞두고 보니 미진한 부분이 한두 곳이 아님을 인정하지 않을 수 없다. 또한 이 책을 집필하면서 "소년은 늙기 쉬우나, 학문은 이루기 어렵다(少年易老學難成)"는 옛 성현의 말씀의 참뜻을 절실히 깨달았다.

최근 유기농업도 점점 그 영역이 확대되어 유기산업으로 발전하는 추세로, 유기화장품, 유기섬유, 유기양어 등으로 그 외연이 확장되고 있으나, 이 분야에 대한 저술은 차후로 미루기로 하고 이 책에서는 '유기농업원론' 수준으로 제한하여 기술하기로 하였다. 아쉬운 일이나 이 부분은 앞으로 출간될 『유기산업』이라는 책에서 다루기로 한다.

이 책의 내용 중 이론 제시가 명쾌하지 않고 그 실증의 예도 빈약한 부분이 다소 있었음을 미리 솔직히 인정하며, 이 점에 대해서는 독자 제현의 건설적 비판을 바라마지 않는다.

이 책이 만들어지기까지 사진자료와 증언을 제공해 주고 현장 인터뷰에 응해 준 여러분께 감사드린다. 그리고 재정적 지원을 해 준 한국방송통신대학교 학술진흥재단과 책으로 빛을 볼 수 있도록 지원해 준 한국방송통신대학교 출판부 관계자 여러분의 노고에 심심한 감사를 표한다.

제 2 판 머 리 말

유기농업원론이란 제명으로 세상에 나온 이 책이 독자들의 성원으로 3년 만에 다시 제2판으로 거듭나게 되었다. 그간 국내에서는 세계유기농대회를 통해 섬유, 유기차 그리고 유기화장품 등의 주제에 관해 830여 편의 논문이 발표되어 유기농업에서 유기산업으로 지평을 넓히는 계기가 되었다.

한편 저농약 및 전환기 유기농산물이 유기농산물 범주에서 제외되는 법률이 시행되는 과정에 접어들고 있다. 유기농업도 세상의 변화에 따라 계속하여 진화하는 과정을 겪고 있다.

제2판에서는 최근의 통계자료 및 개정된 법령의 내용을 최대한 삽입하려고 노력하였다. 한 가지 아쉬운 것은 내용을 전면적으로 개편하고 싶었으나 시간과 자료의 부족으로 최소한의 수정으로 마무리하게 된 점 독자 여러분의 양해를 구하고자 한다.

제3판이 나올 때는 전면적인 개편으로 독자 여러분의 기대에 부응할 것을 약속하며 제2판이 나오기까지 애정을 갖고 지원해 준 한국방송통신대학교 출판부 관계자 여러분께 다시 한 번 감사의 마음을 전한다.

2013년 3월

이 효 원

차 례

제1장 유기농업의 이념과 철학적 배경

제2장 유기농업의 의의와 현황

제3장 유기경종

제4장 시설 및 노지원예

제5장 품종과 육종

제6장 유기원예

제10장 유기농업의 미래

제 1 장

유기농업의 이념과 철학적 배경

1.1 농업과 직업관

인간의 직업은 크게 두 가지 기능이 있는데, 하나는 개인적 기능이며 다른 하나는 사회적 기능이다. 개인적 기능으로서 직업은 생계를 가능케 하고 소속감을 주며 가치를 실현시키고 정체성을 형성케 한다. 예로부터 농업은 귀하고 유익하고 건강하며, 돈에 집착하지 않고 자연을 벗삼아 영리를 추구하면서 동시에 즐길 수 있는 직업으로 생각되어 왔다. 그러나 최근에는 직업관을 자기 본위의 개인적 기능에 초점을 맞추어 생계 유지를 위한 활동과 출세의 수단으로서의 직업에만 초점을 두는 풍조가 유행하게 되었다.

그러나 건전한 직업인이 되기 위해서는 사회 본위 직업관과 일 본위 직업관이 균형을 이루어야 한다. 이기주의적 직업관에만 치우치면 목적과 수단을 가리지 않고 수익에만 관심이 있게 되고, 전체주의적 직업관에만 집착한다면 생활인으로서의 농업인이 될 수 없으며, 자아실현적 직업관에만 몰두하면 농업 자체에만 매달린 채 경제적 관념이 무시되어 영속적으로 직업을 이어갈 수 없게 된다.

전통적 사회에서는 사농공상의 순으로 직업의 우선순위를 두어 농업은 관리를 제외한 나머지 직업 중 가장 앞선 위치였고, 이것은 식량을 가장 중요한 것으로 여겼기 때문이었다. 그러나 사회가 발전함에 따라 1차 산업인 농업의 중요성은 점차 쇠락하고 제2차 및 제3차 산업이 더 중요시되었다. 즉, 후기 산업사회에 들어와서는 지식정보사회로 발전하게 되고 부의 원천이 지식과 정보에서 온다고 보기 때문에 직업의 선호순위도 달라졌다.

그리하여 물질만능주의와 지나친 이기심으로 인해 경제적 성공과 출세가 지상만능의 과제가 되었다. 수단과 방법을 가리지 않는 성공 추구는 도덕성이 결여되어 생긴 결과이다. 이 책에서 다루는 유기농업은 도덕과 신념, 철학이 요구되는 산업이다. 따라서 유기농업이 가진 독특한 철학과 배경을 아는 것이 중요하다. 단지 이익추구만이 아니라 사회적 책임을 생각하고 나아가 윤리나 사회적 정의 실현의 방편으로 유기농업을 선택할 때 보람 있는 직업으로 자리매김하게 될 것임은 너무도 자명한 일이다.

1.2 유기농업이념 정립의 필요성

우리 농가는 그간 수량 증대, 단위면적당 생산성 제고 등과 같은 양적 성장에만 매달려 왔으나 개방화, 환경에 대한 국민들의 관심, 웰빙 농산물에 대한 소비자의 욕구 증대에 부응하기 위한 새로운 대안으로 유기농업에 관심을 갖게 되었다.

유기농산물이 인증기관의 기준에 따라 심사, 생산하여 판매되는 농산물임에도 불구하고 일부 소비자들의 의구심을 완전히 해소시키지 못하고 있음은 주지의 사실이다. 유기농산물이 화학비료나 농약을 사용하지 않고 재배한 농산물 그 이상의 의미가 있음에도 불구하고 관행농산물과 차별화시키는 데 어려움을 느끼고 있다.

이는 서구의 유기농업이 지난 몇십 년 간 토론, 시행착오, 철학적 무장하에 오늘의 토대를 마련한 데 비하여 한국의 유기농업은 그런 과정 없이 불과 수년 동안 비약적으로 양적 성장에만 치중해 온 결과이다. 현재 한국 유기농업이 안고 있는 문제는 크게 두 가지로, 기술 부재와 이념 부재가 그것이다. 그 중 이념적 문제가 기술적 문제보다 더 큰 문제라고 생각된다.

즉, 잘 정리된 유기농 기준 및 차별화된 농자재 사용과 같이 제도적 완벽성을 갖추었다 하더라도 유기농업이 지속적 · 영속적 농업으로 발전하기 위해서는 농가의 사상적 내면화가 무엇보다도 중요하다.

유기농업 선구자들이 이러한 농업을 하게 된 것은 단지 경쟁력 있는 농업이라는 이유 때문만은 아니었다. 어떤 의미에서 유기농업은 기술보다 이념이 더 우선시되는 농업이다. 유기농가가 주류농업을 이탈했던 것은 유기농업이 갖는 철학적 의미 때문이었다.

1.3 유기농업철학

유기농업은 관행농업과는 다른 이론적 배경과 역사를 가지고 있기 때문에 일반 농가가 유기농업으로 전환하는 데는 사상적 · 철학적 가치관의 전환이 필요하다. 모든 것이 경쟁과 이익을 우선하는 시대에 의식화되지 않으면 불가능하다. 다음은 타테노(館野, 2007)의 주장을 정리한 것이다.

첫째, 큰 것보다 작은 것을 좋아하는 정신이다. 농업 분야에서도 대규모화를 추구하고 회사도 큰 것을 선호하여 대마불사란 말이 유행한 적이 있었으나 유기농업을 하기 위해서는 가치관을 큰 것보다 작은 것을 좋아하도록 하는 의식의 전환이 필요하다. 예컨대 대규모 농장보다는 작은 규모일수록 더 유기적으로 농장경영을 할 수 있다는 태도가 필요하다.

둘째, 많은 것보다 적은 것을 선호하는 철학이다. 환경, 에너지 문제 등을 생각하면 적은 것이 더 좋다. 어느 누구나 많은 것을 좋아하지만 많은 것은 결국 적은 것을 취하여 많아진 것이기 때문에 많은 것을 선호하면 자연의 균형이 무너진다. 따라서 골고루 혜택을 주고 나누는 것에 의미를 부여해야 한다. 생태계에서 종의 다양성을 유지하기 위해서는 적은 것을 고려하는 관리를 해야 한다.

셋째, 빠른 것보다는 느린 것을 지향한다. 현대 사회는 빠른 것이 승리하는 세상이기 때문에 이러한 가치관과는 반대의 사고이다. 유기농업의 한 가치관인 '슬로 푸드'나 '슬로 라이프'와 같은 것을 포함하고 있다. 농업생태계는 급격한 변화가 아닌 완만한 변화가 일어나고 있다는 점을 주목해야 한다.

넷째, 강한 것보다 약한 것을 돌보는 자세이다. 현대는 승자독식의 사회이다. 약육강식으로 대표되는 것이 자연법칙이다. 그러나 생물계에서 보듯이 대형 동식물도 미생물이 역할을 하지 않으면 분해되지 않듯 이것이 순환의 기본이다. 토양생태계와 자연계와 공생을 하면서 살아가는 생물도 많다. 따라서 유기농가는 약자에 대한 애정과 관심을 갖는 자세가 필요하다.

다섯째, 새로운 것보다는 옛 것에 애정을 주는 태도이다. 현대 사회는 대량생산과 대량소비를 추구하고 이 과정에서 부수적으로 많은 산업폐기물이 발생하고 자연 파괴를 유발하고 있다. 유기농업이 과거로의 회귀는 아니지만 천연자원의 이용, 물질의 자연순환, 노동력 투하 중심 등 과거방식의 농업정신이 그 밑바탕에 깔려 있다. 이러한 태도는 유기농가가 견지해야 할 철학이다.

여섯째, 순수보다는 혼합에 가치를 둔다. 현대 농업은 생산성을 높이기 위해 생산성이 높은 계통을 육종하였으나 이것은 보호된 환경에서는 잘 적응하지만 열악한 환경에서는 잘 견디지 못한다. 순종보다는 잡종이 이러한 환경에 잘 적응한다. 또한 자연계는 단일군락이 아닌 종과 품종이 다른 여러 개체가 섞여 있는 잡종사회이다. 유기농업에서 말하는 종의 다양성을 고양하는 것은 순수보다 잡종을 선호한다는 것을 간접적으로 말해 주는 것이다.

일곱째, 결과보다는 과정을 중요시하는 철학이다. 세상은 과정을 중요시하지 않고 최종결과만으로 평가하는 것이 일반적인 추세이다. 농산물도 그 과정은 고려하지 않고 생산된 농산물만으로 양부(良否)를 판가름한다. 유기농업은 과정의 농업이다. 생육과정 동안의 비화학적인 물질 사용, 규정 준수 등 과정이 중요하다. 따라서 유기농가는 결과보다 과정을 중요시하는 태도가 필요하다.

1.4 유기농업의 사상적 배경

1. 불교적 관점에서의 유기농업

1) 알버트 하워드의 주장

불교사상이 유기농업의 성립에 큰 영향을 주었다고 주장한 사람은 알버트 하워드(Albert Howard)였다. 그는 『농업성전』(農業聖典, *An Agricultural Testament*)을 저술했을 뿐 아니라 인도에서 식물육종연구소 소장으로 재직하면서 담배, 아마, 호밀의 육종에 관여하였다. 그는 인도인들이 퇴비만으로 농사를 짓는 것을 보고 감명을 받았고, 또 소가 유기물이 풍부한 토양에서 자란 사초를 섭취했을 때 고도의 면역력을 갖는다는 것을 발견하였다. 그는 토양비옥도를 유지하는 것이 병충해에 대한 작물의 병충해 저항과 건강의 기초라고 주장하면서 리비히

(Justus von Liebig)의 화학비료방법을 식물영양의 완전한 몰이해에 근거한 천박하고 기본적으로 불건전한 농업이라고 하였다. 인공퇴비(人工堆肥, artificial manures)는 필연적으로 인공영양, 인공사료, 인공동물, 종국에 가서는 인공남녀로 양육되게 한다고 주장하였다. 화학비료로 재배한 농산물을 먹게 되면 학교생활을 하는 동안 감기, 천연두, 선홍열(鮮紅熱, scalet fever)에 걸리기 쉽다는 주장을 펼쳤다. 유기채소는 미각이 뛰어나며, 그것은 토양의 질에서 비롯되었고, 화학비료를 사용하여 생산된 야채는 거칠고 잎과 섬유소가 많으며 또한 맛이 떨어진다고 주장하였다. 하워드는 동양적 사고에 영향을 받았는데, 이것은 죽음과 삶이 어떤 형태로 서로 연결되어 있다는 '만다라(Mandala)' 였다.

즉, "동양에서 발견된, 오랫동안 실험을 거친, 오직 인간이 창조한 이 농업체계만이 이러한 자연에서의 규칙을 충실하게 복사하고 있다(The only man-made systems of agriculture-those to be found in the East-which have stood the test of time have faithfully copied this rule in Nature)." 그러나 현대 농업은 이러한 균형을 무시하며 토양에 투여하는 양분보다 더 많은 양분을 탈취하고, 그럼으로써 토양은 고갈되며, 그 결과 농업은 생산과 수확의 균형을 잃어 혼란하게 된다고 주장하였다.

2) 불교 속의 만다라

하워드가 영향을 받았다는 만다라는 어원적 의미로는 '만다(曼荼)' 와 '라(羅)' 로 구성되어 있는데, 만다는 '본질, 진수' 라는 뜻이기도 하며, 소유와 성취를 의미로 밀교에서 '본질, 도장, 단' 의 의미도 있다. 밀교에서는 성(聖)과 속(俗)의 기기(奇技)로 완전무결한 우주법계의 세계를 뜻하며 산크리스트어로 원을 나타낸다. 이것은 또한 정신과 물질을 나타내기고 하고 본질과 현상을 나타내는 시각적 표현이기도 하다. 만다라는 지금까지의 연구를 종합하면 크게 네 가지로 설명된다(김현남, 1993). 첫째, 종교적 측면으로 성과 속을 연결하여 부처의 경지를 체험하게 하는 것이며, 둘째, 혼잡한 우주질서를 조직적이고 체계적으로 정리한 것이라는 입장, 셋째, 무의식적 상태에서 관상함으로써 자신의 본성을 파악하고자 한 방법, 넷째, 불보살들의 기능과 사상을 나타낸다는 설이다.

'만다' 는 중심 또는 본질을 의미하는 접두어이며 '라' 는 소유 또는 성취를 의미하는 말이다. 이는 본질과 중심을 얻는 것으로 정의할 수 있다(홍윤식, 1996).

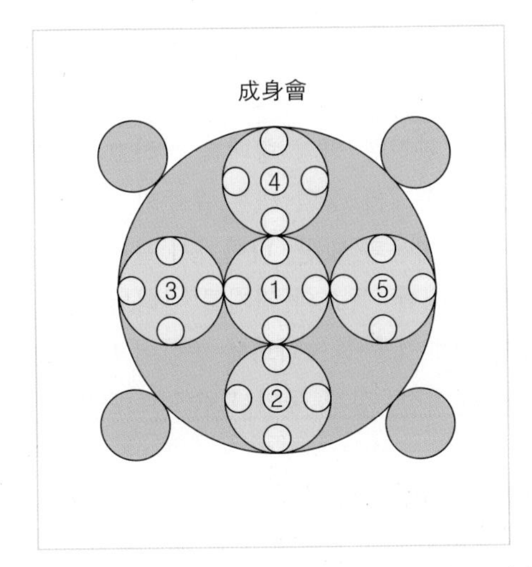

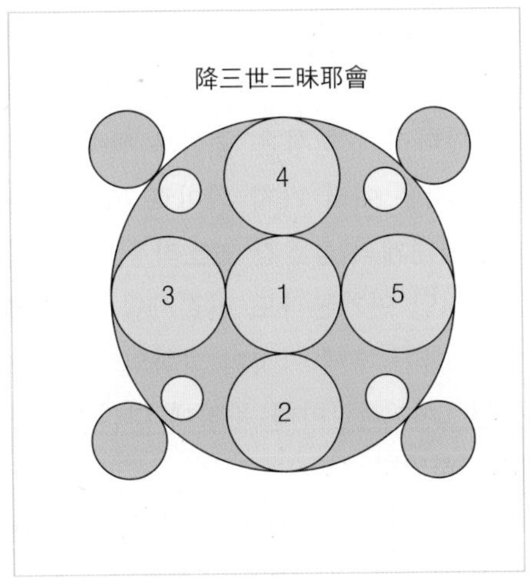

[그림 1-1] 태장계 · 만다라의 예(김현남, 1993)

또 깨달음의 길을 의미하는 것으로 가시적인 것과 비가시적인 것이 있다. 흔히 우리가 볼 수 있는 것은 시각적으로 볼 수 있는 불화(佛畵)이고, 이 가시적 만다라의 구조는 중심과 원주로 이루어진 완전한 원의 형태를 이루고 있으며 정방형으로 형상화한다. 이러한 한 형상은 중심과 원주에 의한 안과 밖, 바로 성역과 속세의 영역을 제시하고 있다(정여주, 2001).

만다라의 의지는 크게 세 영역으로 나눌 수 있다고 하며(정여주, 2001), 그 하나는 소우주의 영역으로 자신은 삼라만상의 존재와 서로 연결되어 있으며 성스러운 우주에 속해 있음을 발견하게 된다는 것이다. 심리 · 심층적 관점에서 출발한 이는 융(C. G. Jung)이다. 둘째로 만다라는 우주적 영역을 나타내는데, 이와 같은 주장은 석도열(2002)의 주장으로 "무한공간과 시간을 포괄하는 영원성의 상징"인 대우주의 영역을 나타낸다는 설이다. 그리고 마지막으로 신적인 영역으로 가시적으로 나타난 신성이며 초월적 현실을 추상적으로 나타낸 것이다(정여주, 2001).

만다라는 명상적 · 종교적 · 문학적 · 치유적 의미가 있으며 교육적으로도 중요한 의미를 지닌다. 즉, 고요체험을 통하여 인성교육에 많은 도움을 줄 수 있다. 그 효과는 침착, 정신집중, 긴장완화, 일체감, 따뜻한 인간성 경험, 여유와 민감성, 신중함을 체득할 수 있다(정황근, 2006).

3) 만다라와 유기농업

만다라의 형상은 중심과 원주로 이루어진 완전한 원의 형태를 취하고 있으며 이것은 여러 가지 의미로 해석할 수 있다. 속세와 성역 또는 우주의 원리나 자연생태계의 상호간 교호작용, 물질 상호간의 이동과 교환, 나아가서 불교의 기본원리인 연기론과도 연결시킬 수 있다. 또한 해탈, 득오의 경지를 나타낼 수도 있다. 물론 후에 이것이 회화의 형식으로 변하여 각종 불교회화의 중심이 되기도 하였으며, 색깔이나 문양에 따라 재해, 유익, 애정, 정쟁 등의 모습으로 표현되기도 하였다.

유기농업과 관련하여 하워드가 주목했던 사실은 이러한 만다라의 내용과 회화적 구조가 인도인을 포함한 동양인의 영농방식과 유사하다고 보았다는 데 있다. 현대 농업을 토양성분을 탈취하는 비균형적인 방법으로 보았던 반면, 생산된 양분을 그곳에 다시 되돌리는 영농방식을 자연에서의 규칙을 충실하게 복사한 바람직한 영농방법으로 간주했다. 이는 긍정적인 목표일 뿐만 아니라 완전하고 결함 없는 농법으로 보았다(Fromartz, 2006).

그는 1940년에 『농업성전』이란 서적을 집필하면서 킹(King, 1907)이 쓴 『4천년의 농부』라는 책을 인용하였다. 즉, 일본은 1907년 당시 1제곱마일에 인구 2,349명, 말 6두, 소 56두, 가금 825두, 돼지, 산양, 양을 각각 13두씩 사육한 반면, 미국은 고작 인구 61명과 말 30두만을 사육하여 동서양의 효율성을 비교하였다. 동양의 농업은 유축농업, 혼작, 인분 사용의 특성을 가지고 있다는 사실을 인용하였다. 반면 서양의 농업은 기아 방지, 제조에 필요한 원료 공급이라는 면에서는 기여하고 있으나 기업농화, 단작, 화학비료 사용을 통한 집약농업이라는 것이다.

그리하여 가장 이상적인 농업을 동양의 농업에서 찾을 수 있으며, 가축분뇨, 인분, 농산물 부산물을 이용하여 토양비옥도를 저하시키지 않고 다수의 인구를 유지해 온 점을 높이 평가하였다.

하워드가 이상적으로 본 농업관은 불교적인 관점으로 만다라라는 표상을 통하여 우주의 원리와 자연의 섭리를 찾았던 것으로 생각된다. 불교의 교리는 유기농업의 기조와 유사한 점이 많고 그 이상적인 유기농업의 모형은 만다라의 회화적 형상과 같은데, 결국 이것은 폐쇄적인 물질순환으로, 최근 지역 내 양분순환 농법과도 일맥상통하는 것이다.

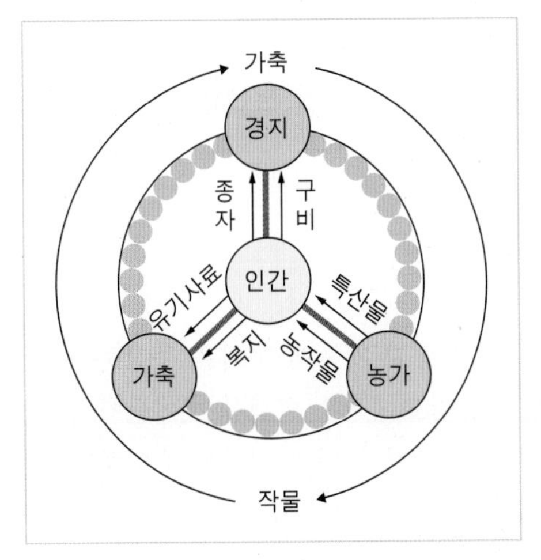

[그림 1-2] 유기농업 순환계

[그림 1-3] 만다라 문양의 예

[그림 1-2]는 유기농업 순환계를 나타낸 것이다. 경지에 유기비료를 사용하여 물질을 생산하고 가축에는 유기사료를 주어 축산물을 생산하여 다시 이것을 인간이 이용한다. 가축의 배설물과 경지에 시용된 퇴구비는 토양 속의 미생물에 의해 분해되어 다시 농작물의 영양원이 되고 일부는 가스가 되어 대기로 환원된다. 이상적 유기농업의 순환계는 지산지소(地産地消)의 원칙이 고수되며 신토불이(身土不二)의 신념이 실현되는 농업생태계이다. 지역생태계에서 물질이 순환되는 것을 이상으로 하며 그 모양이 만다라의 문양과 일치한다.

[그림 1-3]은 만다라 문양의 한 예를 그림으로 나타낸 것이다. 이를 통하여 우주만물과 인간에 대한 총체적 시각을 상징적으로 나타낼 수 있게 된다. 이는 노자가 말한 대로 "우주에는 네 가지 위대한 것이 있는데, 사람은 그 가운데 하나일 뿐이다. 사람은 땅과 더불어 있고, 땅은 하늘과 더불어 있으며, 하늘은 도와 더불어 있다. 그리고 도는 모든 존재하는 것들과 더불어 있다"라는 표현과 같이 서로의 관계가 서로 유기적으로 연관되어 있음을 시사하는 그림이라 할 수 있다.

따라서 유기농업이란 사물과 밀접한 관계가 있고 이들이 합리적인 관계를 유지하며 서로 순환과 윤회를 반복하고 있으며, 이러한 물질의 회전을 통하여 서로 상생할 수 있는 철학을 실천할 수 있는 농업이다. 관행농업에서 보는 바와 같은 단절, 일방통행, 한쪽에만 혜택이 돌아가는 것이 아니라 공생과 협동, 조화가 강조되는 것이며, 단순히 작물 생산의 측면에서가 아닌 육안으로 볼 수 없는 미물에게조차 이러한 권리를 보장해야 한다는 사상이 바탕에 깔려 있는 것이다. 따라서 이것은 코덱스 가이드라인에서 제창한 바와 같은 총체적 생산관리체제(總體的生産管理體制, holistic production management systems)이다.

4) 만다라-윤회와 연기

만다라는 불교의 윤회와 관련이 깊다. 여러 종교 가운데 윤회를 주장하는 종교는 힌두교와 불교이며, 기독교, 유대교, 이슬람교에서는 환생을 받아들이지 않는다. 불교에서는 환생이나 윤회를 확신하는데, 예를 들면 흄이라는 유명한 철학자는 윤회만이 철학적 사고를 충족시킬 수 있다고 믿었다. 또 다음 장에서 언급하게 될 슈타이너는 인간의 영혼은 여러 존재 단계를 거쳐 많은 윤회과정 속에서 정제된다고 하였다(지텔만, 2006).

윤회는 원래 'samsara'란 단어의 번역으로 '함께 달린다'는 의미이다. 함께 달리는 것을 중국의 번역가들이 윤회라고 번역하여 그렇게 사용하게 되었다고 한다(불교교재편찬위원회, 1997). 이것은 물론 업(業, karma)의 결과이며 그 결과가 다음 생에서 새로운 모습으로 태어난다. 이것은 3계의 세계 또는 6계의 세계를 통해 다시 태어난다. 여기서 3계란 욕계 · 색계 · 무색계를 말하며, 6계(도)란 지옥도 · 아귀도 · 축생도 · 수라도 · 인간도 · 천상도이다. 이러한 윤회는 어떤 규칙에 따라 진행되는 것도 아니며 인간이 축생으로 또 천상에서 다시 인간으로 태어날 수 있다.

불교에서는 자아가 없다(무아)고 하며 그렇기 때문에 반론의 핵심요지가 윤회이다. 윤회의 원리는 그 논리에 대한 도전을 받기도 했다. '내가 없는데 어떻게 윤회가 가능한가'에 대하여 나가세나란 사람은 다음과 같은 비유를 들어 윤회를 설명했다고 한다. 여기에 두 개의 초가 있는데, 하나는 불이 붙어 있고 다른 하나는 불이 붙지 않았다고 가정할 때 불이 없는 초에 불이 붙었을 경우(윤회) 무엇이 두 초 사이에 오고간 것일까? 아무것도 왕래된 것이 없고 다만 그 사이에는 인연이 제공되었을 뿐이며 그로 인하여 생이 지속된다는 비유이다(최준식, 2007). 이러한 윤회는 시작은 없으나 업을 짓지 않고 지은 업이 모두 소멸되면 윤회는 정지된다고 믿는다. 존재의 부정 속에서 윤회를 설명하는 비교는 우유를 가지고 요구르트나 치즈를 만드는 것을 들 수 있는데, '요구르트는 우유를 가지고 만들었지만 더 이상 우유가 아니며 치즈 역시 그 성분의 일부가 변하여 치즈로 만들어

졌지만 우유는 아니다' 라는 식의 비교이다.

윤회가 업의 결과라고 했는데, 여기서 업이란 무엇인가? 그것은 '완수하다' 라는 의미를 갖고 있는데, 여기에는 3업(신업, 구업, 의업)이 있고, 이것을 좀 더 세분하면 10개의 업으로 세분된다. 이러한 업은 소멸되지 않으며 그 결과가 과보(果報)로 나타난다. 이와 관련된 것이 연기론(緣起論, dependence theory)이다. 이것의 핵심적인 내용은 다음에서 보는 문장의 내용에 잘 나타난다.

> 이것이 있으므로 저것이 있게 되고
> 이것이 일어남으로써 저것이 일어난다.
> 이것이 있지 않으므로 저것이 있지 않게 되고
> 이것이 일어나지 않음으로써 저것이 일어나지 않는다.

이것은 흔히 인연이라는 말과 통용되는 것인데, 인은 직접적인 것, 연은 간접

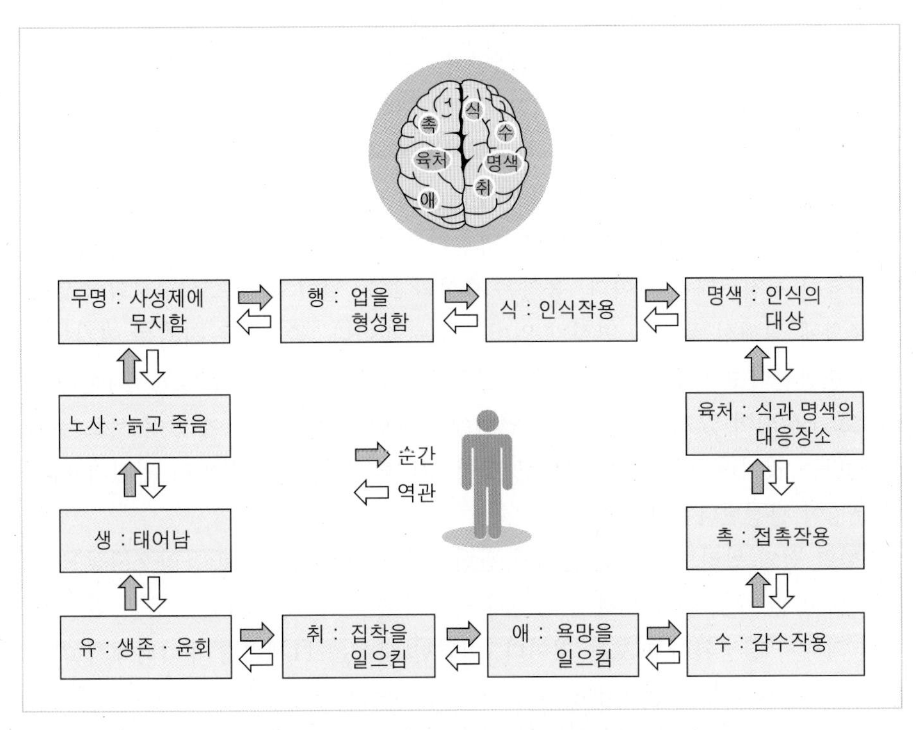

[그림 1-4] 불교에서의 12연기(소운, 2004)

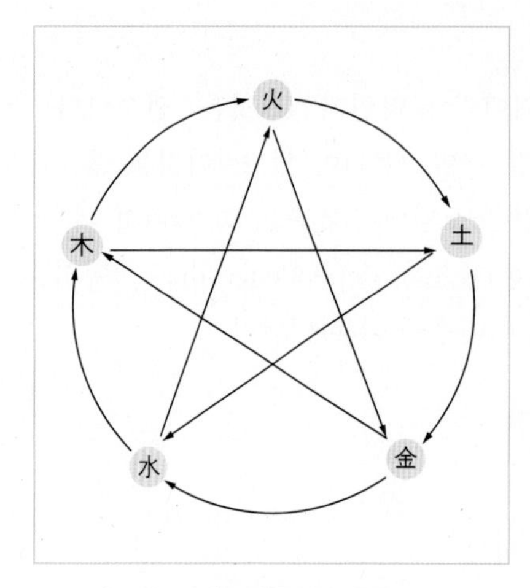

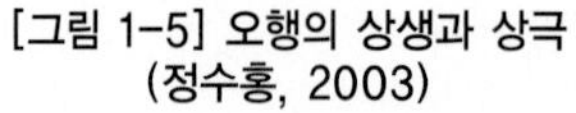
[그림 1-5] 오행의 상생과 상극
(정수홍, 2003)

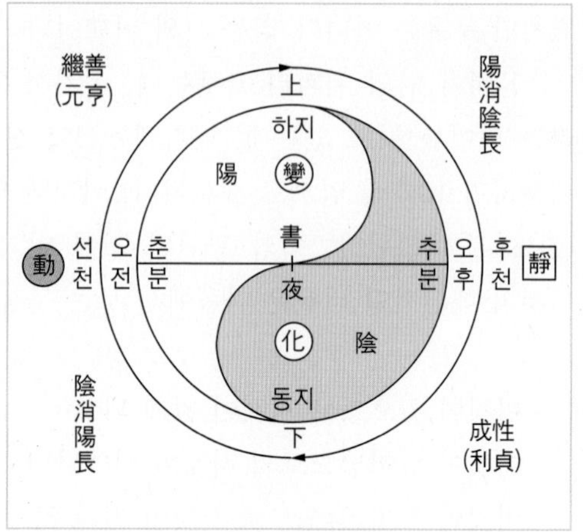

[그림 1-6] 음과 양을 나타내는 주역의 태극
(이응문, 2007)

적인 것을 가리킨다(최준식, 2007). 이는 다른 말로 하면 인과라는 것으로 표시할 수 있으므로 천지만물은 서로 어울려진 인연의 현상이다. 이들 모두는 삼법인(三法印)에서 출발한 것이며 동시에 삼생연기, 즉 과거생, 현재생, 미래생의 인연으로 끝없이 연기가 진행된다는 것이다(서종범, 2004).

불교교리의 핵심인 연기론이나 윤회사상은 우리의 역사와 문화에 많은 영향을 미쳤는데, 그 대표적인 것이 음양오행(陰陽五行)설이다. 모든 우주의 현상을 상호작용에 의해 일어나는 현상으로 규정하는 것이며, 이에 의해 인간의 운명이나 길흉이 결정된다는 것이다. 음양은 세상의 모든 일이 음양으로 구성되어 있고 그 조화에 의해서 무수한 변화가 일어난다는 것이다. 즉, 모든 진리는 여기에서부터 출발한다고 믿었다. 이와 함께 오행은 목(木), 화(火), 토(土), 금(金), 수(水)로 구성되어 있고 이들은 상호 연관에 의하여 서로 연결되어 있어 서로 영향을 준다는 것이다. 여기에서 발달한 것이 명리학이며, 이를 통하여 인간의 미래와 운명이 결정된다는 원리이다.

한편 점의 원리도 이러한 연기와 관련되어 있고 기본적으로 음양오행설을 기초로 하고 있으며, 이에 의해서 운명과 숙명이 정해져 있고 이들은 음과 양의 변화에 의해서 결정된다고 보는 것이다. 이러한 사상은 11세기경 주나라에서 기원한 주역 및 장자의 사상에서도 나타난다. 주역에서 사용하는 음양의 예는 [그림 1-5]와 [그림 1-6]에서 보는 일음일양지위도이다.

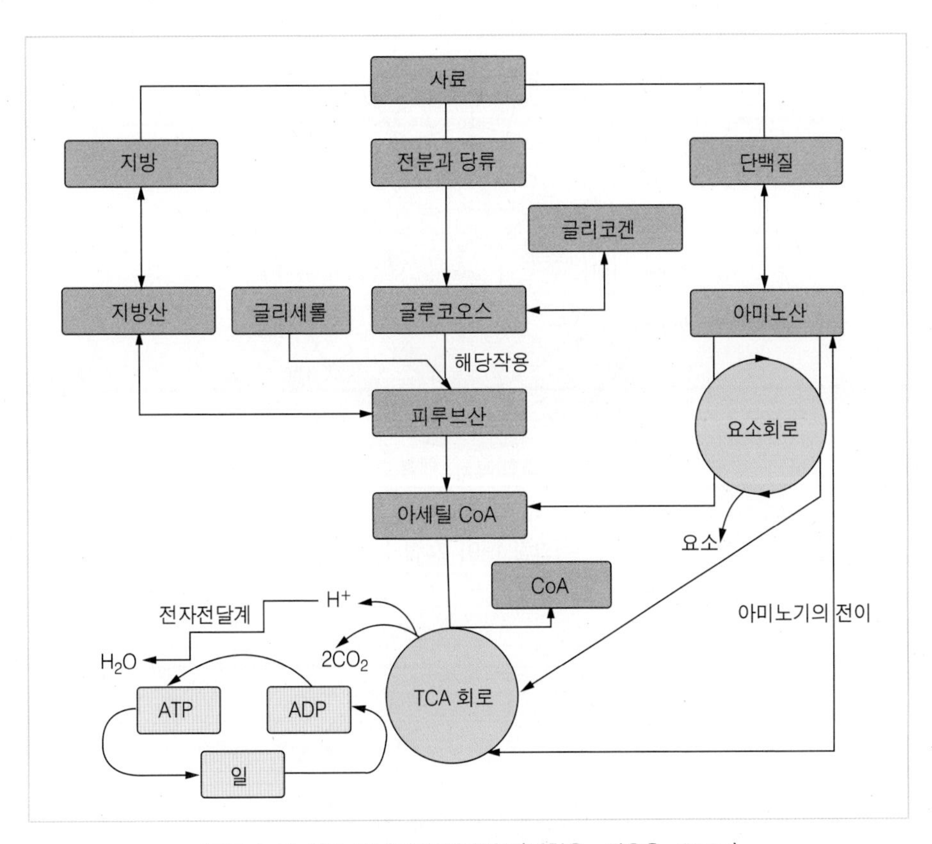

[그림 1-7] 사료 에너지의 대사경로(정천용 · 김유용, 2004)

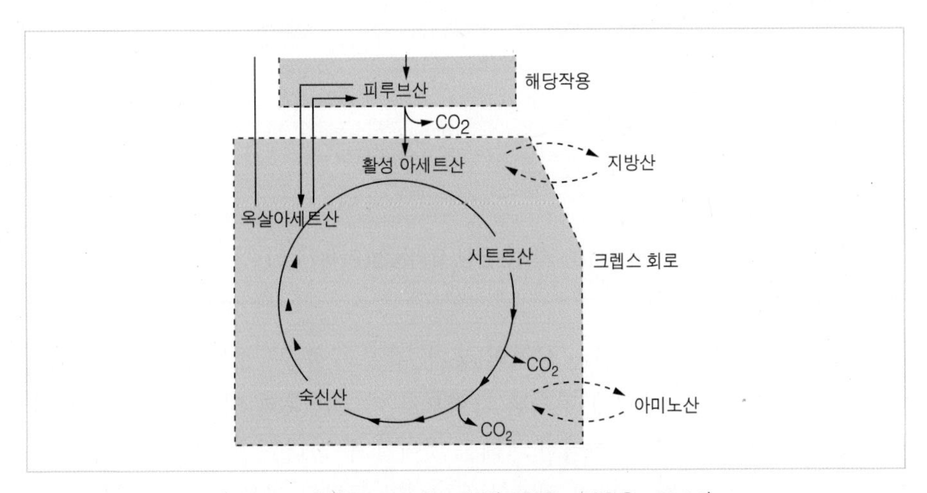

[그림 1-8] 영양소의 상호작용(정천용 · 김유용, 2004)

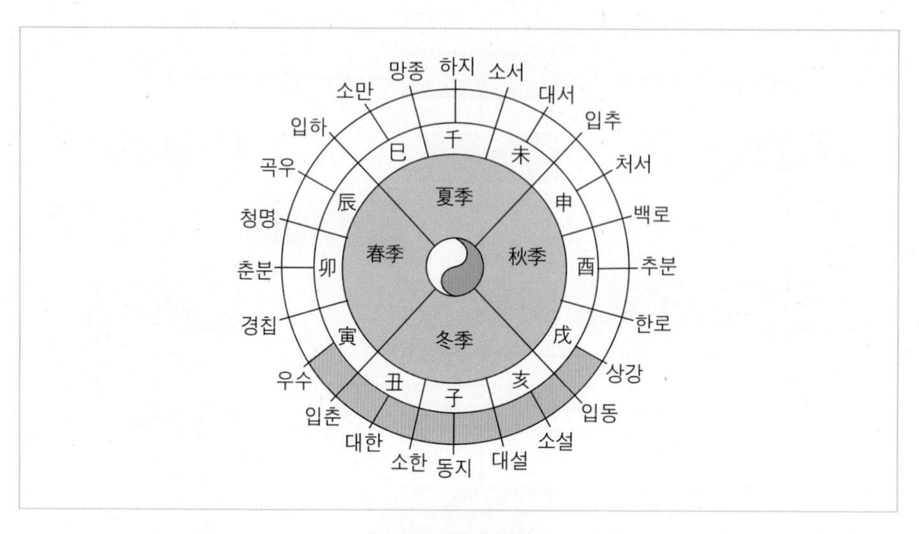

[그림 1-9] 24절기

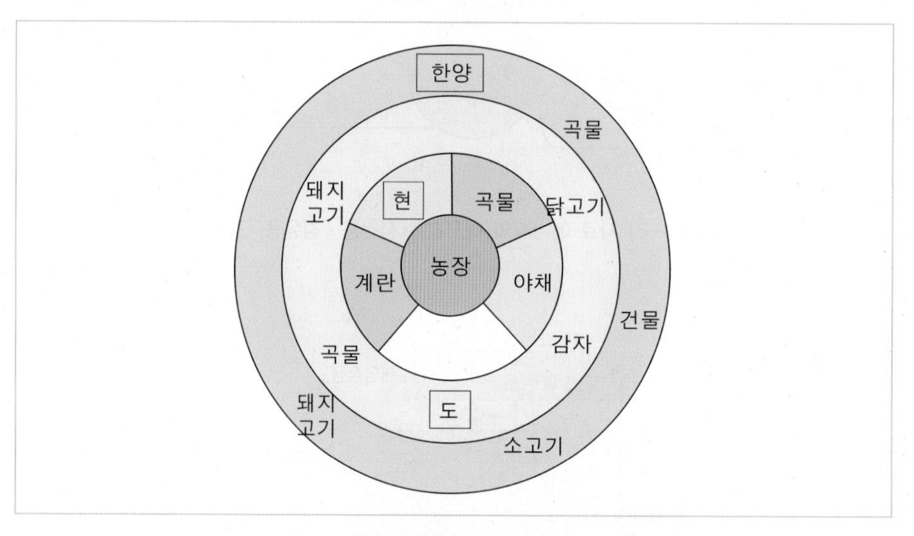

[그림 1-10] 지역순환형 유기농업(21세기 初)

위의 그림에서 제시된 것은 하지와 동지, 춘분과 추분, 오전과 오후 등을 나타내어 서로 상반되는 개념이 정리된 그림으로 이러한 음과 양의 조화에 의해서 세상이 돌아가며 인생 또한 이러한 굴레를 벗어날 수 없다는 것이다.

이러한 연기나 윤회는 단지 인간의 운명에만 국한된 것은 아니다. 생물의 생체 내에서 일어나는 각종 반응도 연결되어 돌아가고 있다. 즉, 사료로 섭취된 영양소는 지방과 전분, 당분으로 분해되고 다시 지방산이나 글루코오스, 아미노산으로 최종 분해되어 TCA 회로(tricarboxylic acid cycle)를 거쳐 물질의 합성이 이루어지거나 발열을 통한 체온 유지나 운동 등에 이용되며, 세포 중의 미토콘드리아(mitochondria)에서 이루어진다. 그 과정에서 서로 주고받으며 물질의 생성과 산화를 계속한다. 물론 이러한 것은 공기가 없는 상태에서 이루어지지만 결국은 윤회나 연기사상과 같은 원리로 영양소의 산화와 생성이 진행된다.

이러한 연기와 윤회사상은 우리의 일상에까지 많은 영향을 미쳤고 절기와 계절이 하나의 원을 정점으로 해서 윤회되도록 고안된 것이 24절기이다. 이 역시 음양의 조화에 근거하여 만들어진 것으로 선조들의 농업력으로 이용되었다. 그 밑바탕에 깔린 사상이나 그 외형적 구조 모두 불교의 윤회나 만다라를 발전시킨 것으로 유추할 수 있다.

2. 생명역동농업에서의 유기농업

1) 생명역동농업의 의미

생명역동농업(生命力動農業)은 영어로는 'biodynamic agriculture'라고 하는데, 여기서 bio는 생명(生命, life)과 조직(組織, organisms), dynamic은 변화를 의미한다. 기본적으로 생명, 리듬, 다양성을 뜻한다. 즉, 동물과 식물의 균형, 총합, 동식물의 생존에 영향을 미치는 보이지 않는 힘의 존재도 인정하는 것이 생명역동농업이다.

지구상의 생물은 생존을 위한 영양소가 필요하다. 이러한 양분의 화학적 구조나 성분에 대한 지식이 없이 현대 농업은 불가능하다. 그런데 생명역동농업은 생물의 성장에 필요한 영양물질뿐만 아니라 생명체(生命體, life)까지도 고려의 대상으로 삼는다. 생물은 생명력(生命力, life forces) 또는 에테르력(etheric forces)이 있다고 본다. 돌과 식물체의 차이는, 돌은 물질이지만 식물은 보다 높은 차원의 생명력 형태 또는 생명에 의해 통제를 받는 물질이며 그렇기 때문에 돌과는 확연히 다른 생명체(生命體, living organism)이다. 식물이 생명을 잃게 되면 물질의 법칙에 따르게 되지만 생물의 특징은 살아 있는 것에 의해 어떤 힘이 전달되는 점이 다르다. 생물체는 그것이 미생물, 식물, 동물 또는 인간이든 간에 모두 모체로부터 탄생된다. 그리고 생명은 에테르체 또는 생명체가 부모로부터 자손에 전달된다. 생명역동농업에서는 생물, 작물, 동물, 토양 중의 미생물체에 대한 정확한 이해를 위해 에테르력이나 생명력이 작용하는 네 가지 경로, 즉 열의 영향, 공기나 빛의 영향, 액체의 영향, 고체(광물질)의 영향에 대한 깊은 성찰을 요구하고 있다. 생명력은 태양에서 받는 열이나 공기가 그 원천으로, 잎이나 꽃을 통해 식물생장에 영향을 미친다. 생명력은 식물의 성장에 관여하는 토양에서 식물영양소와 수분이 작토의 근계를 통하여 식물에 영향을 미친다.

동시에 비미생물체와 박테리아조차도 앞의 네 가지와 협력 없이는 생존할 수 없다. 이 네 가지 힘은 생물의 생체와 협동하여 함께 움직인다. 이들은 유럽에서 옛날부터 거론되던 흙, 수분, 불, 공기이며, 오늘날 식물영양분, 수분, 광, 열이라는 용어로 대체되었다.

영농목적은 건강한 식물을 생산하는 것이다. 이것은 수분과 양분을 공급하여 달성할 수 있다. 그런데 만약 식물의 생명력을 간과하고 성장에만 관심을 갖는다면 식물들은 생존에 필요한 활력을 갖지 못하여 결국은 병충해에 걸리게 된다. 즉 생명력 관점, 에테르적 활력에 관심을 기울이지 않는다면 외부의 자극에 쉽게 영향(상처)을 받게 될 것이다. 또한 이들이 식품으로서 가져야 할 원래의 생명력이 담보된 농산품이 될 수 없다는 것이 슈타이너의 논리이다.

2) 슈타이너의 생애와 사상

루돌프 슈타이너(Rudolf Steiner, 1861~1925)는 오스트리아에서 태어났고 빈 공과대학에서 수학, 자연과학, 철학, 괴테를 연구하여 1891년 '진리와 과학'이란 주제로 박사학위를 받았다. 그는 어릴 때부터 자연에 대한 관심이 많았으며 특히 육안이나 귀로 들을 수 없는 초자연적 세계를 경험하였다고 한다. 특히 물리적 세계에 숨겨진 정신계(精神界, spiritual being)를 체험하였으나 그의 경험을 인정해 주는 이는 거의 없었다. 그는 자연과학뿐만 아니라 인지학, 신지학이나 교육학에서도 탁월한 식견을 가졌고 또한 많은 저서를 남겼다. 한국에 소개된 그의 저서가 20여 권이 넘으며 전 생애를 통하여 50여 권의 도서와 강연을 녹취하여 책으로 묶은 250여 권의 전집이 출판되었다.

그가 전개하는 논리는 기본적으로 정신과학적 세계관인 인지학(認知學,

anthroposophy)에 기초한다. 또 신지학(神智學, theosophy)에 관한 그의 주장에 의하면, 인간의 자아 또는 영혼은 결코 죽지 않으며 재생과정을 거쳐 신적 존재로 진화된다고 한다. 즉, 영혼, 신, 카르마(업보)의 법칙, 해탈을 믿었다. 그는 인간으로 태어나고 성장하면서 네 가지 구성체를 갖게 된다고 하였다.

첫째는 물질체로서 이것은 우리의 육체적인 신체를 말한다. 둘째는 에테르체(ether 体)로 다른 말로는 생명체 또는 정기체(精氣体)라고도 한다. 이는 유기체로서 하나의 개체로 자립시키는 생명력이며 동시에 그 형태를 보존하기 때문에 형성력체라고 부른다. 생명력이 있는 모든 생물은 이것을 가지고 있어 동물뿐 아니라 식물도 에테르체를 가지고 있다고 주장하였다. 또 이것은 생물의 종류에 따라 특정한 색깔(aura)을 나타낸다고 하였다. 이 에테르체는 빛남, 광휘체, 생명체를 뜻하는 것으로, 생명의 유기적 활동을 촉진하는 비가식적인 신체 부분으로 동양의 기(氣)에 해당하는 용어이다. 또한 이 에테르체는 식물, 동물, 인간 단계에 따라 변하며, 차크라(요가)는 에테르체에 의한 영적 감각기관으로 본다(슈타이너, 1914). 뿐만 아니라 이 에테르에는 빛, 온기, 소리, 화학 에테르가 있으며 지구상의 생물체에는 생명 에테르가 있다고 주장하였다(Lovel, 2000).

셋째는 감정체(感情体, sentiment body)이다. 사람은 고락을 가지고 있으며 이것을 운반하는 눈에 보이지 않는 존재가 있고 이를 감성체, 또는 성기체(星氣体, astral)라고 부른다. 이것은 인간뿐만 아니라 동물들도 가지고 있는 것으로 보았으며, 정신세계를 볼 수 있는 사람은 빛을 내뿜는 구름처럼 보인다고 한다(슈타이너, 1996).

넷째는 나 또는 자아라는 것이다. 자아는 가장 중요한 개념으로 여러 가지 경험, 영혼을 총괄하고 해석하고 지휘한다. 자신의 내면에서만 자아가 발견될 수 있다. 슈타이너는 이와 같이 윤회(輪回, reincarnation)와 카르마(karma)를 도입하여 서구 학자와는 다른 견해를 보였으며, 이를 이용하여 소위 발도르프 교육을 창안하였다. 이 교육은 자유와 통합성 추구와 영성회복을 주축으로 하는, 즉 우주와 내가 하나라는 모토를 가지고 출발하였다.

3) 생명역동농업과 관행농업

슈타이너가 인지학, 발도르프 교육 등에 관한 강연과 저술에 힘을 기울이던 시기의 주류농업은 리비히의 학설에 근거한 것이었다. 즉, 리비히는 1840년에

「농업 및 생리학에 응용된 화학」이라는 논문에서 두 가지 학설을 제창하였다.

첫째는 무기영양설로, 녹색식물의 영양소는 탄소, 암모니아, 인산, 규산, 석회, 마그네슘, 칼륨, 철에서 흡수한 것으로, 하나는 대기에서 다른 하나는 토양에서 기인한 것이다. 그리고 토양 광물질 영양분이 작물수확량을 좌우하며, 이 성분이 식물체로 이행하는 양에 따라 수량이 달라진다는 것이 그 요지이다.

둘째는 최소양분율(最小養分率)로, 토양에 여러 가지 성분이 있다 하더라도 어떤 특정한 성분이 부족하면 그 성분에 의해 식물의 생육이 결정된다는 주장이었다. 그의 학설은 한마디로 과학적 양분(科學的 養分, scientific nutrients)만을 중시한 것이다. 그러나 단지 과학적 양분만 신봉했던 것은 아니며, 그 이유는 다음과 같은 설명에서 잘 드러난다.

"무기물에 들어 있는 기운은 무기물밖에는 만들지 못한다. 그러나 사실은 무기물에 들어 있는 기운보다도 더 높은 기운이 생명체 속에서 작용하여 생명체마다 독특한 형태를 이루게 하고 광물과는 다른, 생명력으로 채워진 물질을 이루어 낸다. 무기물에 들어 있는 기운은 바로 이 높은 기운의 심부름꾼이다. 식물이라는 존재가 살아갈 수 있는 필수조건은 온기와 햇빛 같은 우주기운이다." 즉, 양분 이외의 어떤 보이지 않는 힘이 작용하여 작물의 성장을 돕는다는 것이다.

이러한 주장은 다른 학자들도 제기한 바 있다. 즉, 윌리엄은 1952년 농업에 영향을 주는 에너지를 크게 두 가지로 보았다. 첫째는 우주요인으로 빛과 온기를, 둘째는 지구요인으로 물과 영양분으로 나누었는데, 이 우주요인은 물질요소를 통해서 작용한다고 하였다. 윌리엄의 이론에 의하면 우주요인이 가장 중요하고 그 다음이 생명요소인데, 이것은 부식을 통해서 작용한다고 보았다.

슈타이너의 생각은 기본적으로 위의 두 학자가 주장한 사고에 기초한다. 즉, 인간이나 지구상의 생물은 우주의 직접적인 영향하에 놓여 있다는 것이다. 예를 들면 태양의 흑점이 비록 농작물에 큰 영향을 주지 않는 것으로 나타났으나, 이는 간접적으로 지구상의 생물에 영향을 준다고 믿었다. 그는 농업과 자연계를 다음과 같이 말하고 있다.

"지구에 있어서 생명체를 하나의 공으로서 예시할 수 있다. 자연이라는 것이 하나의 공으로서 인식될 수 있다. 물리학자는 과학이 시도하는 것보다 작은 세분화한 공으로서 추구하고 있다. 농업에 있어서도 작은 공의 추구는 그 정도로 나쁜 것은 아니다. 그러나 좁은 과학의 추구는 제한된 협의의 공을 보는 결과를 만들어 내는 것이다. 통상의 과학은 해석적 · 양적 방법에 대하여 질적 · 생태적이라

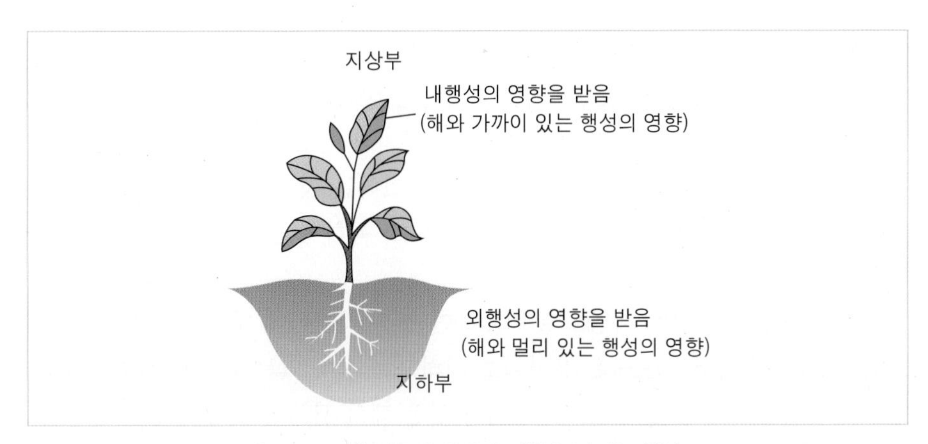

[그림 1-11] 식물의 생장에 영향을 미치는 행성

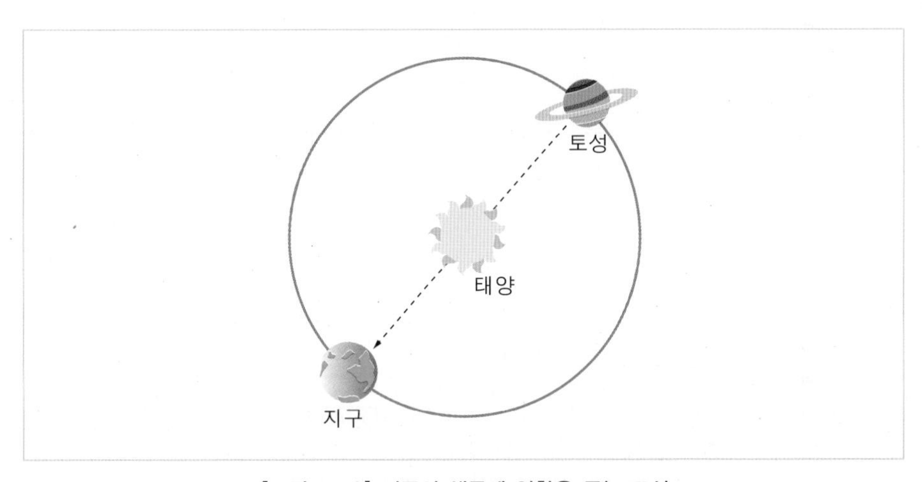

[그림 1-12] 지구의 생물에 영향을 주는 토성

고 부른다. 생태적이란 여기에서는 지구상의 우주적인 생명을 형성한 것의 모든 것을 의미한다."

슈타이너에 의하면 지구는 산소와 규소가 주이며, 산소가 전체 원소의 47~48%, 규소가 전체 원소의 27~28%를 차지한다. 주위에서 흔히 볼 수 있는 쇠뜨기풀은 전체의 90%가 규소로 구성되어 있다. 그런데 이 규소성분은 토성, 목성, 화성의 영향을 받고 석회성분은 달, 금성, 수성의 영향을 받는데, 이러한 행성에서 나오는 기운이 석회성분을 통하여 간접적으로 작용하여 생식력, 성장, 번식에 영향을 미친다는 것이다. 한편 지구의 따뜻한 기운은 규소와 밀접한 관계가 있는데, 토성, 목성, 화성에서 나오는 기운이 규소를 통하여 식물의 성장에 영향을 끼친다고 한다. 예를 들어 물(H_2O)은 수소 두 분자와 산소 한 분자로 이루어져 있는데, 이는 화학구조식 이상의 뜻을 내포하고 있다는 것이다. 즉, 보름달이 되면 달의 기운이 지구상의 식물 속에 영향을 미치고, 특히 만월일 때 비가 오면 식물의 성장은 촉진된다고 주장한다.

그의 주장에 의하면, 사람으로 비교하면 땅은 머리이며 지상부는 팔, 다리로 보았다. 따라서 지상부는 죽은 온기이고 지하부는 살아 있는 온기로 간주하여 지상부 식물체는 내행성인 달, 금성, 수성과 같은 해와 관계가 있는 행성의 영향을, 지하부 뿌리는 해와 멀리 있는 외행성의 영향을 받는다는 것이다.

식물의 지상부 생장은 우주의 생명과 우주의 화학작용 결과가 바위나 모래를 통하여 영향을 미친 결과라는 것이다. 따라서 규소성분이 중요하다고 하였다. 지상의 온기는 해, 금성, 수성, 달에서, 지하의 온기(우주의 기운)는 목성, 토성, 화성에서 온 것으로 보았다. 즉, "땅에 있는 물과 공기를 통하여 만들어진 여러 힘과 극소량의 미세한 물질은 땅 위에 있는 많고 적은 석회를 통하여 땅 속으로 끌

3월	2008 농사 예정																								태양위치	달위치	최고점	원지점	승교점	달모양
	1시	2시	3시	4시	5시	6시	7시	8시	9시	10시	11시	12시	13시	14시	15시	16시	17시	18시	19시	20시	21시	22시	23시	24시			최저점	근지점	강교점	
1 토	葉	葉	葉	葉	葉	葉	休	休	休	休	休	休	休	休	休	休	休	休	休	休	休	休	休	休	물병	사24	저17			
2 일	休	休	休	休	休	休	果	果	果	果	果	果	果	果	果	果	果	果	果	果	果	果	果	果		사수				
3 월	果	果	果	果	果	果	果	果	果	果	果	果	果	果	果	果	果	果	果	果	果	果	果	果		사수				
4 화	果	果	果	果	果	果	果	果	果	休	根	根	根	根	根	根	根	根	根	根	根	根	根	根		염10				
5 수	根	根	根	根	根	根	根	根	根	根	根	根	根	根	根	根	根	根	休	休	休	休	休	休		염소				
6 목	休	休	休	休	休	休	休	休	休	休	休	休	休	休	休	休	休	休	花	花	花	花	花	花		물병13			승16	
7 금	花	花	花	花	花	花	花	花	花	花	花	花	花	花	花	花	花	花	花	花	花	花	花	花		물병				
8 토	花	花	花	花	花	花	花	休	葉	葉	葉	葉	葉	葉	葉	葉	葉	葉	葉	葉	葉	葉	葉	葉		물고8				新2
9 일	葉	葉	葉	葉	葉	葉	葉	葉	葉	葉	葉	葉	葉	葉	葉	葉	葉	葉	葉	葉	葉	葉	葉	葉		물고기				
10 월	葉	葉	葉	葉	葉	葉	葉	葉	葉	葉	葉	葉	葉	葉	葉	葉	葉	葉	葉	休	休	休	休	休		양24				
11 화	休	休	休	休	休	休	休	休	休	休	休	休	休	休	休	休	休	休	休	果	果	果	果	果	물고16	양				
12 수	果	果	果	果	果	果	果	果	果	果	果	果	果	果	休	根	根	根	根	根	根	根	根	根		황15				
13 목	根	根	根	根	根	根	根	根	根	根	根	根	根	根	根	根	根	根	根	根	根	根	根	根		황소				
14 금	根	根	根	根	根	根	根	根	根	根	根	根	根	根	根	根	根	根	根	根	根	根	根	根		황소	고21			上20
15 토	根	根	根	休	花	花	花	花	花	花	花	花	花	花	花	花	花	花	花	花	花	花	花	花		쌍둥4				
16 일	花	花	花	花	花	花	花	花	花	花	花	花	花	花	花	花	花	花	花	花	花	花	花	花		쌍둥이				

[그림 1-13] 생명역동농업 농사력의 예(정농회, 2008)

려 들어간다"고 설명하고 있다.

종자의 형성과 발아에 대해서도 이러한 우주의 힘이 작용하고 있다고 보았다(Schilthusis, 2005). 이러한 이론을 바탕으로 생명역동농업 월력을 만든 이가 둔(Maria Thun)이다. 그녀는 수대(獸帶, Zodiac) 삼각형을 고안했으며, 이는 뿌리, 잎, 꽃, 열매에 영향을 미친다고 믿었다. 이에 의한 농사력은 [그림 1-13]과 같다. 그림을 보면 농작물의 종류나 농작업이 제시되어 있으며, 2008년 3월의 농사에 관한 내용이다(정농회, 2008).

4) 생명역동농업의 교훈

생명역동농업의 이론은 슈타이너가 1924년 6월 7일과 24일 사이에 여덟 번의 강의에 기초한 것을 그의 추종자들이 발전 · 계승시킨 것이다. 그 자신은 결코 생명역동농업이란 용어를 사용하지 않았다. 왜냐하면 그는 1925년 갑자기 사망했기 때문에 그의 이론을 구체화시킬 시간이 없었다. 그의 동조자들이 괴테 연구소의 지원을 받아 실험동우회를 만들었고, 1928년에는 66개 농가 148명의 동우회원이 있었다.

슈타이너의 농업관은 그의 강의 및 질의에서 잘 설명되었으나 일반인들이 이

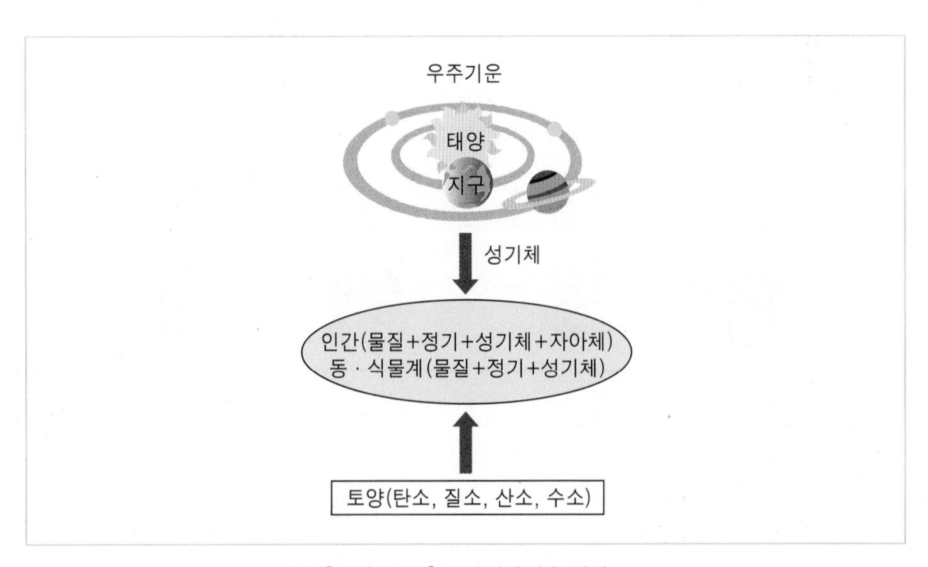

[그림 1-14] 슈타이너의 농업관

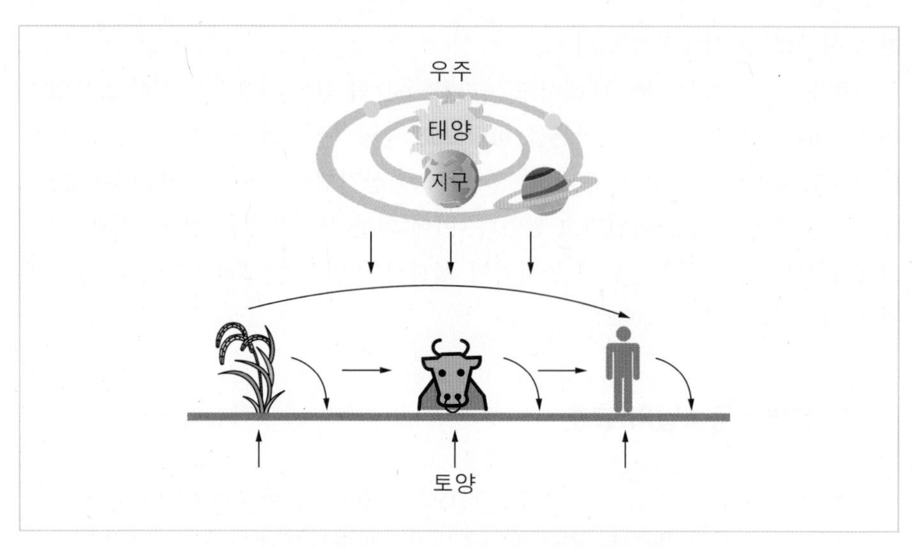

[그림 1-15] 동 · 식물, 인간, 토양, 우주와의 관계

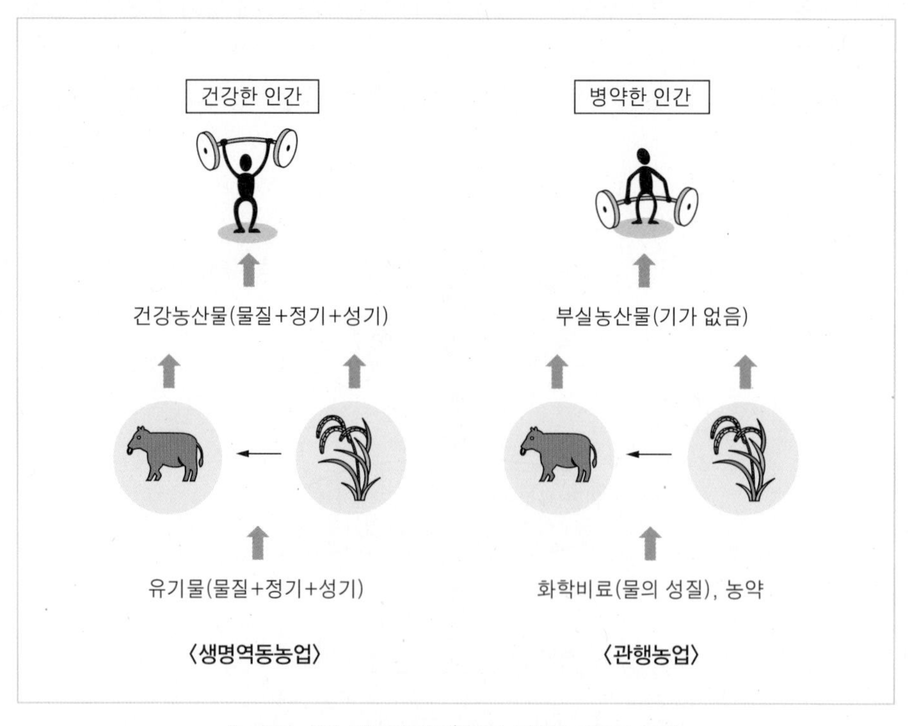

[그림 1-16] 생명역동농산물과 관행농산물의 차이

해하기는 난해하다. 즉, 동·식물은 물질체, 정기체, 성기체로 되어 있고, 이는 토양으로부터 또는 우주로부터 영향을 받으며 성장하게 된다는 것이 요지이다. 그는 기본적으로 농장의 생산물에 걸맞는 식물체 영양은 그 농장의 가축 분뇨에서 충당해야 한다고 믿었다. 뿔과 소똥을 사용하여 비옥도 유지 및 식물체 활력 유지를 도모했던 것은 식물의 영양뿐만 아니라 성장에 필요한 정기체나 성기체도 동시에 공급할 수 있기 때문이라고 믿었다. 그리하여 소뿔 속에 여러 가지 물을 채워 땅 속에 보관하여 사용하는 '준비 500(準備 500, preparation 500)'을 제창하였다.

[그림 1-16]은 슈타이너의 강의를 토대로 생명역동농산물과 관행농산물의 차이를 도식으로 나타내었다. 생명역동농업은 작물의 성장에 필요한 영양소뿐만 아니라 눈으로 볼 수 없는 정기체, 성기체를 공급하여 영양이 풍부하고 생명력이 있는 작물을 생산하며, 이러한 사료나 농산물을 인간에 공급, 건강한 인간이 될 수 있다고 보았다. 반면 관행농산물은 화학비료에 의존하고, 이 화학비료는 물과 같아 식물체가 흡수하여 풍성한 듯한 농산물을 생산할 수는 있으나 이러한 농법으로 생산된 농축산물은 생명력이 없는, 외모는 크고 화려하나 기가 없는 농산물이 되어 이를 섭취한 인간은 병약하거나 허약하게 된다는 논리이다.

3. 기독교적 관점에서의 유기농업

1) 성서의 이해

성서는 기독교인들의 교과서로 창세기에서 요한계시록까지 총 66권으로 된 책이다. 구약 39권, 신약 27권으로 되어 있다. 성서가 최초로 쓰여진 것은 기원전 약 1500년경이고 완성된 때는 서기 100년경이기 때문에 약 1,600여 년 동안 쓰여졌고, 등장인물은 약 3,000명이다. 저술에는 모세, 다윗, 솔로몬, 바울, 요한, 마태, 누가, 베드로 등 40여 명이 참여하였다. 농업에 대한 서술은 주로 구약성서에 언급되어 있고, 이 구약은 율법서, 역사서, 시가서, 대예언서, 소예언서로 구성되어 있다.

농업은 자연과학의 일부이며 과학적 사실이나 발견에 의존하는 농업의 철학을 기독교의 성경에서 찾고자 하는 것은 일견 불합리한 듯 보인다. 즉, 선험적 기준에 의해 가치를 판단하는 종교와 농업을 양립시키는 것은 그리 쉽지 않다. 그러나 인간은 과학으로만 사는 것이 아니고 양심이나 하늘의 뜻 혹은 창조주의 뜻과 같은 가치관이 우리의 생태나 행동을 제어하고 있기 때문에 어떤 의미에서 과학보다도 필요한 것이라 할 수 있다. 또한 고전 종교에서는 자신의 감정을 거부하고 욕망을 극복하는 객관적 기준을 찾고자 하는 데 반하여 과학에서는 욕심이나 자의에 의한 판단을 벗어나려고 하는 것으로 인간의 이성적 메시지가 종교와 과학에서도 교차되는 공통점이 있기 때문에 불신자 입장에서는 받아들일 수 없는 논리라 하더라도 기독교인의 논리에서 성서를 통해 농업원리에 대한 교훈을 찾는 것이 결코 헛된 일은 아니다.

2) 농업에 관한 성경의 기술

우리나라 유기농업의 발전 초기에 기독교인들이 기여한 바가 큰데, 성경에 나오는 하느님의 땅과 농업에 대한 여러 언급을 믿고 그런 언급에 따라 이상향을 만들고자 하는 기독교인이 많았기 때문에 유기농업에 관심을 갖게 된 것으로 보인다. 정농회, 풀무원, 국민보건관리연구회는 모두 기독교인들이 만든 초기의 유기농업단체였다. 농업에 대한 기술은 주로 구약성서 39권의 내용에 많이 언급되어 있다. 즉, 창세기와 요한계시록에서 농업에 대한 내용, 특히 초기 유기농업에 선구적인 역할을 했던 한국 기독교인들이 믿고 신봉하였던 내용이 많이 언급되었다.

이에 대해 최병칠(1992)은 성경적 측면에서 유기농업 내지 농업의 중요성을 다음의 세 가지로 기술하고 있다. 그는 성경적 농업만이 농촌을 살린다고 다음과 같이 주장하였다.

첫째, 농업을 인간의 직업으로 주셨다고 주장하고 있다. 즉, "땅이 네게 가시덤불과 엉겅퀴를 낼 것이라 네가 먹을 것은 밭의 채소인즉, 네가 흙으로 돌아갈 때까지 얼굴에 땀을 흘려야 먹을 것을 먹으리니 네가 그것에서 취함을 입었음이라 너는 흙이니 흙으로 돌아갈 것이니라 하시니라(창세기 3:18~19)." "하나님이 이르시되 내가 온 지면의 씨 맺는 모든 채소와 씨 가진 열매 맺는 모든 나무를 너희에 주노니 너희의 먹을 거리가 되리라(창세기 1:29)." 이와 같은 기술은 첫째, 땀을 흘려야만 하는 노동, 즉 농업을 주신 것과, 둘째, 그 농업은 토지를 갈아서야 식물을 생산할 수 있다는 것, 셋째, 채소와 과일과 곡식을 식물로 하라는 세

가지 원칙이라고 주장하였다.

뿐만 아니라 "옥토를 네게 주셨음을 말미암아 그를 찬송하리라(신명기 8:10)"와 같은 구절의 앞에 "네가 먹을 것에 모자람이 없고 네게 아무 부족함이 없는 땅"이라는 표현은 수천 년 동안 이어져 온 농법은 땅을 경작한 후 거기에 모든 유기물을 보충해 주면서 실천해 온 농업이며, 이 농법이야말로 유기농법을 지칭하는 것이라고 주장하였다. 역사적으로 보면 인간의 탄생은 약 3만 5,000년 전이고 기독교에서 인간의 창조는 기원전 2200년경이지만 이는 종교이기 때문에 과학으로 검증할 일은 아니다. 다만 기독교인들은 하느님이 말씀하신 내용을 농업적 관점에서 해석할 때 위와 같은 메시지를 던진 것이라 주장하고 있다.

둘째, 유기농법은 창조원리에 입각한 농업이라는 점이다. 예를 들어 "그의 숲과 기름진 밭의 영광이 전부 소멸되리니 병자가 점점 쇠약하여 감 같을 것이라. 그의 숲에 남은 나무의 수가 희소하여 아이라도 능히 계수할 수 있으리라(이사야 10:18~19)." 그리고 이어서 같은 책에서 "쇠로 그 빽빽한 숲을 베시리니 레바논의 권능 있는 자에게 베임을 당하리라(이사야 10:34)"를 인용하고 있다. 이것은 최병칠(1992)에 의하면 환경공해, 무기에 의한 멸망, 산림벌채의 참상에 대한 예견이라는 것이다.

셋째, 땅은 하나님의 소유라는 주장이다. 즉, "하늘과 모든 하늘과 땅과 그

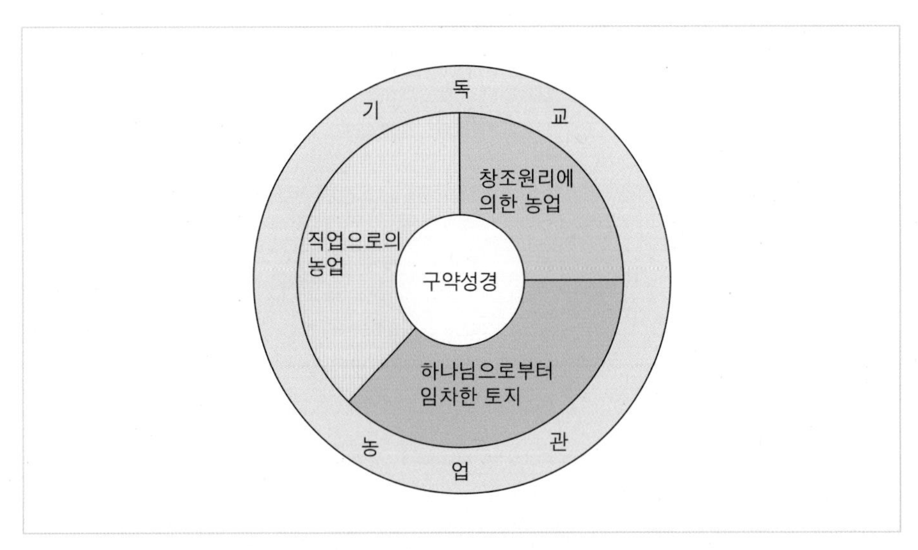

[그림 1-17] 성경 속의 농업관

[그림 1-18] 유기농업을 실천하는 한농복구회 농장

위의 만물은 본래 네 하나님 여호와께 속한 것이로되(신명기 10:14)"라는 것은 땅이 어떤 특수한 인간의 부 축적이나 사치를 위해 사용됨을 금하고 있다. 이것이 곧 땅의 정의라고 주장하고 있다.

성경을 밑바탕으로 한 농업관을 그림으로 나타내면 [그림 1-17]과 같다. 기독교인들이 한국유기농업의 태동과 발전에 크게 기여하였으며, 이는 앞의 세 가지 믿음에 기초한 것임은 재론의 여지가 없다.

참고문헌

- 김현남(1993).「태장, 금강양계 만다라의 비교연구」. 원광대학교 대학원.
- 루돌프 슈타이너 지음, 변종인 옮김(1996).『자연과 사람을 되살리는 길』. 정농회.
- 불교교재편찬위원회(1997).『불교사상의 이해』. 불교시대사.
- 서종범(2004).『불교를 알기 쉽게』. 밀알.
- 석도열(2000).『만다라 이야기』. 맑은 소리.
- 소운(2004).『하룻밤에 읽는 불교』. 랜덤하우스.
- 아르눌프 지텔만 지음, 구연정 옮김(2006).『교양으로 읽는 세계의 종교』. 예담.
- 윤이흠 · 최종성(2007).『세계의 종교』. 한국방송통신대학교출판부.
- 이응문(2007).『주역과 천도변화』. 동인.
- 이쿠다 사토시 지음, 김수진 옮김(2000).『하룻밤에 읽는 성서』. 랜덤하우스 중앙.
- 정농회(2008).『생명역동농업 농사력』. 정농회.
- 정수홍(2003).『실전명리학』. 관음출판사.
- 정여주(2001).『만다라와 미술치료』. 학지사.
- 정천용 · 김유용(2004).『가축영양학』. 한국방송통신대학교출판부.
- 정황근(2006).『친환경농산물. 우리나라의 친환경농업 육성정책』. 한국방송통신대학교출판부.
- 최병칠(1992).『환경보전과 유기농업』. 주찬양.
- 최준식(2007).『한국의 종교 불교』. 이화여자대학교출판부.
- 프랭클린 히람 킹 지음, 곽민영 옮김(2006).『4천 년의 농부』. 들녘.
- 홍윤식(1996).『만다라』. 대원사.
- 舘野廣幸(2007). 有機農業 みんなの疑問. 筑波書房.
- Lovel Huge(2000). *A biodynamic Farm*. Acres U.S.A.
- Samuel Fromartz(2006). *Organic, INC. Natural Foods and How They Grew*. HARCOURT.
- Schilthusis Willy(2005). *Biodynamic Agriculture*. Floris Book.
- Steiner Rudolf(2004). *Agriculture Course*. Rudolf Steiner Press.

제 2 장

유기농업의 의의와 현황

2.1 유기농업과 관행농업의 차이

유기농업이란 생태적 원칙에 기초한 농업이라 할 수 있다. 따라서 화학물질을 배제하고 농장에서 생산된 자원을 농토에 환원시켜 토양비옥도를 높인다. 한편 농장의 생물다양성(生物多樣性, biological diversity)을 증가시킨다. 병충해 방제에 있어서도 윤작, 물리적 수단 등을 이용하여 식물이나 생물의 밀도 변화를 통하여 해결하려 한다(Wallace, 2001).

유기농업과 관행농업의 차이를 여러 가지로 비교할 수 있으나 단적인 비교는 [그림 2-1]에서 보는 바와 같다. 유기농업은 퇴구비에 의한 비옥도 유지를 기본으로 건강한 작물을 생육하여 스스로 병충해를 이겨낼 수 있는 작물을 목표로 하고 있다. 병충해 방제도 지배농작물의 다양화, 윤작, 물리적 방제에 기초하고 있다.

반면 관행농업은 화학비료에 의존하여 가능한 생산성을 높이려는 데 초점을 맞춘다. 그리고 병충해 방제에서도 농약을 이용하거나 항생제를 사용한 인공적 방제에 중점을 둔다. 이 외에도 유기농업이 지산지소(地産地消), 신토불이(身土不二)와 같은 지역생산, 지역소비의 로컬 푸드(local food, 지역식품)에 관심을 갖는 데 비하여 관행농업은 지역생산, 세계유통을 목표로 하는 등 그 차이는 많다.

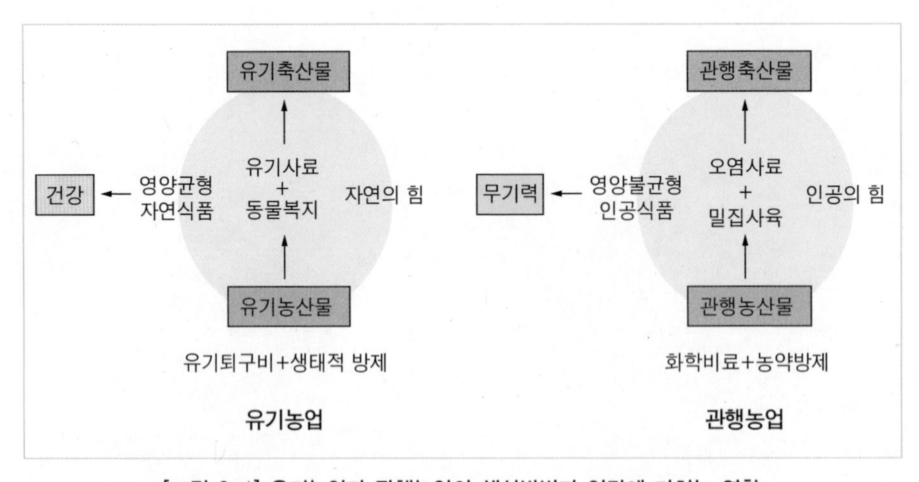

[그림 2-1] 유기농업과 관행농업의 생산방법과 인간에 미치는 영향

2.2 유기농업의 배경 및 의의

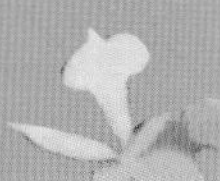

유기농업의 목적은 환경을 보존하고 토양의 침식이나 황폐를 막는 것이다. 이는 공해를 줄이고 생산성을 적정화시키며 토양비옥도를 증진시킴으로써 달성될 수 있다. 이를 위하여 첫째, 토양 내에 생물학적 활력을 극대화시킴으로써 장기간의 토양비옥도를 유지, 증진시키는 것이 필요하다. 이의 실천적 방법론으로는 피복작물, 윤작, 혼작, 녹비, 퇴구비, 경작방법 개선, 적절한 농자재 사용 등이다. 둘째, 농장 내부는 물론 주변의 생물학적 다양성을 고양시키는 것이다. 셋째, 농장에서 생산되는 자원이나 물질의 재활용을 극대화하는 일이다. 넷째, 가축의 복지에 관심을 가지며, 마지막으로 유기농산물의 가공과 판매과정에서 유기농산물의 원래 기능이 나빠지지 않도록 하는 일이다.

1. 유기농업의 출현 배경

지난 20년 동안 유기농업은 지속적인 관심을 받아왔는데, 그 이유는 관행농업에서 파생된 농업의 문제점에 대한 대안농업으로서의 가능성 때문이었다. 즉, 유기농업은 환경보호, 재생 불가능한 자원의 보존, 식료의 질 향상, 과잉생산물에 대한 대안, 농업 재구성의 잠재력이라는 가능성을 갖고 있다.

유기농업의 출현 배경은 여러 가지로 지적할 수 있으나 첫째, 사회적 관심으로 농촌지역의 인구 감소와 소득 저하에 따라 관행농업의 대안이 필요하였고, 둘째, 환경문제에 대한 관심으로 야생동물의 감소, 서식처 제공, 비재생자원의 이용을 들 수 있다. 마지막으로 건강에 대한 관심으로 비농약 농산물과 양질의 농산물에 대한 요구가 유기농업의 태동을 가져왔다(Lampkin, 1994).

1) 관행농산물의 국제경쟁력 저하

농업생산성 향상은 크게 두 가지 원인에 의해 영향을 받는데, 즉 노동에 대한 대체자본의 투여와 농장규모의 확대이다. 생산성 향상을 위해 노동집약적 · 자본

집약적인 농업으로 발전하게 되었으며, 이에 맞는 새로운 품종과 농기계도 개발되었다. 노동 투여를 절감하기 위한 수단들도 고안되었는데, 농장규모의 확대와 작업의 기계화로 요약될 수 있다.

그 결과 농업은 새로운 모습으로 변모하였다. 농가가 여러 가지 작물을 재배하는 대신 단작(單作, mono culture)을 하게 되었다. 이것은 마치 공장에서 티셔츠를 생산하는 것과 유사한 형태를 띠게 되었다. 티셔츠 한 가지만 생산함으로써 전문화되고, 의사결정이 단순해지고 감독도 용이하게 되어 우수한 상품을 생산, 결과적으로 노동생산성을 극대화시킬 수 있게 되었다. 그리하여 1인당 생산성이 1970년대에는 1930년대에 비하여 4배나 증가하는 결과를 가져왔다. 이러한 생산성의 증가는 단지 농장에서의 생산성뿐만 아니라 수송, 가공, 저장, 판매에서의 효율성 제고도 그 원인의 일부가 되었다.

농촌 여건의 변화로 호당 경지면적은 1980년 101.1a에서 2002년 145.5a로 증가하였으나 이러한 규모로는 농업경쟁력이 있는 외국의 농가와 경쟁을 할 수 없다. 경쟁농업국의 농가 호당 경지면적은 10배에서 100배 이상 차이가 난다(〈표 2-1〉 참조).

특히 중국의 경우 우리보다 1인당 경지면적은 1/3 정도밖에 되지 않아 농지면에서는 경쟁력이 없어 보이나 경지가 국가의 소유로 토지비용이 낮고 또 생산비용인 노동비 및 각종 농기계 및 연료가 국내보다 훨씬 싸기 때문에 위협적인 존재인 것이다. 그리고 FTA를 체결하려는 미국은 1인당 농지면적이나 국가의 다양한 보조 등을 생각하면 우리와 경쟁이 될 수 없을 정도로 우위에 있다고 할 것

〈표 2-1〉 토지종류별 면적구성(조원량, 2006)

항 목	구성비율(%)									
	한국	일본	중국	영국	네덜란드	프랑스	독일	미국	캐나다	호주
농경지	17.4	12.3	13.3	24.4	26.8	33.5	33.1	19.3	4.9	6.5
다년생	2.0	1.0	1.2	0.2	1.0	2.1	0.6	0.2	0.1	0.1
임야 등	80.6	86.7	85.5	75.4	72.2	64.4	66.3	80.5	95.0	93.4
농업취업인구 1인당경지(ha)	0.72	1.61	0.24	10.94	3.67	20.51	11.65	58.46	116.82	112.54
국민1인당 경지(ha)	0.04	0.04	0.10	0.10	0.06	0.31	0.14	0.62	1.48	2.63

이다.

우리나라의 농업생산요소의 투입량 변화를 보면 농업노동은 감소하였고 농지도 감소하였으나 중간재 및 자본재의 투입은 증가하였다. 이것은 농지와 노동력의 감소를 자본 투입의 증대로 대체하게 되었기 때문이다. 중간재란 비료나 농약 등을 말하며, 자본재란 여러 농기계의 신규 구입과 같은 것이라고 할 수 있다.

결국 이러한 자재의 투입 증가는 고가의 농산물 생산으로 연결되었다고 볼 수밖에 없다. 그래서 경쟁력이 떨어지게 되어 여러 가지 농업 · 농촌의 문제가 발생하게 되었다. 특히 이러한 자재의 투입은 농가의 부채문제를 키워 연평균 7.6%의 증가를 가져왔다고 한다.

또한 농업생산성을 향상시켜 값싸고 저렴한 농산물 생산으로 연결되어야 한다. 그래서 경쟁력을 갖는 농산물로 구매자들이 국산 농산물을 선택할 수 있는 조건이 되어야 한다. 그러나 현재는 외국의 농산물과 가격경쟁에 있어 하위의 위치에 있기 때문에 경쟁력을 상실하고 있는 것이다. 이러한 문제는 결국 관행농업과는 다른 새로운 농업의 출현을 필요로 하게 되었으며, 유기농산물 생산을 통한 부가가치 향상으로 고가의 농산물을 생산할 수 있다고 믿기 때문에 유기농업이라는 새로운 대안이 태동하게 되었다.

2) 환경보호에 대한 관심 증대

생산성 증대와 이윤의 극대화에 초점을 맞춘 현대 농업은 단작이나 완전경운법, 화학비료의 과용, 인공관개, 농약의 남용을 초래하고 결국 환경에 커다란 부담을 주게 된다. 완전경운은 표토를 완전히 갈아엎는 것을 뜻하기 때문에 우리나라와 같이 6, 7, 8월에 연간 강우량의 60～70%가 집중되는 조건에서 조파하는 작물은 고랑을 통하여 거름진 표토가 유실되게 된다. 표토는 장기간에 걸친 풍화작용의 결과물이며, 1년에 ha당 1톤 정도가 생성될 수 있는 것으로 보고 있다.

그러나 우리나라의 조사결과 특히 고랭지의 채소재배지의 경우 많은 양의 표토가 유실되고 있으며, ha당 진안의 227톤을 최고로 정선 77.1톤, 무주 48.2톤, 평창은 33.1톤이 유실되며, 표토로 환산할 때 진안은 무려 18.9cm가 유실되는 것으로 보고되고 있다(류수노 등, 2002).

이러한 토양 유실은 단작이나 조파의 결과인데, 이러한 방식은 토양을 강우와 강풍에 노출시켜 유실을 가속화시킨다. 경작방식을 바꾸었을 때 토양 유실은

[그림 2-2] 강우에 의한 표토 유실(작토와 초지, 대관령)

급격히 감소하는데, 보존처리(목초재배 등)를 하였을 때는 조파 시 토양 유실의 17%에 지나지 않는다는 연구결과가 있다(이효원 등, 2002).

농업으로부터 야기되는 환경오염은 화학비료에 의한 비료와 염류, 농약, 제초제, 농업화합물에 의한 것이다. 이 중 가장 문제가 되는 것은 비료 및 농약의 과용이다. 통계에 의하면 1945년에는 ha당 1.1kg의 화학비료를 사용하였고 1965년에는 174kg, 1985년에는 331kg, 2004년에는 385kg을 사용함으로써 식품의 안정성은 물론 환경에 커다란 부하를 주게 되었다. 이와 같은 비료 사용량으로 세계적으로 사용량이 가장 많은 나라 중 하나에 속하게 되었다. 통계에 의하면 1980년에 ha당 5.8kg의 농약을 사용하였고 1990년에는 10.4kg, 1999년에는 12.2kg, 2004년에는 13.1kg으로 증가되었다. 농약 사용에 대한 직접적인 피해는 해충과 동시에 익충(益蟲, beneficial insects)도 사멸되며 야생동물까지 해를 미친다. 농약중독 및 자살도 사회적 문제로 대두되고 있다. 또 수생생태계에 간접적으로 영향을 미쳐 번식력 저하, 기형이 나타났으며, 이러한 물고기를 식용으로 한 경우 인간에 잔류농약이 흡수되는 등의 여러 가지 악영향이 뒤따른다.

이러한 농약잔효가 생태계에 미치는 악영향의 가장 유명한 예로 DDT를 들 수 있다. 이 농약은 살충제로 사용하면 먹이연쇄에 의한 중독현상을 야기하게 된다. 모기—물고기—물새—사람으로 이어지는 전이가 사회문제가 된 바 있다. 미국의 보고는 DDT 잔류는 1993년과 2003년 사이 당근의 37%, 시금치의 39%, 감자의 7%, 쇠고기의 44%, 우유의 15%에서 그 잔류물이 발견될 정도로 오랫동안 미분해된 채 식물 속에 남아 있게 된다(Fromartz, 2006). 이러한 문제를 해결하기 위한 새로운 대안농업이 필요하며, 유기농업은 화학비료와 농약을 사용

〈표 2-2〉 우리나라 농경지 양분수지 구조(김창길 등, 2005)

요 인		질소	인산	칼리	계/평균
작물요구량(A)	(톤)	245,374	117,170	153,378	515,922
화학비료 공급량(B)		342,454	132,299	156,981	631,664
가축분뇨 양분발생량(C)		235,359	156,139	151,815	543,313
가축분뇨 실제활용량(D)		125,211	131,469	127,828	384,508
가축분뇨 이용량(B+D)		467,665	263,698	284,809	1,016,172
양분초과량(B+D-A)		222,291	146,528	131,432	500, 250
경지면적당 작물양분 요구량	(kg/10a)	12.8	6.1	8.0	26.8
경지면적당 화학비료 투입량		17.8	6.9	8.2	32.9
경지면적당 총양분투입량		24.3	13.7	14.8	52.9
경지면적당 양분초과량		11.6	7.6	6.8	26.0
화학비료 충족도(B/A)		139.6	112.9	102.3	122.4
총양분공급도(B+D/A)		190.6	225.1	185.7	197.0

하지 않는다는 관점에서 기존 농업의 대체농업으로 부각되었다.

이와 함께 문제로 대두되는 것은 가축의 분뇨에 의한 양분 초과발생량이다. 즉, 가축분뇨에 의해 작물요구량보다 초과된 양분이 공급됨으로써 여러 가지 환경문제를 야기하고 있다는 점이다. 〈표 2-2〉는 이러한 사실을 아주 극명하게 나타내고 있다.

〈표 2-2〉를 요약하면 질소는 190%, 인산은 225%, 칼리는 185%가 과다 공급되어 농산물의 질을 떨어뜨릴 뿐만 아니라 하천과 강에 유입되어 식수원을 오염시켜 인간의 건강을 해치게 된다는 것이다. 따라서 이러한 환경오염을 막기 위한 방법의 일환으로서 유기농업의 도입이 필요하다는 논리이다.

3) 소비자의 건강식품 선호

농업자재의 투입과 품종개량으로 농산물의 생산량이 증가되어 식량은 풍부해졌으나 상대적으로 오염된 식품에 대한 불안감이 가중되고 있다. 가장 잘 알려진 것으로 병원성 대장균(O-157 H : 7)의 발발이며, 광우병 위험성이 있는 미국산 쇠고기 수입에 대한 찬반논의에서 보는 바와 같이 식품 및 건강에 대한 관심이

〈표 2-3〉 식품오염물질

구 분		종 류
자연독성식품	식물성 식품 독성 물질	버섯, 사이키신, 고사리
	동물성 식품 독성 물질	복어독, 삭시톡신
	식품 중의 아르레겐	계란, 우유, 과일
식품첨가물 및 잔류물질	식품첨가물	인공감미료, 발색제, 보존착색제
	잔류농약	살충제, 제초제, 살균제
	동물의약품 및 항생제	페니실린, 테트라사이클린
	포장재료로부터 혼입	납, 주석, 비닐, 호르몬
미생물 오염	세균 독소	보툴리눅스 독소, 콜레라 독소
	곰팡이 독소	아폴라톡신, 오클라톡신
	감염형 세균	살모넬라, 장염비브리오균
	곰팡이 독소	아폴라톡신, 오클라톡신

높아지게 되었다. 그 밖에 조류독감, 오염된 음식물의 섭취를 원인으로 보고 있는 아토피성 피부염(atopic dermatitis)도 우리가 흔히 거론하는 음식물과 관련된 병이다. 돼지고기나 닭고기의 항생제 남용에 의한 내성균 문제, 합성 호르몬과 광우병에 감염된 수입 쇠고기, 항생물질을 지나치게 사용하는 물고기 사료도 문제로 지적되었다.

뿐만 아니라 수입산 김치에서 발견된 기생충과 그 알도 문제가 되었고, 또 야채에 묻어 있는 각종 농약도 건강을 해친다고 알려졌다. 이들은 모두 식품을 오염시켜 건강에 나쁜 영향을 미치는 것들이며, 이를 요약하면 〈표 2-3〉과 같다.

이렇게 오염된 식품에 대한 공포 때문에 자연적인 식품, 화학비료나 농약을 사용하지 않은 식품을 선호하게 되고, 따라서 유기농산물과 같은 새로운 식품의 출현을 기대하고 또한 소비자의 호평을 받게 되었다는 것이다.

2. 유기농업의 의의

1) 웰빙 농산물의 생산

생활수준이 향상되고 건강에 대한 관심이 높아짐에 따라 건강식품의 구매에 대한 관심이 높아지고 있다. 관행농산물이 모두 건강에 유해한 식품이라고는 할 수 없으나 비판적 시각에서 비건강, 비웰빙 식품의 측면이 강조되고 있다. 일본에서는 "돼지고기를 먹으면 항생물질이 듣지 않아 수술을 할 수 없다"라는 극단적인 보도까지 나오고 있는 실정이라고 한다. 일본에서 도축된 돼지고기의 70%가 문제가 있으며 이러한 고기를 섭취한 사람에게 내생균이 존재하게 되고, 따라서 항생물질을 써도 잘 치료되지 않는 부작용이 나타난다는 것이다. 미국에서는 반코마이신(vancomycin)조차도 듣지 않는 균이 발견된 바 있다. 닭고기 생산 시 항생제 남용, 햄 속에 들어 있는 많은 첨가물도 문제가 된다. 양식어는 배합사료로 사육되며, 이 배합사료 속에는 상당량의 항생물질이 함유되어 있음은 주지의 사실이다. 샐러리나 파슬리는 농약이 가장 많이 잔류하는 채소로 알려졌고, 수경재배한 무순이나 삼엽초, 샐러드채는 미네랄 성분이 부족한 것으로 보고되고 있다. 중국산 채소는 특히 상당량의 살충제에 오염되어 있다고 한다(이향기, 2004).

덴마크의 한 조사보고에 의하면 방목 우유에는 일반 우유보다 500% 이상의 리놀레닉산과 비타민 E가 함유되어 있고 특히 리놀레닉산은 불포화지방산으로 포화지방산에 비하여 건강에 좋은 것으로 알려졌다. 뿐만 아니라 오메가산도 일반 우유보다 더 많이 함유되어 있는 것으로 보고하고 있다. 덴마크의 다른 보고

[그림 2-3] 유기농산물 판매장(오르가)

[그림 2-4] 유기농산물 체인점(한살림)

는 방목우가 생산한 우유에는 75% 더 많은 베타카로틴이 함유되어 있고, 2~3배나 더 많은 산화방지제가 들어 있는 것으로 나타났다. 물론 그 절대적인 양으로는 그리 많지 않다고 한다(Fromartz, 2006).

결국 유기농산물은 관행농산물에서 발생하는 농약의 잔류문제, 항생제, 호르몬 등에 대한 비판에서 자유로울 수 있어 웰빙 농산물(wellbeing agricultural products)로 각광을 받게 된다는 것이다. 보다 건강에 좋은 자연식품이기 때문에 국민의 보건과 건강에 더 많이 기여할 수 있는 식품을 생산하는 농업이라는 것이다.

2) 물질의 지역 내 순환

유기농업은 원칙적으로 그 지역에서 생산하여 그 지역에서 소비되는 것을 원칙으로 하고 있다. 한때 유행하였던 신토불이(身土不二)의 철학을 실현시킬 수 있는 농업이다. 이것은 몸과 땅은 둘이 아니라 하나라는 뜻으로 자기가 사는 땅에서 산출된 농산물이 체질에 잘 맞는다는 뜻이다. 이러한 개념을 일본인들은 지산지소(地産地消)(天野 등, 2004)라고 표현하여 그 지역에서 생산하고 그 지역에서 소비하는 것이 유기농업의 철학이라고 하였다.

현대 농업은 지역 간, 나라 간, 대륙 간 교역을 통하여 농산물의 판매와 구입이 일반화되었다. 이러한 형태는 무역의 자유화를 통한 산업의 장려, 일자리 창출 등에는 기여하는 바가 있으나 물질이동의 편중화라는 측면에서는 많은 문제점을 내포하고 있다. 예를 들어 우리나라에서 농업의 경쟁력이 없다 하여 모든 농산물을 수입한다고 할 때 소비 후에 남는 물질은 결국 우리나라 어딘가에 쌓이게 되고, 이것은 또 다른 환경문제가 될 수밖에 없다. 일본을 예로 들면 원자재의 수입을 통해 물건을 만들어 수출할 때 일본 내에 잔류하게 되는 유기물은 연간 약 700만 톤에 이른다고 한다(Koyu, 2005). 이와 같은 결과에서 보듯이 이러한 잔재는 지역 또는 그 나라의 환경에 많은 문제점을 낳게 된다. 따라서 그 지역에서 생산하여 그 지역에서 소비하면, 이동에 따른 재생 불가능한 자원의 소비절약, 신토불이를 통한 건강증진, 폐기물(농산, 가축분뇨) 집적의 해소 등으로 환경에 부하를 주지 않는 농업이 가능하다.

유기농업적 측면에서 볼 때 수입농산물(유기농산물)은 환경에 나쁜 영향을 미친다고 판단한다. 특히 유기사료를 수입하여 유기축산을 할 수 있도록 하는, 공장형 유기축산을 새로운 관점에서 조명할 필요가 있다고 보는 것이다. 일례로 유기낙농에서 초지접근(access to grass)에 대한 언급이 있으나 강제규정이 아닌 것처럼 보인다. 보세가공업적 유기축산은 국내의 유기축산 보호와 밀접한 관련이 있다. 수입 유기사료에 의한 유기축산보다는 유기축산물을 직접 수입하는 것이 환경오염 방지에 더 유리하다고 보는 것이다.

만약 국내 자급사료로 유기축산을 하고 여기서 생산된 분뇨를 이용하여 유기

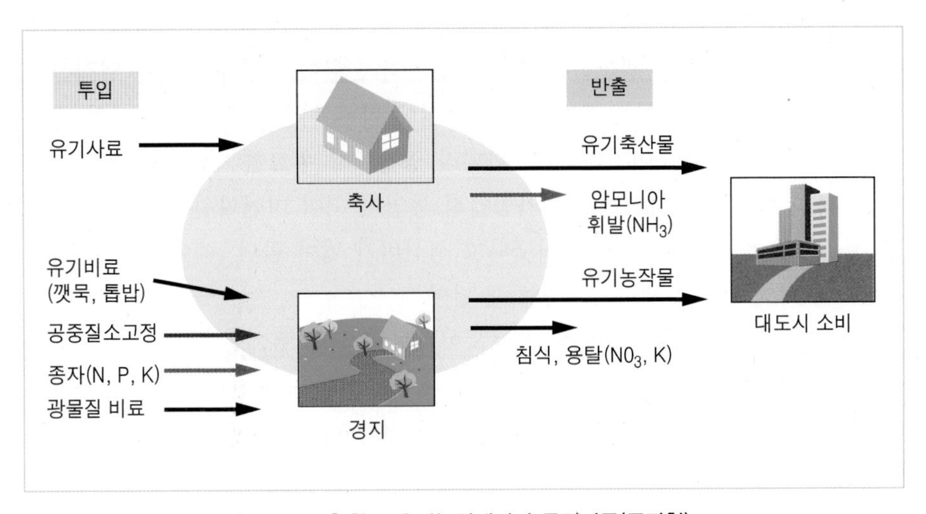

[그림 2-5] 한국 유기농업에서의 물질이동(공장형)

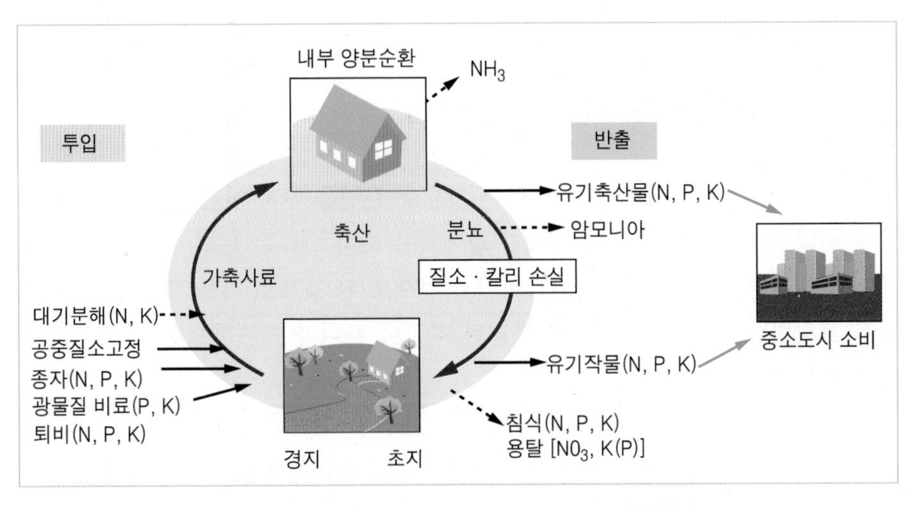

[그림 2-6] 스위스 유기농업에서의 물질이동(순환형)

작물을 생산한다면 관행축산에서 제기되는 분뇨 문제의 상당 부분은 해결될 수 있기 때문이다. 유기생산농가는 적당한 유기자원이 없어 고심을 하고 있다. 자신의 농가에서 생산된 유기분뇨를 유기사료나 유기작물의 생산에 사용한다면 유기물은 그 지역에서 순환되어 과다생산된 분뇨에 의해 야기되는 문제의 상당 부분을 해소할 수 있을 것이다.

[그림 2-5]와 [그림 2-6]은 한국과 스위스의 유기농업을 비교한 것이다. 한국은 양분 직접반출형 유기농업으로 유기사료나 비료를 외부에서 구입하여 유기축산물이나 유기농산물을 생산하는 체제로 양분의 순환이 투입과 반출로 일직선을 이룬다. 이러한 체제에서는 유기양분의 구입에 따른 비용이 소요되고 지역 내에서 생산과 이용이 이루어지는 것이 아니라 공장에서 원료를 구입하여 완제품을 생산, 다른 도시로 판매하는 보세가공업적 농업이 되어 자연자원 이용의 극대화를 추구하는 유기농업원칙에도 어긋나고 생산비가 많이 들며, 때에 따라서는 가축분뇨의 처리 같은 문제까지 수반하게 된다.

그러나 스위스의 유기농업에서 보듯이 양분순환형 유기농업은 경지나 초지에서 생산된 유기사료를 가축이 이용하여 유기축산물을 생산하고, 이때 가축이 배출한 분뇨나 퇴비를 이용하여 유기농작물을 생산하는 구조이다. 따라서 두과를 이용한 공중질소 이용으로 화학비료를 절약하고 부족한 일부의 유기질 사료 도입과 최소한의 무기질 비료만을 사용하므로 지역 내 물질순환이 최대로 가동될 수 있는 체계이다. 따라서 유축농업이야말로 합리적인 유기농업의 근간이 된다고 할 수 있다.

3) 환경 및 생태적 정의에 관한 관심

이것은 환경적 정의와 함께 쓰이는 것으로 환경을 단지 인간에게만 국한하는 것이 아니고 지구상의 모든 생명체와 함께 공유해야 한다는 논리이다. 환경은 인간으로 구성된 것이 아니고 비인간적인 자연으로 된 것으로 식물, 동물, 풍경, 생태를 포함한다는 것이다. 환경은 분리된 자산이 아니라 기본적으로 함께 공유해야 한다는 것이다.

그 밖에 로컬 푸드(local food)와 같은 개념도 유기농산물의 생산과 거래에 도입되었다. 이는 생산된 근방에서 소비함으로써 석유와 같은 비재생자원을 절약할 수 있고, 따라서 환경보호에 초석이 된다고 믿는다. 뿐만 아니라 농산물 구입

시 정당한 노동력의 대가를 치른 것인가를 고려하는 공정거래(公正去來, fair trade)와 같은 개념도 도입되어 유기농산물의 생산과 판매에 새로운 사상이나 이념이 도입되는 추세에 있다.

2.3 유기농업의 역사

1. 서양 유기농업의 발달사

유기농업은 리비히(Justus von Liebig) 농업에 대한 반발의 일단에서 시작되었다. 그리고 이러한 유기농업의 발달에 기초적인 기여를 한 사람이 바로 앨버트 하워드(Albert Howard) 경이다. 그는 1924년 인도의 인도어(Indore) 식물연구소 소장으로 있을 때 인도인들이 담배, 호밀 육종을 하였는데, 그들이 퇴비에만 의존하여 훌륭히 작물을 생산하던 방법에 매료되었다. 그가 1931년 인도를 떠나 그의 경험을 쓴 책이 농부들에게 읽히기 시작하였다. 그리하여 유기농업 분야에서 오늘날까지도 여전히 경배를 받는 인물이 되었다. 1939년 최초로 300에이커의 땅에 하워드 식으로 재배된 야채들이 판매되기 시작하면서 유기농업의 역사가 시작되었다.

유기농업에 기여한 또 다른 이는 생명역동농업의 창시자인 슈타이너(Rudolf Steiner)이다. 그는 1926년 독일 동부 코베위츠(Kobewitz)에서 최초로 유기농업에 관한 강의를 시작하였다. 그의 유기농업에 관한 관점의 핵심은 농업을 우주적 시점에서 관찰하여 작물생산은 결국 유기체로부터 유기체를 만드는 과정의 일부라고 보고 있다. 그의 철학은 그 후 1931년 미국으로, 1950년부터는 서유럽에서 북부 유럽으로 확산되어 갔다. 그의 방법과 기존 유기농업과의 차이는 기존 유기농업 위에 한 개의 층이 더 추가되는 것으로, 생명역동농업(生命逆動農業, biodynamic agriculture)은 농업을 살아 있는 생명체로 간주하여 농장에서 만든 특수한 물질을 사용하고 나아가서 달과 별의 이동에 맞추어 영농하는 것이 특징이다. 슈타이너는 농업을 윤회로 보고 있고 그런 의미에서 하워드 경의 철학과 일맥상통한다. 우리나라에서는 정농회에서 그의 방법을 소개하고 있으며, 그가 지은 『자연과 사람을 살리는 길』에 잘 소개되어 있다. 유기(organic)란 용어가 최초로 문헌에 나타난 것은 당시 영향력 있었던 영국의 생명역동농업가였던 영국의 농부 노스번(Lord Northbourne)에 의해서라고 한다.

한편 미국에서는 로데일(Rodale, J. I.)이 유기농업에 가장 큰 영향을 미쳤다. 그는 폴란드인으로 유대인이며 처음에는 제조업과 출판업에 종사하였는데, 1940년대 영국 잡지에 기고된 앨버트 하워드의 글을 보고 그 후 하워드 복음의 전도사가 되었다. 로데일은 유기농업운동을 북부 펜실베이니아에 있는 에마우스에서 시작하였고 하워드와 함께 유기농업이란 잡지를 편집하여 미국 각지의 수천여 농가에 구독 신청을 받았으나 40여 부의 주문만을 받게 되었다. 그 후 유기정원과 농업(organic gardening and farming), 다시 유기정원(有機庭園, organic gardening)으로 개칭하여 오늘날까지 계속되고 있다. 한편 그의 유기농업은 관행농가로부터 많은 비난을 받았다. 즉 광신자, 웃기는 화학자, 퇴비와 신비학교의 사도, 정신병적 언저리의 한 부분 사이비 과학자, 부식찬미자(腐植讚美者, humus worshipper), 똥의 사도(dung apostle) 등과 같은 이름으로 그를 매도하기도 하였다. 그는 1945년에 『흙은 보상한다』(*Pay dirt*, 우리나라는 『유기농법』으로 번역됨)는 책을 쓰기도 하였고, 그 뒤 「예방(Prevention)」이란 잡지를 창간하기도 하였다.

개인적으로 아버지는 심장병으로 56세에 별세하고 그의 다섯 형제 모두 심장병에 걸렸고 어머니마저 당뇨병에 걸렸으며 자신도 자주 병을 앓았다. 1971년 심장마비로 73세의 일기로 세상을 떴으며 미국 유기농업의 초석을 일구었다.

그 뒤 각 주마다 다른 유기농 관련법이 제정되었으나 최초로 캘리포니아에서 이에 관한 법령을 만든 후 22개 주에서 법안을 마련하였다. 뿐만 아니라 각 단체에서도 각자의 규정을 만들어 이에 맞게 유기농산물을 생산, 판매하였다. 1995년 농무부 산하에 국립유기표준위원회(National Organic Standard Board, NOSB)를 만들고 관련 15명의 위원들이 법 규정을 제정, 2002년에 연방정부 차원의 유기농식품 인정기준이 만들어졌다.

2. 일본의 유기농업

일본에서 유기농법과 유사한 자연농법(natural farming)이 1935년에 모키치 오카다(Mokichi Okada)에 의해 제창되었다. 그는 첫째, 건강에 유익한 영양가 있고 안전한 식품을 생산하며, 둘째, 소비자, 생산자 모두에게 경제적 · 정신적으로 이익을 주는 농산물을 생산하고, 셋째, 지속 가능하며 쉽게 실용화되어야 하며, 넷째, 환경을 보전하고, 다섯째, 점증하는 세계 인구를 위한 고품질의 충분한 농산물을 생산하는 데 목적을 두어야 한다고 주장하였다. 그의 농법은 인분, 가축분뇨, 도시 쓰레기, 처리되지 않은 퇴비를 사용하지 않는 대신 작물잔재, 산업처리산물(왕겨, 겨, 유박류)을 유기물로 이용한다 하여 오늘날의 유기재배와는 다른 것이었다. 그의 추종자들이 여러 갈래로 나눠다가 1998년 이후에는 EM(Effective Micro-organism)의 이용을 주축으로 하는 농법으로 통일되었다(XU, 2000). 유기농법의 아류 중 하나는 후쿠오카 마사노부(1914)의 자연농법이다(후쿠오카, 1994). 그는 4무농법(四無農法 : 비경운, 비화학비료사용, 비잡초제거, 비농약살포)을 주장하고 있으나, 현대 농법의 입장에서는 비현실적인 감이 있다.

일본은 우리나라와 유사하게 1961년 농업기본법을 제정하여 다비농약에 의한 식량증산을 꾀하였고, 그 과정에서 여러 가지 부작용이 발생하여 민간 차원의 유기농운동이 일어났다. 일본 유기농법의 토대는 생산자와 소비자가 신뢰를 바탕으로 한 유기농산물 직거래가 기초가 되었다. 즉, 산소제휴(産消提携)의 형태로 시작되었다. 1971년 일본유기농업연구회의 발족을 시발로 이 분야에 대한 실용적 접근이 시작되었다. 국가적으로는 1992년 신정책, 1999년 JAS(일본농산물 규격법)가 개정되었다(김창길, 2006). 일본의 경우 유기농산물(식부 전 2년간 비농약, 비화학비료)과 특별농산물(화학비료와 농약을 관행농법의 50% 사용)의 두 가지 농산물로 구분되어 있다.

현재 일본 유기농업은 크게 두 가지로, 시장지향형 유기농업과 지역순환형 유기농업의 형태가 있으며, 시장지향형 농업이 코덱스 기준에 의한 것이고, 지역순환형은 소비자 운동과 환경보호운동이 이념적으로 접합된 농업으로 코덱스 기준의 준수와는 약간 거리가 있다(김기홍, 2007).

3. 중국의 유기농업

최근 중국의 친환경농산물은 생산규모 면에서 급속히 발전하고 있다. 2004년은 2003년에 비해 무공해의 경우 품종수는 3배, 산지는 6.6배, 총생산량은 1.6배 늘었다. 녹색식품의 경우도 기업수는 27.1%, 품목수는 46%, 총생산량은 84% 증가하였다. 유기식품은 기업수는 1.2배, 품목수는 1.4배, 총생산량은 1.7배 증가하였다. 한국으로의 유기식품 수출량은 대두 4,420톤, 소맥 570톤, 깨 183톤, 녹두 40톤 정도(2004년 기준)가 되는 것으로 조사되었다.

중국의 유기농업은 크게 유기식품, 녹색식품, 무공해식품으로 대별할 수 있는데, 이들의 공통점은 식품의 안정성을 보장하면서 친환경 생산기술 방식을 채택한다는 것이다. 표식은 크게 유기식품과 녹색식품으로 나누어 표시하고 있다. 유기식품은 'CHINA ORGANIC FOOD' 영문표기를 쓰고, 녹색식품은 'Greenfood'로 나타낸다.

이들 세 가지 종류의 소위 친환경농산물은 여러 가지 면에서 차이가 있는데, 이를 표로 나타내면 〈표 2-4〉와 같다. 〈표 2-4〉를 보면 지향하는 바가 무엇이고 어느 계층을 생산품의 최종 소비자로 하고 있는지 잘 나타나 있다. 그러나 유기식품과 녹색식품에 대한 심사방법에서 두 방법의 차이가 뚜렷하지 않아 어느 것이 더 좋은 것인지에 대한 확실한 구분이 없다. 다만 무공해라는 것은 생산품에서 신체에 유해한 성분이 발견되지 않으면 되는 것으로 한다는 것을 유추할 수 있을 뿐이다. 생산기준의 차이에 있어서도 유기와 녹색이 똑같이 'IFOAM(세계유기농업운동연맹)'의 방식을 적용한다고 되어 있어 그 기준이 모호하다고 할 수 있다.

유기식품

녹색식품

[그림 2-7] 중국 유기식품의 표식방법

〈표 2-4〉 중국 친환경 유기식품의 구분

차이별	식품종류	정 의
인정기구	유기	환경보호총국 유기식품 발전 중심이 인정한 비정부기관
	녹색	농업부 소속 녹색식품 발전 중심
	무공해	국가 및 성 농업 부분 관련기관
적용범위	유기	식용 농산품, 섬유, 약재 등 원자재
	녹색	가공식품
	무공해	식용 농산품, 가공상품, 원자재
표식차이	유기	국가통일
	녹색	국가통일
	무공해	국가 및 지방 표식
생산조직	유기	기업, 농가
	녹색	기업
	무공해	농가
심사방법	유기	생산과정 위주
	녹색	생산과정, 품질 위주
	무공해	상품 위주(결과 위주)
공급시장	유기	해외수출
	녹색	국외(AA), 국내(A)
	무공해	국내
기준	유기	유엔유기식품생산가공무역지침(CAC/GL 32-1999), IFOAM, 유럽공동체 기준(EECN2092/91,1804/99), JAS(일본기준) 참조
	녹색	AA(IFOAM), A(CAC/히32-1999)와 유럽품질안전기준
	무공해	일부 국내식품 일반표
법적 적용	유기	세계기구 및 선진국 표준 차이
	녹색	농업부 소속 녹색식품 발전 중심 포함 52개 질량표준
	무공해	국가질량감독국이 반포한 4종류의 8가지 강제적 표준과 농업부의 73개 표준(NY 5000 등)
생산특성	유기	환경보호 위주인 식품안전
	녹색	식품안전과 환경보호 동시
	무공해	식품안전주의

〈표 2-5〉 2007-2010년 중국유기농 면적(전환기 포함)

연도별	2007(ha)	2008(ha)	2009(ha)	2010(ha)	2009~2010 변화(ha)	2009~2010 변화(%)
유기면적	1,553,000	1,853,000	1,853,000	1,390,000	-463,000	-25
유기면적	1,359,000ha (2010년)					
자연채취유기	900,000ha (2010)					
수출	2008년 3억 유로					

4. 우리나라 유기농업의 역사

1) 일제강점기 이전의 유기농업

우리나라에서의 농업은 일제강점기 이후 근대화 이전까지는 유기농업을 시행하였다. 이러한 사실은 조선시대의 많은 농서에 잘 기술되어 있다. 근세에 들어 한국 농업을 근대적 과학의 시각으로 관찰한 이는 킹(F. H. King)이라는 미국인이다. 그는 대학교수이면서 동시에 미국 농림부 토양관리국장을 지낸 인물로, 1909년 3월부터 여름 동안 한국, 중국, 일본을 여행하면서 세 나라의 양분 이용에서 가축 사육에 이르기까지 모든 분야를 분석적 데이터를 제시하면서 서술한 『4천 년의 농부』란 유고를 남겼다. 이 책에서는 그 당시의 세 나라의 농촌현장을 직접 방문하여 인구, 경작지 면적, 단위면적당 가축 수, 농가가 이용한 가용퇴구비를 현대적인 방법으로 그 수와 양분투입량 등을 계산하였다. 이들 동양 3국이 가용자원을 얼마나 알뜰히 이용하고 있는가를 미국과 비교하면서 설명하고 있다. 필자가 이 책의 기술을 근거로 계산한 그 당시의 질소 투입 영양원은 [그림 2-8]에서 보는 바와 같다.

한편 그가 내린 결론은 서문 부분에 잘 나타나 있는데, 즉, "모든 식료는 사람과 가축의 식량이나 사료로 쓰인다. 식료나 의류로 사용할 수 없는 것은 모두 연료로 사용된다. 인간의 배설물, 연료, 옷감에서 나온 쓰레기는 모두 토지에 투입된다. (중략) 이는 축적된 지식을 바탕으로 충분한 사전 준비를 거쳐 이루어진다."

이러한 기술은 유기농업의 원칙이 그대로 적용된 농업을 하고 있었으며, 재생자원의 최대 이용, 생산된 물자의 지역소비 등의 원칙이 잘 지켜지고 있었다는 것을 말해 준다.

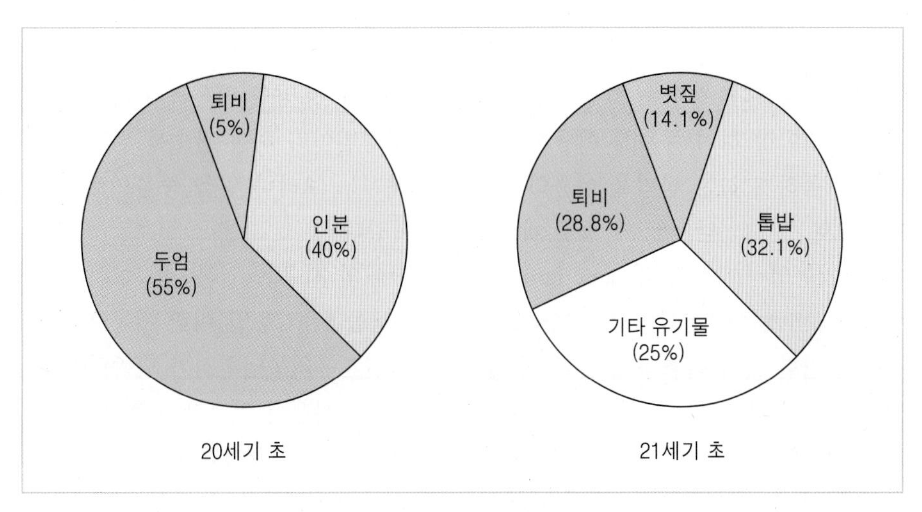

[그림 2-8] 20세기 초와 21세기 초의 질소 시용 비율 비교

2) 근세 유기농업의 내력

우리나라는 1910년경 인분과 오줌을 처리하여 황산암모늄을 생산하였고, 1930년경 공기 중 질소를 이용, 비료를 대량생산하여 농가에 보급하기 전까지의 농업은 사실상 유기농업이었다. 농약은 1951년 유기수은제 메르크론의 합성, 1950년대 파라티온 수입, EPN의 생산을 시발로 농약이 작물보호에 사용되기 시작하였으므로 이 기간을 현대(관행) 농업 이행기간으로 보아도 무방할 것이다.

1970년 산업화 이전의 작부체계는 논에서는 벼와 그 후작으로 보리, 밭에서는 보리를 수확한 후 콩을 재배하는 것이 근간이었고, 여기에 유기물 비료에 해당하는 가축사양 시 부산물인 두엄, 사람의 인분, 퇴비나 재가 주요 비료원이었다.

조선시대의 농업은 최초의 농서인 『농사직설』에서 찾아볼 수 있다. 품종별 작부방식을 보면, 벼의 경우 이른 벼는 논에서 늦은 벼는 논과 밭에서 재배하였고 파종은 조파나 점파를 하였다. 밭에서의 작부방식은 토양비옥도가 보통인 밭에서는 1년 1작, 근경전이라고 하여 비옥도가 우수한 밭에서는 1년 2작을 하였고, 때에 따라서는 휴한한 밭을 휴한전이라고 불렀다. 밭의 종류는 우등, 중등, 열등의 세 가지로 나누었다.

휴한을 한 밭을 최우등지라고 보았고 이런 곳에 삼을 재배하였다. 경사지는 밭벼, 하습지는 피를 재배한 것으로 나타났다. 시비법은 분종과 분과를 하였고,

그 밖에 외양간 거름, 숙분을 사용하였으며 객토, 재를 이용하였고, 그 후에는 깻묵을 사용하였다. 시비는 초경과 재경 사이에 하였고 토양을 비옥하게 하는 방법은 비전법이라 하여 두과를 이용하는 방법과 엄경법이라 하여 잡초를 뒤집어 토양을 비옥하게 하는 방법을 이용하였다. 작부체계는 보리나 밀을 중심으로 하고 전작으로 콩, 조, 팥, 마, 깨 등을 재배하는 것이었다.

유기농업(有機農業, organic farming)이란 단어의 사용은 일본인인 이치라 테루오(一樂照雄)의 『황금의 흙(黄金の土)』이라는 책을 『유기농업』이란 제목으로 바꾸어 출판한 것이 최초라고 한다. 후에 1971년 일본유기농업학회가 발족하게 되었고, 우리나라에서는 이를 받아들여 이러한 용어를 사용한 것으로 추측된다.

한국전쟁 이후에는 식량증산이라는 구호와 주곡의 자급자족에 대한 국가적 목표를 가지고 있었다. 그 후 녹색혁명(綠色革命, green revolution)의 이름 아래 농자재의 대량 투자, 다량 생산을 목표로 한 농업정책을 통해 통일계 신품종을 육종시켜 주곡의 자급자족을 달성할 수 있었다. 이후 농공병진에서 농업화로 그 정책이 바뀌면서 농촌인구의 도시집중, 농업에서의 다농약, 비료의 사용, 공업화에 따른 각종 공해의 발생에 따라 환경과 건강에 대한 국민들의 관심이 점점 높아지기 시작하였다. 환경파괴에 따라 각종 질병의 발생이 빈번해지자 안전한 식품에 대한 국민들의 관심이 높아지게 된 것이 유기농업의 태동의 계기가 되었다.

우리나라에서 유기농업의 재조명은 종교적 신앙이 밑바탕이 되어 시작되었다. 정농회, 풀무원, 국민보건관리연구회는 모두 기독교적 교리와 신앙양심에 입각하여 20~30명의 회원들이 2박 3일의 연수회에서 성서 연구를 중심으로 연구하였던 것이 그 효시이다(최병칠, 1992).

정농회는 종교적 신념으로 경천애인(敬天愛人)의 진리를 농업으로 구현하여 자연환경 및 생태계의 질서를 보전하는 생명농업으로 전환하는 것을 목표로 유기농업을 솔선 실천함을 목적으로 1976년에 부천시에서 설립되었다. 이후 유기농업에 대한 국민들의 관심이 높아지자 1978년 신선 농·축산물의 생산을 위한 유기농업법을 연구, 개발하면서 소비자 계도를 목적으로 한국자연농법연구회가 민간 주도로 설립되었다. 이들의 현재 발전모습은 〈표 2-6〉에서 보는 바와 같다.

〈표 2-6〉에 제시된 바와 같이 도입단계는 1970년대로 운동적 차원에서 접근한 것이고, 이 운동을 최초로 주도한 단체는 정농회이다. 그 후에 1980년에는 확산단계로 발전하게 된다. 한살림을 주축으로 하였고, 최병칠 등이 주도한 한국유기농업생산자소비자단체연합회가 이 시기에 나타난 대표적인 단체라고 할 수 있다. 그

〈표 2-6〉 우리나라 유기농업의 발전단계

단계별	연도	주요운동	관련단체
도입단계	1970	운동 차원 접근	정농회(1976), 유기농업협회(1978)
확산단계	1980	종교적 차원, 생활협동조합 차원	한국유기농업생산자소비자단체연합회(1980), 한살림(1989)
발전단계	1990	학문적 차원, 실용적 차원 접근	한국유기농업학회(1990), 학회지 발간(1992), 유기농업발전 기획단 설치(농림부, 1991)

〈표 2-7〉 정부가 추진한 유기농업 관련 정책

1991년 3월	농림부에 유기농업 발전기획단 설치
1994년 12월	농림부에 환경농업과 신설
1996년	21세기를 향한 중 · 장기 농림환경정책 수립
1997년 12월	환경농업육성법 제정
1998년 11월	친환경농업 원년을 선포
1999년	친환경농업 직접 지불제 도입
2001년	친환경농업육성 5개년 계획 수립
2001년	친환경 유기농업 기획단(농진청)
2008년	농진청 유기농업과로 개편

뒤 한국유기농업학회가 발족되어 유기농업에 대한 학문적 접근이 시도되고 1992년에 학회지가 발표됨으로써 비로소 발전의 기틀을 닦게 된다. 그 후의 발전은 〈표 2-7〉에서 보는 바와 같다.

직접적으로 유기농업에는 관여하지 않으나 환경농업에 관련하는 단체가 상호간 협력을 도모하고 안전한 농산물의 생산 및 소비 기반의 확대를 통하여 국민건강 증진과 환경보전에 기여하고자 연합회를 결성하여 오늘에 이르렀다. 이 단체는 1994년 11월 8일에 창설하였고 생산자 및 소비자 단체가 그 회원으로 있으며, 총 35개 단체가 이 협회에 가입하여 활동하고 있다.

이 중 중요한 단체의 설립연도와 목적, 회원 수 등에 대한 내용은 〈표 2-8〉에 제시하였다. 이들은 주로 유기농업 농자재를 생산하거나 유기농산물의 소비 촉진, 유기농업 인증사업 등의 부업을 하고 있다.

〈표 2-8〉 유기농업 개척단체의 과거와 현재(2005년 기준)

단체명	설립 연도	목적	설립시 회원수	현재 회원수	유기농 인증농
야마기시즘 생활경향실현지	1984	자연, 인위 조화로 행복한 사회 실현	-	2,000	유기양계 35,000수, 유기사료포 10ha, 유기채소포 3ha
유기농업협회	1978	안전한 농축산물 생산과 이의 계몽	-	30,500	-
정농회	1976	경천애인의 진리를 농업을 통해 구현	30	800	유기인증 200, 무농약 300, 소비자정회원 200
한살림	1986	공생, 협동, 화합과 신뢰가 가득한 생명살림 구현	-	1411	유기 493, 무농약 899
흙살림	1991	자연생태계 보존과 유기농업 발전	-	8,500	유기 939, 무농약 551

2.4 국내외 유기농업의 현황

1. 국내 유기농업의 현황

1) 영농방법의 변천

우리나라의 현대적 의미의 유기농업은 앞 절에서 이미 언급한 바와 같이 이미 서구문명이 유입되기 전부터 해 왔던 방법인데, 크게 두 가지 단계로 나누어 생각할 수 있다. 즉, 삼국시대부터 한일합방 전까지의 영농방식은 완전한 유기농업방식이었다. 일제강점기 화학비료 개발과 이의 보급이 일부 이루어지고 또 해방 후 한국전쟁을 거치면서 농약이 사용되기 시작하였으나 적극적으로 사용되기 시작한 때는 1970년대 근대화, 산업화가 시작된 이후이다. 따라서 1960년대 이전에는 화학비료만 약간 이용되었고 농약 살포는 활발하지 않아 현재의 환경농업 정도 수준의 농산물이 생산되었을 것으로 추정된다. 그 당시 시용되었던 퇴구비

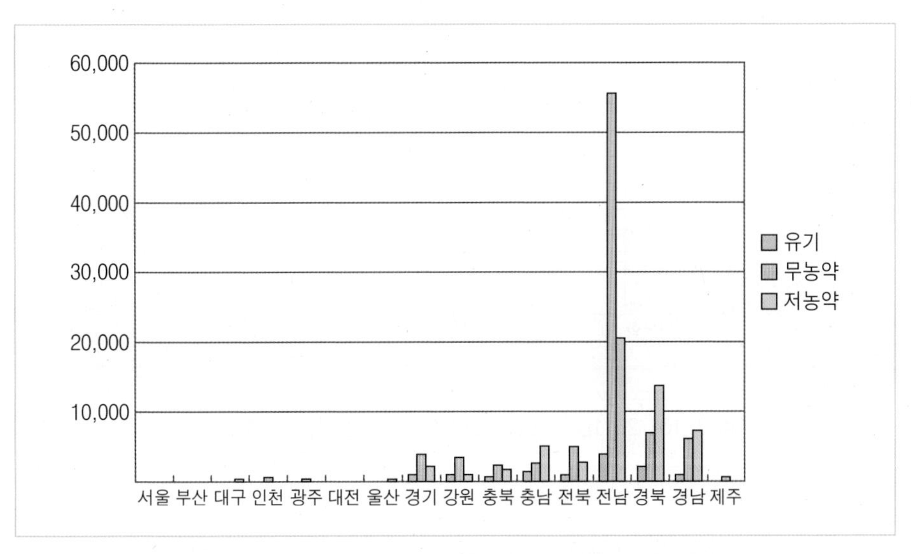

[그림 2-9] 유기농업 관련 농가의 지역별 분포(농산물품질관리원, 2006)

는 현재와 같은 공장형이 아닌 유축농업에 의한 자급형 퇴비로 유기농업에 더 가까운 영농을 했던 것으로 추정할 수 있다.

1993년 농산물품질관리원에서 인증사업을 개시한 후 17년이 지난 2011년 유기, 무농약 그리고 저농약을 포함하여 인증에 참여한 농가수는 16만 628호에 이르며(2011년) 세 부분 중 가장 많은 것은 무농약으로 약 8만 9,000호다. 시도별 재배면적은 전남이 선두이고 경북과 과 충남 순이며, 그 뒤를 이어 경남, 전북과 수도권이 차지하고 있다.

특히 벼나 일반 밭작물을 대신할 소득원이 없는 조건하에서는 이러한 선택이 최선일 수밖에 없을 것이다. 최근 값싼 수입농산물의 수입과 FTA와 같은 새로운 농업환경하에서 경쟁에서 이길 수 있는 품목을 찾기란 쉽지 않고 이런 의미에서 유기농산물이 하나의 대안이기 때문에 수도권이 아닌 지역에서 유기농의 면적이 증가하고 있다고 해석할 수 있다.

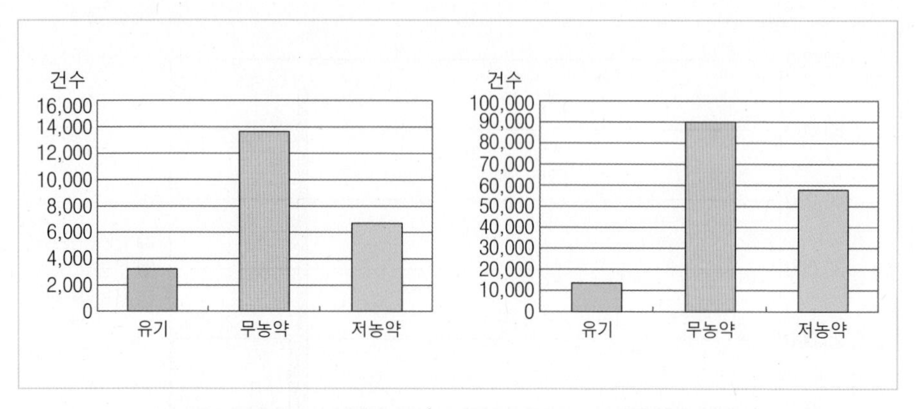

[그림 2-10] 2011년 친환경농산물 인증건수 및 인증별 참여 농가수

2) 유기농산물의 인증건수 및 호수

2011년 유기농업에 참여한 총 농가 중 대종을 차지하는 것은 무농약과 저농약이라는 초기 단계의 유기농 인증농가이다. [그림 2-10]에서 보는 바와 같이 무농약은 13,376건, 저농약은 6,700건이며 유기는 3,255건으로 나타났다. 그러나 인증호수는 저농약이 57,447호로 89,721호인 무농약보다 적었다. 이는 농가의 기술수준이 향상되었음을 반증하는 것으로 저농약이 대종을 이루었던 과거의 결과와는 상반되는 수치다.

3) 유기농산물 인증면적 및 출하량

2011년 유기농산물 인증현황은 [그림 2-11]에 제시하였다. 이 데이터는 인증면적은 무농약이 주로 95,228ha이고 그 다음이 저농약으로 58,000ha 그리고 유기재배면적은 19,311ha였다. 생산량 역시 가장 많은 것은 무농약으로 914,283톤으로 전체 농산물의 4.7% 저농약은 11,593톤으로 3.7% 그리고 유기농산물은 190,000여 톤으로 1%에 해당하는 양이었다. 여기에는 제시하지 않았으나 중국등지에서 인증을 받은 수입유기농산물량도 상당한데 특히 유기콩은 중국에서 대부분 수입된다. 이는 국내 자생유기농가에 커다란 위협이 될 수 있음을 시사한다 하겠다.

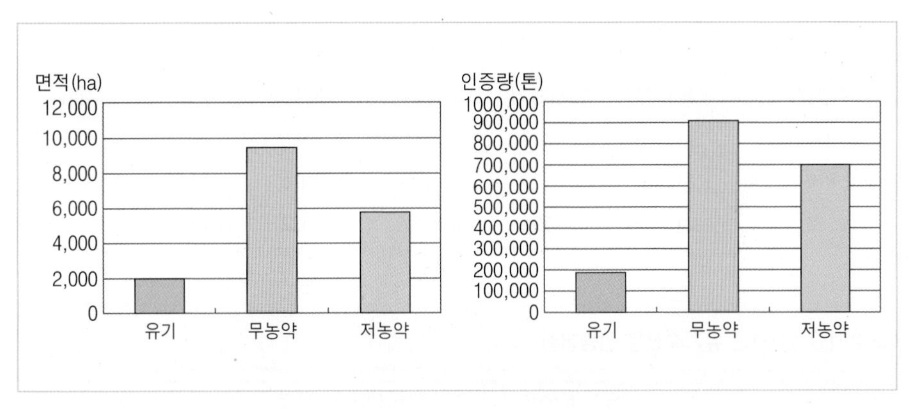

[그림 2-11] 2011년 친환경농산물 인증면적 및 인증량

4) 유기농산물의 시 · 도별 출하량

〈표 2-9〉는 친환경농산물의 종류별 인증품 출하량을 나타낸 것이다. 전체적으로 볼 때 채소류가 가장 많고, 그 다음이 곡류, 과실류, 특용작물 순이다. 채소 인증의 대종을 이루는 것은 무농약으로, 전체 인증의 57%인 약 430만 톤이 생산되었다. 곡류는 쌀이 주가 되는데, 순수 유기는 11.8%이고 무농약이 주류를 이룬다.

인증별로 볼 때 유기는 0.06%를 차지한 반면, 무농약과 저농약은 각각 52.8%, 40.4%를 차지하고 있음을 알 수 있다.

〈표 2-9〉 2011년 친환경농산물 종류별 인증품 출하량 (단위 : 톤)

품목별	유기(톤)	무농약(톤)	저농약(톤)	계
곡류	44,107	267,536	59,412	371,055
과실류	8,076	39,542	410,176	457,794
채소류	55,685	430,637	267,202	753,524
서류	4,486	47,156	7,765	59,407
특용작물	6,415	180,906	2,748	190,069
기타	4,545	14,014	1,833	20,392
계	123,314	979,791	749,136	1,852,241

〈표 2-10〉 2011년 친환경축산물 축종별 인증현황 (단위 : 톤)

구분	쇠고기	돼지고기	닭고기	계란	우유	기타
유기축산물	174	315	112	406	19,679	9
무항생제축산물	24,282	21,279	86,473	310,016	8,627	30,239
계	24,456	21,594	86,585	310,422	28,306	30,248

〈표 2-11〉 2011년 유기축산물 인증현황

구분	유기축산물	무항생제 축산물	계
인증두수(천두)	139	93,703	93,842
인증량(천톤)	20,695	476,782	497,478

친환경 축산물은 〈표 2-11〉에서 보는 바와 같이 유기축산물로 인증받은 가축수는 139,000두인데 반하여 무항생제는 93,703,000두(수)로 나타났다. 대종을 이루는 것은 닭과 돼지였다. 인증량 역시 가축수에 비례하는데 유기축산물이 20,695,000톤, 무항생제 축산물이 476,782,000톤으로 전체 생산량의 95%에 이른다.

유기축산물의 경우 우유의 인증량이 해마다 늘어남에 따라 꾸준히 늘어나고 있지만, 유기축산물 인증현황이나 사육규모로 보아 아직도 유기축산은 초기 단계임을 알 수 있다. 우리나라에 맞는 축종 및 유기사료 조달계획이 동시에 고려되어야 장기적으로 발전할 수 있을 것이다. 유기농후사료를 수입하여 급여하는 보세가공업 성격의 유기축산을 지양하고 농장 전체 물질순환 측면에서의 유기축산이 강조되어야 할 것이다. 앞으로 항생제 사용에 대한 규제 및 소비자들의 구매 반대 때문에 유기사료를 사용하지 않아도 가능한 무항생제 축산물이 대세가 될 것이다.

2. 우리나라 유기농업의 발전 가능성

우리나라에서 유기농업이 얼마나 발전할 수 있을 것인가는 사회 · 경제적 여건에 따라 달라질 것이다. 유럽이나 미국의 경우 지난 10년 간 매년 20% 정도의 증가추세를 나타내고 있고 무역거래량으로 볼 때, 140~170억 톤(2000년 기준)에 이른다. 이것은 전체 식품거래량의 15% 정도를 차지하는 것으로 나타났다(김창길, 2002). 우리나라에서 환경농산물 출하량은 연평균 47%, 유기농산물의 신장률은 약 30% 정도이다(손상목, 2003). 정부에서 적극적으로 지원하고 있을 뿐 아니라 환경과 건강에 대한 사회적인 관심도 높아 유기농업이 농업 분야에서 성장산업으로 각광받을 것임에 틀림없다.

[그림 2-12]는 세계 여러 나라 중 유기농업을 실시하는 면적이 상위 10위권에 있는 나라를 나타낸 것이다. 오스트레일리아(1,130만ha)가 가장 면적이 넓고, 그 다음이 아르헨티나로 280만ha이며, 제10위에 속하는 나라가 칠레로 64만 6,150ha를 나타내고 있다.

[그림 2-13]은 경지면적 대비 유기농업 면적의 비율을 나타낸 것으로 리히텐슈타인(유럽의 작은 나라임)이 26.4%가 유기농을 하고 있고, 그 다음이 오스트리아(12.9%), 스위스(10.27%) 순으로 되어 있다. 10위는 슬로베니아(4.6%)이다. 유기농 비율이 높은 나라들은 초지농업이 중심인 유럽 국가들인 것이 특징이다.

이와 같은 선진 유기농업국의 통계수치로 볼 때 유기농업 발전 가능성은 크다고 할 수 있다. 그러나 이러한 성장을 하기 위해서는 첫째, 관행농산물보다 비

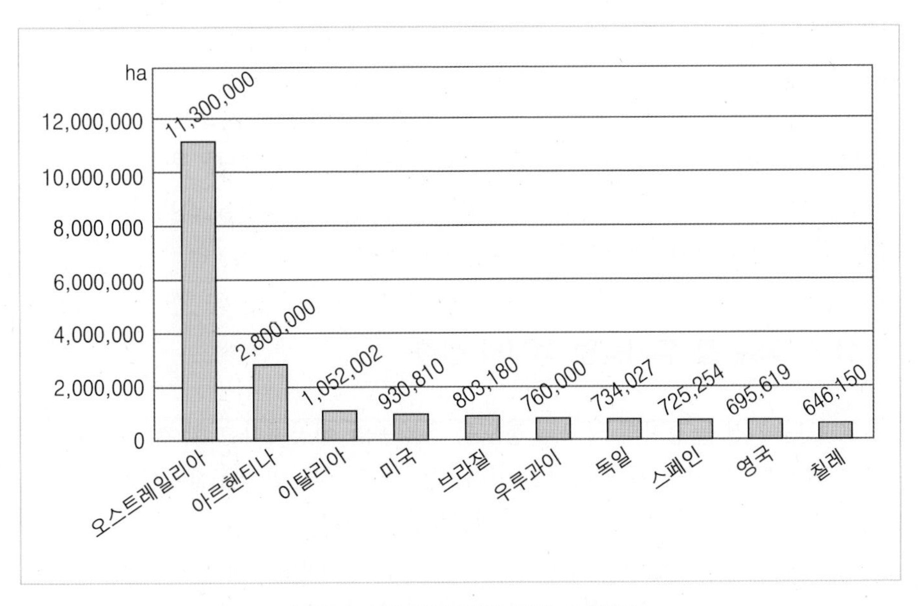

[그림 2-12] 세계 10대 유기농 재배국

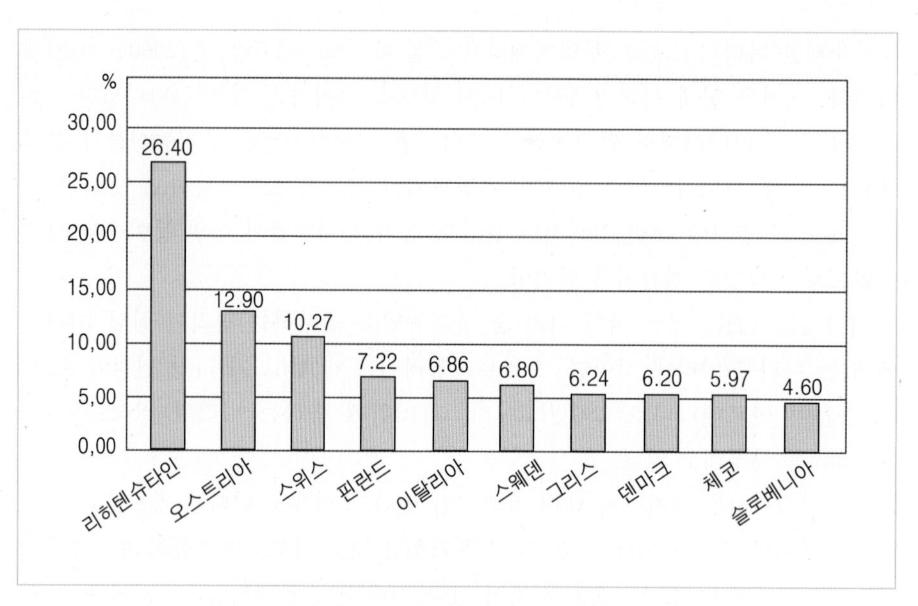

[그림 2-13] 유기농 재배면적 비율이 가장 높은 10개 나라

싼 유기농산물을 소비할 수 있는 소비자의 경제적 여력이 있어야 한다. 둘째, 소비자의 신뢰를 얻을 수 있는 유기농산물의 생산이다. 특히 최근에는 소위 친환경이란 이름으로 정체가 뚜렷하지 않은 농산물이 범람하여 순수 유기농산물의 소비가 위축되고 있다.

따라서 코덱스 가이드라인에서 제시되어 있는 "시장에서 일어나는 기만, 사기행위 또는 제품의 특성에 대한 근거 없는 주장에서 소비자를 보호할 수 있는 분명한 지침"을 소비자에게 홍보하고, 이를 실천하여 생산자 및 소비자의 신뢰를 회복하는 것이 선결되어야 할 조건이다.

1) 전 국토 중 유기농업 적지의 산출

2012년에 전 농경지의 약 2% 정도를 유기농업 예정지라고 할 때 크게 세 부분으로 충당할 수 있을 것으로 보고 있다. 즉, 기존 논과 밭, 앞 절에서 언급한 산지에서 새로운 유기농업 적지를 찾아 개발하는 일이다.

〈표 2-11〉에서 보는 바와 같이 논에서는 2만 2,000ha, 밭은 1만 4,000ha, 산지는 9,000ha 정도가 필요하게 된다. 여러 가지 사정을 고려할 때 이와 같은 정

〈표 2-11〉 각 농경지별 유기농 가능면적의 산출

농경지	이용 가능 면적 (만ha)	이용 가능 면적 비율 목표(%)	이용 가능 면적 (만ha)	주 유기농산물
논	113	2	2.26	쌀, 콩, 조사료, 완두, 축산물
밭	72	2	1.44	채소, 과일, 축산물
산지	45	2	0.90	채소, 축산물
총계	230	2	4.60	

도의 면적은 정책적 고려와 의지가 있다면 충분히 유기농가로 전환될 수 있을 것이다. 이러한 정책은 현재 정부에서 추진하는 직불제를 도심과의 거리, 수계와의 원근 정도에 따라 차등 지급하는 방식 등을 이용, 산지에서 유기농업을 하는 농가에게 더 많은 혜택이 돌아가도록 한다면 충분히 실행 가능한 방법이라고 생각된다.

여기서 고려할 점은 어떻게 자급 유기질 비료를 공급할 수 있느냐가 당면한 문제이다. 즉, 농장자원 순환형 농업을 지향해야 하며, 이는 자가 퇴비 이용을 극대화하는 영농방식을 구상해야 한다. 이를 위해서는 가축이 가미된 유축농업이어야 하며, 축산공해(곤충, 냄새)를 피할 수 있는 인가와 떨어진 곳이 유기농 적지임은 두말할 나위가 없다.

2) 유기농업 확산의 제한 요인

유기농업은 환경보존과 웰빙 농산물 생산을 목적으로 하기 때문에 농자재의 과다한 투입에 의한 생산증대와는 다른 농업방식이다. 그렇기 때문에 기존의 영농방식에 익숙한 농가가 이러한 방식의 농업을 하는 데 여러 가지 제약을 받게 된다. 이러한 제약을 사회 · 경제적 측면과 기술적 측면으로 나누어 살펴보기로 한다.

(1) 사회 · 경제적 측면

우선은 적지 및 규모 확보 문제이다. 왜냐하면 유기농업은 농약과 화학비료를 사용하지 않거나 농약살포를 금지하기 때문에 일반 관행농가와 격리된 지대가 적지이다. 그러나 현재의 농토는 대부분 인구 밀집지역에 산재해 있고 또 기존

농가는 여전히 많은 비료와 농약을 사용하는 방식을 고수하기 때문에 관행농가로부터의 오염에서 벗어나기 어려운 상황에 놓여 있다. 따라서 인근 농가와 약간 격리되어 있는 적지를 사실상 찾기가 쉽지 않다. 또한 최근 몇 년간 전국적으로 농지 및 임야의 가격이 폭등하여 고가의 농지를 구입하여 새로이 유기농을 한다는 것은 사실상 어렵다.

현재 유통회사는 유기농산물의 표준화, 특별화, 규모화 등을 요구하고 있고, 이를 충족시키기 위해서는 현재의 농지규모를 가지고는 불가능하기 때문에 개인농가가 단독으로 유기농을 하기는 어렵다. 따라서 농지의 규모를 확대하는 것이 필요하다.

둘째는 가격의 인하이다. 현재 유기농 프리미엄은 80~90%이나 이보다 낮은 60~70% 수준으로 낮추는 것을 요구하고 있다. 따라서 규모를 늘리거나 또는 농자재 비용을 낮추어 저렴한 가격으로 공급할 수 있어야 한다.

(2) 기술적 측면

현재 한국의 유기농업은 과학 실험결과나 이론적 배경의 토대 없이 주로 민간단체의 영농경험이 기본이 되고 있다는 점을 지적하지 않을 수 없다. 이러한 문제를 해결하기 위해서는 우리 실정에 맞는 기술과 적정 유기자재의 개발이 시급하다.

즉, 기술적 측면에서 첫째, 생태적 접근의 무시이다. 한국유기농업은 유기물 지상주의에 젖어 있어 무조건 퇴비만 주면 되는 것으로 받아들여지고 있으며, 그 결과 염류집적으로 인한 토양, 수질오염에 대한 제반 문제점을 야기하고 있다. 기준 없는 유기물 과용으로 생산된 농산물은 가식부 내에 질산염이 과다하게 축적되는 문제점이 발생하고 있는데, 이 문제의 해결을 위한 토양진단법의 개발이 필요하다(손상목 등, 1995).

둘째, 한국형 유기농업 윤작체계의 미확립이다. 퇴비나 유기비료 중심의 작물재배가 유기농업의 핵심이 아니다. 대신 적절한 작목을 작부체계에 삽입하여 토양비옥도를 유지하고 그 지역에서 생산된 퇴비와 유기물을 경작지에 투입하여 농작물을 생산하는 것이 그 기본 원리이다. 그러나 농가는 이러한 윤작농업의 경험이 풍부하지 못하며, 따라서 관행농업에서도 윤작이 채용되지 않았다. IFOAM의 기본 규약에 의하면 비옥도 향상을 위한 작부체계 내의 두과작물 도입이 필수적이라는 점을 강조하고 있다. 그러나 우리 농가는 콩과 보리의 윤작 이외에는 특별히 두과를 작부체계에 넣어 토양비옥도 향상을 도모해 본 경험이 전무하다. 따라서 유기농 작부체계에 윤작을 적극적으로 도입하고 이때 발생되는 기술적 문제가 무엇인가를 규명할 필요가 있다.

셋째, 각종 제재의 효율성, 적량, 경제성 분석에 관한 문제이다. 현재 유기농가는 각종 토양활성 제제, 미생물 첨가제의 과대선전에 현혹되는 경우가 많다. 기타 여러 유기액비, 효소제 등도 많이 사용되는 제제이나 이들 제제가 가진 효능의 장기적 효과를 검증할 필요성이 제기되고 있다. 그간 여러 유사 유기농법에 대한 진흥청의 연구결과가 이미 출간된 바 있으나 생태적 접근보다는 단기간의 연구결과로 아쉬운 점이 많다. 장기간의 연구와 농가 차원의 적용방법을 고려한 기술개발이 필요하다. 또한 현재 유기농가는 지나친 농업자재의 투입으로 영농비용을 배가시키고 있어 각종 친환경 농자재에 대한 경제성 검토도 필요하다. 특히 고가인데다가 이를 살포하는 데 노력이 많이 들어 생산비를 높이는 데 일조하고 있다. 각종 제제의 효능에 대한 검증이 농촌진흥청에서 이루어지고 있으나 좀 더 많은 실험결과에 의한 검증이 필요하다.

(3) 유기농업의 방향과 전망

① 유기농업 지원체제의 강화

지금까지의 유기농업은 환경농업정책의 일환으로 추진되어 왔다. 그 기술에 있어서도 민간단체의 경험과 일부의 자연과학적 이론이 접목되어 그 기술적 정당성 및 검증이 제대로 이루어지지 않은 채 진행되고 있다. WTO 체제 하에서는 직불제의 폐지, 관세에 의한 수입통제 불허 등이 추세이므로 환경보호, 국내 부존자원의 이용에 초점을 맞춘 지원을 해야 할 것으로 보인다. 예를 들어 유기질 비료도 국내자재를 이용하는 제품에 대한 차별적 보조, 가축분뇨 등을 이용하는 유기농가의 보조, 토양보호를 위한 초생재배나 총체보리 재배, 유기작물 재배에 의한 경관보호 효과를 보존해 주는 특별지원 등이 가능한 조치이다.

② 유기농산물 유통의 활성화

2007년 7월 현재 소위 친환경농산물은 전체 농산물의 약 7% 정도에 머물고 있으며 2013년까지 10% 수준으로 확대하려는 계획을 가지고 있다(조원량, 2006). 정부에서는 현재 유기농산물의 생산을 장려하고 판매를 돕기 위한 여러 가지 제도를 시행하고 있다. 가장 두드러진 것이 친환경농산물 직거래 자금 지원, 농협 전문 판매 코너 개설 등을 들 수 있을 것이다.

생산자는 물론 판매자도 정품의 유기농산물을 생산하여 관행농산물과는 구별된 상태로 판매할 수 있도록 계도 및 지도를 더욱 강화하는 것이 필요하다. 특히 규모가 일정한 유기농가, 또는 단지에서 소비자에 직거래할 수 있도록 도와주고 인터넷 판매가 촉진되도록 유기농산물 판매농가를 위한 홈페이지 구축을 보조해 주는 등의 21세기형 유기농업 선도농가 육성에 최선을 다해야 한다. 뿐만 아니라 생산된 유기농산물은 농협에서 판매와 유통을 주도적으로 하여, 농가는 생산 판매는 농협이 하는 형태로 발전되어야 할 것이다.

③ 유기농산물에 대한 홍보 강화

현재 유기농업은 몇몇 기독교 단체가 종교적 신앙과 사상을 바탕으로 시작한 것이 그 태동이었다. 그리고 이러한 운동은 환경에 대한 국민의 관심이 커지면서 정부 정책의 일환으로 수행하게 되었다. 그 이외의 NGO 단체 중심의 사회운동 일환으로 소비자 및 생산 단체도 유기농산물에 대한 홍보를 하고 있다. 이러한 운동을 활성화시키기 위해서는 유기농산물 자조금 제도를 만들고, 이를 통한 소비촉진 홍보, 수급조절 유통 구축, 유통활성화 기반 조성 등을 하고 있다. 앞으로 일반 시민에 대한 교육을 강화하고 유기농업 농가의 현지 방문 프로그램을 통하여 환경보호와 건강농산물에 대한 소비자의 인식을 전환시키는 계기를 만들어야 한다.

또 자생적 유기농산물 판매단체에 보조금과 장려금 등을 지급하여 유기농산물 소비촉진운동을 사회운동의 일환으로 승화시키는 등 적극적인 정책의 추진이 필요하다. 또 정기적으로 신문, 방송, 잡지의 뉴스 미디어를 통한 홍보도 필요하고, 일정한 예산을 투자하여 일반 시민에게 유기농산물의 우수성을 알리는 우수 유기농산물 판촉전도 시도해 볼 수 있을 것이다.

④ 규모화 유도 및 단지화

우리나라의 영농규모는 농가당 1.44ha 정도로 외국에 비해 상대적으로 협소하다. 선진국의 유기농업 경영규모는 5ha 정도로 유기농가의 규모를 적어도 이 정도까지는 규모화시켜야 할 것이다.

규모화하기 위해서는 앞 절의 논의와 같이 도시 근교의 임대농 중심에서 벗어나 오지 또는 산지에서 그 적지를 찾아야 할 것이다. 유기농업의 철학 중 하나는 그 지역에서 생산하여 그 지역에서 소비하는 지역순환의 원칙이 있으나 현실적으로는 거의 모든 농산물이 서울에 집하되어 전국적으로 다시 판매되는 것이 우리의 현실이다. 유기농산물은 판매상이나 중간상 또는 계약 판매자가 수집하여야 하므로 일정량 이상은 생산해야만 한다. 따라서 우리나라와 같이 농지규모가 작은 상황에서는 집단적으로 재배하여 일정 물량이 출하될 수 있도록 해야 한다. 또 단지화 재배로 관행농가와 격리되어 오염을 피할 수 있다는 이점도 있다. 그러므로 소규모 독자적 유기농보다는 부락이나 면의 어떤 지역을 단지로 조성하는 것이 좋다. 즉, 현재 양평군이 상수도 보호구역에서 시행한 바와 같은 집단적 · 구역적 유기농가 육성지역 등을 설정하여 추진하는 것이 바람직할 것이다.

3. 유기농업과 기타 농업의 관계

현재 사용되고 있는 용어 중 가장 혼동을 일으키는 용어는 친환경이라는 단어이며, 기타 GAP나 도지사 인증과 같은 여러 유사 유기농산물이 있어 혼란은 더욱 가중되고 있다.

이들을 자연친화적 측면에서 보면 '자연농업 > 유기농업 > 유사 유기농업 > 관행농업' 으로 순서가 결정된다. 외형적인 생산성 측면에서는 '관행농업 > 준유기농업 > 유기농업' 순이다. 여기서 관행농업이 생산량이 많은 것은 농약, 비료를 많이 투여하기 때문이며, 에너지 투입이나 환경부하를 고려하면 결코 지속적이라 할 수 없다. 따라서 지속성 측면에서는 '지속농업 > 아류 유기농업 > 유기

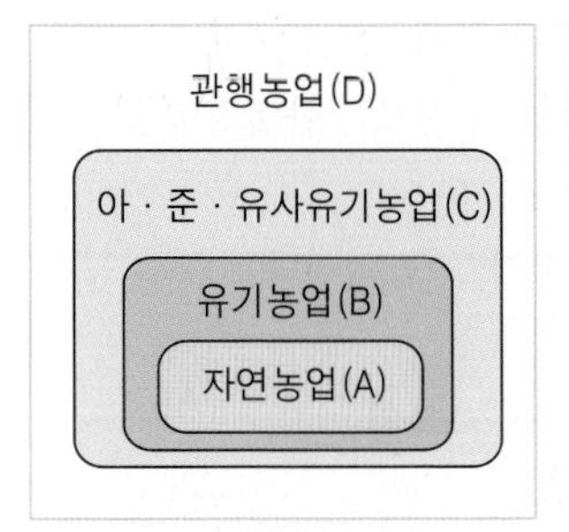

[그림 2-14] 자연친화적 측면에서 농업형태 비교 (A>B>C>D)

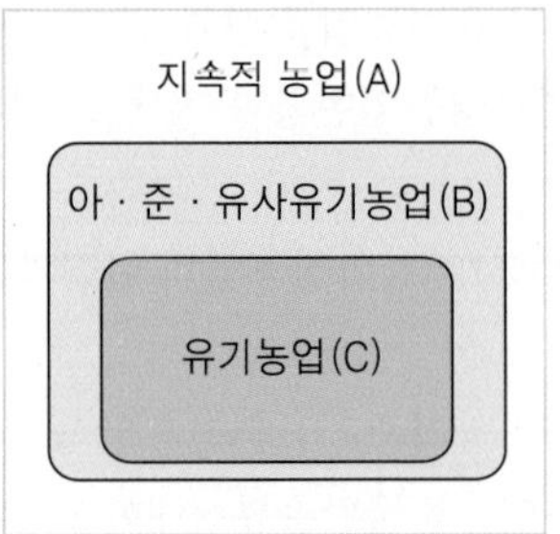

[그림 2-15] 지속성 측면으로 본 여러 농업형태의 상호관계 (A>B≧C)

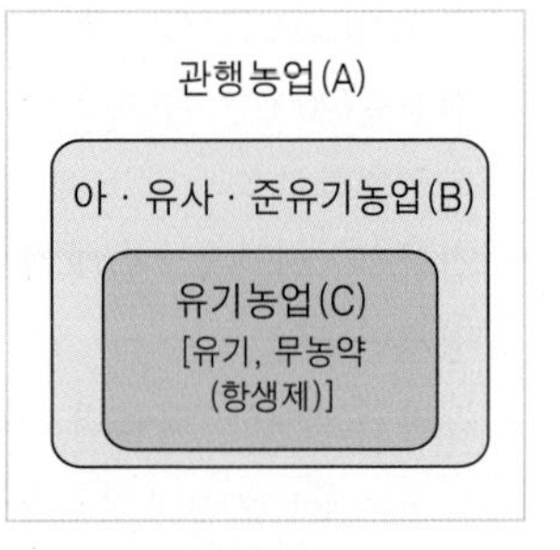

[그림 2-16] 외형적 생산성과 농업형태와의 관계 (A>B≧C)

[그림 2-17 친환경농산물 인증로고]

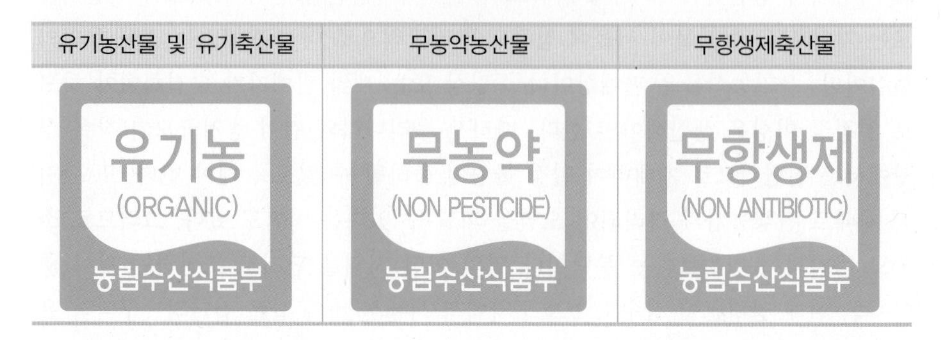

농업'으로 자리매김할 수 있으나, 지속의 관점을 무엇으로 보느냐에 따라 그 순서는 달라질 수 있을 것이다.

참고문헌

- 김기홍(2007). 『일본의 유기농업발전방향』. 흙살림 연구소.
- 김영진(1980). 『조선시대전기농서』. 한국농촌경제연구원.
- 김용택 · 김석현 · 김태균(2003). 『농업경영학』. 한국방송통신대학교출판부.
- 김창길(2002). 「OECD 국가의 유기농업 동향과 전망」, 『농촌경제』 25(4), 65.
- 김창길(2006). 「주요국의 친환경농업현황과 정책」, 『친환경농산물』. 한국방송통신대학교출판부.
- 김창길 · 신광용 · 김태영(2005). 「친환경농업의 현실과 비전」, 『농업전망 2005』. 농촌경제연구원.
- 농과원(1999). 『작물별 시비처방기준』. 농촌진흥청 농업작물과학원.
- 류수노 등(2002). 『친환경농업』. 한국방송통신대학교출판부.
- 손상목(2003). 「유기농법의 토양비옥도 유지 및 증진기술」, CODEX 유기경종과정. 전국농업기술과 협회.

- 손상목 · 강광파 · 김재화 · 이윤건(1995). 「시중유통 유기농법과 관행농법 배추, 상추, 케일의 NO-3함량 비교」, 『韓國有機農學會誌』, 4:62-65.
- 이향기(2004). 『먹지마, 위험해』. 해바라기.
- 이효원 · 김동암(2002). 『초지학』. 한국방송통신대학교출판부.
- 전태갑 등(2000). 『환경농업』. 전남대학교출판부.
- 조원량(2006). 농림부의 친환경농업 육성 및 유통활성화 정책. 친환경농산물 유통활성화를 위한 심포지움. 환경농업단체연합회.
- 최병칠(1992). 『환경보전과 유기농업』. 주찬양.
- 한국유기농업협회(1999). 『유기농업사전』. 한국유기농업협회.
- 西尾道德(1997). 『有機栽培の基礎和識』. 農文協.
- 天野慶之 · 高松修 · 多辺田政弘(2004). 『有機農業の事典』. 三省堂.
- 후쿠오카 마나사부(1994). 『생명의 농업』. 정신세계사.
- Janet Wallace(2001). *Organic Field Crop Handbook*. Canadian Organic Growers.
- Koyu Furusawa(2005). *Socio-economic analysis on organic agriculture and ecology movements in Japan*. International Conference on Organic farming and rural development, UlJIN.
- Lampkin. N. H., Susanne Padel(1994). *Organic Farming and Agricultural Policy in Western Europe*; An Overview. Organic Farming; Sustainable Agriculture in Practice. Lewis publisher.
- Samuel Fromartz(2006). *Organic, INC. Natural Foods and How They Grew*. HARCOURT.
- XU Hui-Lian(2000). *Nature Farming History, principles and perspectives. Nature Farming and Microbial Applications*. Food products press.

제 3 장

유기경종

3.1 토양관리와 지력배양

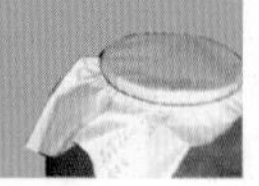

1. 여러 가지 토양관리와 지력배양 방법

1) 토양의 일반적인 성질

토양을 보는 관점은 몇 가지가 있는데, 첫째는 지구환경의 관점이다. 즉 대기, 대양, 육지, 생물이라는 지구표면을 구성하고 있는 네 가지 요소 사이에서 이들이 매끄럽게 순환되어 유지할 수 있는 역할을 한다. 즉, 토양은 지구상의 환경물질이나 열의 대순환 가운데 있는 순환경로로 존재한다. 또 큰 저장작용이 있어 4대권과 결부되어 있는 중심적 위치를 차지하며, 지구 전체의 물질순환이나 열순환을 형성하여 유지하는 데 공헌하고 있다. 두 번째 관점은 생물의 관점에서 본 토양이다. 토양은 비를 흡수하고 수분을 투과시켜 지하수로 저장한다. 이러한 과정 중에 토양 중 동물이나 식물에 수분을 공급한다. 생물은 토양 중에 남아 있는 유체를 미생물의 손을 빌려 장기간에 걸쳐 서서히 분해하여 다시 생물의 영양소인 무기물로 변환시키며, 부식을 합성하여 토양의 건전성에 기여한다. 또한 암석으로부터 여러 가지 무기이온을 유리시켜 토양 중에서 물에 용해시켜 영양소를 공급하며, 토양의 특징을 결정짓는 점토광물을 형성한다. 언제나 기묘한 화학반응이 다양하게 진행되고 있는 물리적 매체로서 수분이나 열을 흡수하고 영양을 섭취하여 급격한 변화를 막아 토양에 서식하는 미생물이나 소동물 그리고 토양에 뿌리를 뻗는 식물이, 안전한 생활을 할 수 있게 하는 것이 바로 토양이다.

한편 인간은 식물의 성장에 유익한 성질을 갖는 화학반응체로서의 토양의 성질을 일찍부터 발견하여, 그 성질을 조장할 수 있는 유기물질을 논이나 밭에 투입하여 작물의 생육을 돕고 식량을 생산할 수 있는 매체로서 매우 중요하게 인식하게 되었다. 토양은 식기, 도로, 건축의 기초로서 이용할 수 있다. 그러나 강우에 의한 토양침식, 비료의 투입이나 폐기물 투입에 의한 화학반응력의 약화로 토질이 나빠지게 되었다. 그리하여 지구환경의 유지, 생태계의 보전, 작물에 의한 식량생산에 적합하지 않게 되자 약화된 토양을 복원코자 하는 의식을 갖게 되었다.

한편 토양은 토양 자체의 형태나 구성으로 보면 다양한 간극이 내부에 포함

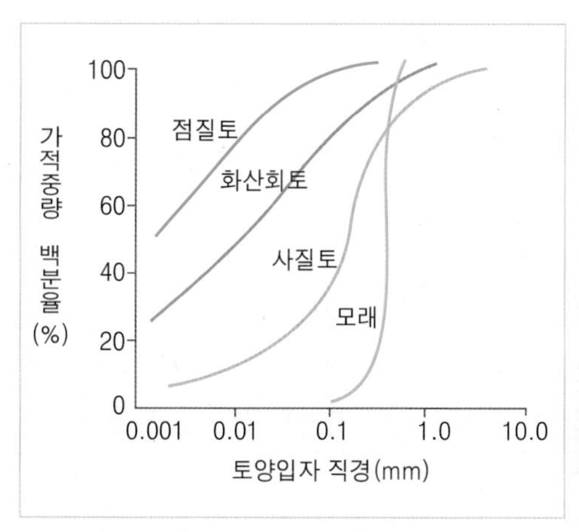

[그림 3-1] 토양의 입경조성(中野 등, 1997)

[그림 3-2] 토양단면

된 간극체로 되어 있다고 말할 수 있다. 토양의 단면을 절단하여 그 간극을 측정하면 수nm에서 1mm까지 큰 것도 있다. 간극 하나하나는 매우 적으나 그 면적을 더하면 $1cm^3$에 $0.4cm^2$에 이른다. 이것을 퍼센트로 표시하면 간극률이 된다. 간극 벽면의 면적은 더 크다. 사질토에서는 $1cm^3$에 수m^2이며 중점토에서는 $100m^2$에 이른다. 이들 사이에는 전하를 띠고 있는데, 이 전하에 의해 토양간극 벽면에서 물분자나 이온을 흡수한다.

토양은 또한 입자집합체라 할 수 있다. 토양을 해체하면 작은 부정형 입자의 집합체로 변한다. 이것은 토양의 생성과정을 보면 잘 알 수 있다. 토양의 형성은 암석이 동결, 융해, 온도변화에 의해 팽창, 수축을 반복하면서 파괴되어 세립화하는 기계적 풍화작용을 받는 것으로부터 시작된다. 그리하여 이산화탄소가 용해된 약산성의 강우가 암석 중의 칼슘, 마그네슘, 나트륨, 칼륨, 실리콘, 알루미늄, 철로 용해, 방출되어 용출된 실리콘, 알루미늄, 철이 재결합되어 점토광물을 형성하여 최종적으로 석영만이 남는 것과 같은 화학적 풍화작용을 겪는다. 그 기간 동안 다양한 생물의 발생과 계속적인 풍화작용의 반복에 의해 유기물이 남아 그 분해과정에서 부식이 재합성되어 첨가된 세립자를 붙여 퇴적된 것이 토양이다.

2) 유기농업 토양관리의 초점

유기농업은 농업생태계와 지역의 물질순환이 핵심이다. 지력을 유지 · 증진시켜 장기적인 생산력을 유지하며, 부근에 환경부하를 감소시키고 자연과 조화를 이루면서 충분한 양의 식량을 생산하여 농가에 만족감을 주고 소득을 보장하는 데 목적이 있다. 이와 같은 대원칙은 작목에 관계 없이 적용되어야 한다.

유기농업의 토양관리에서 흔히 간과하기 쉬운 점은 유기질 비료의 과다시비이다. 그 때문에 흔히 토양의 염류집적(鹽類集積, salts accumulation)과 생산된 채소에서의 질산염(NO_3) 과다집적이 종종 문제시되기도 하였다. 우리나라 유기농업 토양관리의 문제점은 코덱스(CODEX) 기준의 근본정신에 충실하지 않다는 것이다. 즉, 유기식품의 생산 · 가공 · 표시 · 유통에 관한 가이드라인 중 서문 제7조는 토양관리를 어떻게 해야 하는지를 잘 나타내고 있다. 즉, 유기농업은 생물의 다양성 및 생물학적 순환의 원활화, 토양의 생물학적 활동 촉진 등 농업생태계의 건강을 증진, 향상시키려는 총체적 생산관리체계라고 정의하고 있다. 유기농업은 지역 형편에 따라 현지 적응체계가 필요하다는 사실을 고려하면서 가능한 한 합성물질 사용과 반대되는 재배방법이나 생물학적 · 물질적 방법을 사용하여 체계의 목표를 달성하도록 해야 한다. 유기생산체계는 다음을 목적으로 한다.

① 체계(system) 전체의 생물학적 다양성을 증진한다.
② 토양의 생물학적 활동을 촉진한다.
③ 토양의 비옥도를 오래도록 유지한다.
④ 동식물에서 나오는 폐기물을 재활용, 영양분을 대지에 되돌려줌으로써 재생 불가능한 자원의 사용을 최소화한다.
⑤ 현지 농업체계에서 재생 가능한 자원에 의존한다.
⑥ 영농의 결과로 야기되는 모든 형태의 토양, 물, 대기오염을 최소화하고, 토양, 물, 대기의 건강한 사용을 조장한다.
⑦ 제품의 유기적 특성과 품질을 유지할 수 있도록 모든 단계에서 가공방법에 신중을 기하면서 농산물을 다룬다.
⑧ 어느 농장이든 전환기간만 거치면 유기농장으로 자리잡을 수 있게 한다.

2. 문제토양의 유기적 관리법

1) 태생적인 문제점을 가진 토양의 유기적 관리

유기적 토양관리를 위해서는 우선 경작하려는 곳의 토양 특성을 파악하는 것이 무엇보다도 중요하다. 유기농 토양은 크게 두 가지로 대별할 수 있다. 그 하나는 생성과정 중에 발생한 것으로 기질적으로 토양의 성질이 나쁜 경우이다. 이런 토양은 자연적으로 개량될 수 없기 때문에 인위적으로 토양개량을 해 주어야 하는 토질이 이에 해당한다. 〈표 3-1〉에서 보는 바와 같이 우리나라 논경작지의 68%, 밭경작지의 55%가 이에 해당하는 것으로 조사되었다.

〈표 3-1〉에서 보는 바와 같이 논토양 중에서 태생적으로 문제가 되는 것은 사질토양이며 미숙, 배수불량토, 염해질 토양 순으로 되어 있다. 따라서 유기농을 시작하기 전에 토양검사를 통하여 토양의 문제점을 파악하고 이에 알맞은 처방을 하는 것이 필요하다. 전작을 이용한 유기농업에 있어서도 마찬가지이다. 산지에서 미개발지를 이용하는 경우는 미숙토양일 가능성이 있고, 하천부지인 경우는 사질토양, 바닷가 근처의 경우는 중점질 토양일 가능성이 크다.

이러한 문제를 가진 토양을 개선하기 위해서는 크게 다음의 세 가지 조치를 취하는 것이 필요하다. 즉, 첫째는 물리적 토양관리법의 적용을 들 수 있다. 이때 적용할 수 있는 기술로는 심경, 암거배수, 객토, 암석 제거 등이다. 둘째로 취할 수 있는 것이 자연물질 유기농 허용자재로 코덱스 기준 및 친환경육성법에 제시된 여러 물질로 천연 인광석, 칼륨염암, 마그네슘암, 염화나트륨(암염), 미량원소

〈표 3-1〉 생성적 문제 전답토양 비율(농기연, 1992)

논토양			밭토양		
구 분	면적(ha)	비율(%)	구 분	면적(ha)	비율(%)
미숙토양	296,423	33.8	미숙토양	153,495	30.1
사질토양	410,623	46.8	사질토양	204,681	40.1
배수불량토양	117,131	13.4	중점질토양	122,548	24.0
염해질토양	49,653	5.7	화산회토양	19,425	3.8
특이산성토양	3,301	0.3	고원토양	9,819	1.9
계	876,861	100.0	계	509,968	100.0

등의 사용을 들 수 있다. 셋째로 물리 · 화학성을 개선할 수 있는 물질로 유기물(인분, 각종 가축 퇴구비)의 시용을 들 수 있다.

2) 비배관리상 문제점이 있는 토양의 유기적 관리

비록 토양 생성 시 좋은 특질을 갖고 있다 하더라도 여러 해 동안 관행적인 비배관리와 상업농을 위한 비료, 농약을 투입하여 연간 수회 집약적 재배를 계속하게 되면, 토양의 물리 및 화학성이 나빠지게 된다. 이것은 계속적인 답압으로 인해 토양이 치밀화되었으며 완전경운법을 이용한 결과 토양의 침식이 가속화되었기 때문이다. 또한 생산성에만 집착한 나머지 화학비료의 남용으로 인해 토성이 악화되었고, 유기질 비료의 과용으로 인한 토양의 염류집적이 문제점으로 대두되었다.

또 경지의 대부분이 산성인 것은 토양모재가 산성이기 때문이다. 우리나라 토양의 재료라 할 수 있는 암석은 화강암과 화강편마암 계통이다. 뿐만 아니라 강우가 여름 한철에 집중됨으로써 토양에 흡착되어 있는 여러 이온(Ca^{2+}, Mg^{2+}, K^{+}, Na^{+}) 등이 수소이온에 의해 교환되고, 이때 생성된 염기는 강우에 용탈되어 이들은 성질상 강한 산성을 나타내는 교환성 양이온을 형성하게 된다는 것이다. 또 앞에서 언급한 대로 단작과 과도한 화학비료의 시용 등에 의해 첫째, 토양미생물 활동에 의한 Co_2가 해리되어 수소이온이 발생하고, 둘째, 과다하게 사용된 질소비료에 의한 NH^{4+}로부터 수소가 형성되며, 셋째, 살균 또는 비료의 부성분인 유황으로부터 수소가 발생하고, 넷째, 알칼리나 중성작용을 하는 Ca, Mg 및 K 등의 작물에 의한 흡수 때문에 산성토양이 되는 것으로 지적되고 있다(류수노 등, 2002). 산성화된 토양을 개량하기 위한 방법으로는 석회의 이용이나 작물의 윤작, 퇴비의 적절한 시용을 통하여 해결할 수 있다.

우리나라 유기채소농업에서 문제가 되는 것은 고정된 비닐하우스 내에서 계속적인 퇴비 투여로 인해 염기함량이 축적되어 식물체가 여러 가지 병해에 걸리게 되는 경우를 흔히 볼 수 있는데, 이를 염류집적장해(鹽類集積障害, salt accumulation injury)라고 한다. 집적되는 염류로는 암모니아태질소, 칼리, 칼슘, 고토 등인데, 단독 혹은 상호간의 작용에 의해 식물생육에 장해를 끼친다. 즉, 작물이 흡수하는 양분은 작물의 종류, 토양 중에 용해되어 있는 상태에 따라 다르다. 일반적으로 질소나 칼리는 흡수가 잘 되고 마그네슘과 인은 흡수량이 적으나

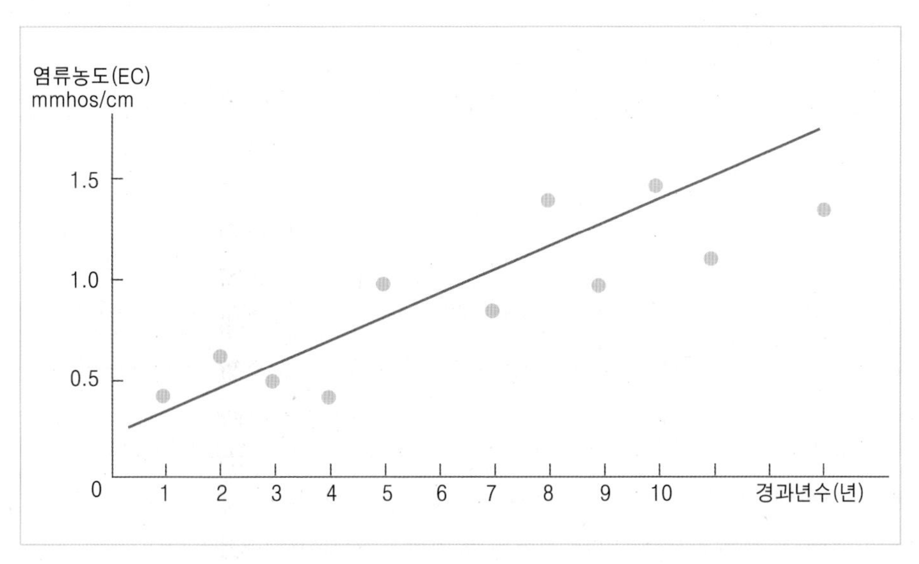

[그림 3-3] 시설의 설치 경과년수와 토양 염류농도(문원, 2005)

인산, 마그네슘, 칼리의 농도가 높을수록 흡수가 잘 된다. 이러한 염류과다에 의한 여러 가지 장해가 발생된다. 이 중 가장 문제가 되는 것은 질소과다에 의한 여러 가지 병해이다. 예를 들면 감자, 오이, 토마토의 역병이 그것이며, 그 밖에 앞에서 열거한 작물의 풋마름병도 질소염류가 지나치게 많이 함유되어 발생하는 경우가 많다.

이러한 염류집적은 윤작을 무시하고 계속적인 엽채류 재배농가의 포장에서 흔히 발견된다. 특히 시설 유기채소 농가의 피해가 크다. 즉, 강우가 차단된 채 표토에 계속적인 과다 유기물 투여로 각종 염류가 축적되게 된다. 이러한 사실은 [그림 3-3]에 잘 나타나 있다. 재배년도가 계속될수록 토양의 염류농도는 상승됨을 알 수 있다.

과다하게 축적된 질소를 제거하기 위해서는 청예작물을 청소작물로 이용하는 것이다. 즉 옥수수, 수수, 보리, 호밀, 귀리, 이탈리안라이그래스 등을 노지에서 50~70일 재배 후 출수기 또는 개화기에 예취하여 절단, 다시 토양에 환원시키는 방법을 이용한다.

과다염류 제거를 위해서 윤작을 실시한다면 주작물인 채소의 재배면적이 줄어들 수 있기 때문에 이에 대응하여 제창된 것이 청소작물(清掃作物, cleaning crops) 도입이었다(西尾, 1997).

〈표 3-2〉 유기농업을 위한 전답의 토질개선법

항 목	전	답
염류과다	청소작물 재배	-
산도교정	석회질 비료	석회질 비료
양이온 치환용량 증가	유기퇴비, 제모라이트	석회질비료, 고토
부식함량	유기퇴비 및 녹비작물 윤작	유기퇴비 및 녹비작물 윤작
질소부족	유기퇴비 및 두과 윤작	유기퇴비 및 두과 윤작

유기포장에서 산도교정(酸度校正, acidity correction)은 석회질 비료를 시용하여 교정한다. 이때 pH는 6.0~6.5를 목표로 한다. 양이온 치환용량의 증가는 작물의 양분흡수를 돕는데, 이를 위해서 밭에서는 유기퇴비나 제오라이트를, 논에서는 석회질 비료 또는 고토를 사용할 수 있다. 기존 작토에는 유기물로 표시되는 부식함량은 충분한 경우가 대부분이나 부족할 경우에는 유기퇴비나 녹비작물을 윤작하여 그 함량을 배가시킨다. 질소질 성분의 부족도 유기퇴비나 두과윤작을 통해서 성분함량을 증가시킨다. 서양에서는 주로 두과목초를 포함한 윤작에 의해, 한국이나 일본은 주로 톱밥, 버섯배양퇴비와 같은 것을 많이 사용한다.

3.2 유기농 인증규정 및 허용자재

1. 유기농 인증규정

유기농산물이란 표식을 하기 위해서는 그 기준에 의거하여 재배·생산된 것이어야 한다. 과거에는 유기, 전환기, 무농약, 저농약의 네 가지였으나 현재는 세 가지로 분류하고 있으며 장차는 두 가지로 대별될 것으로 보인다. 유기축산물의 인증기준은 제8장에서 설명할 것이다.

〈표 3-3〉 농림산물 인증기준

심사사항	구비요건	
	유기농림산물	무농약농산물
경영관리	1. 영농관련 자료 2년 이상 보관 2. 영농자재 사용 자료, 유기합성 농약 및 화학비료의 구매 · 사용 · 보관내역, 농산물의 생산량 자료 기록	1. 영농관련 자료 1년 이상 보관 2. 영농자재 사용 자료, 유기합성 농약 및 화학비료의 구매 · 사용 · 보관내역, 농산물의 생산량 자료 기록
재배포장·용수·종자	1. 재배포장의 토양은 토양오염우려기준을 초과하면 안 됨 2. 토양은 정기적인 검정을 통하여 토양비옥도가 유지 · 개선 및 염류가 과도하게 집적되지 않도록 함 3. 재배포장은 재배방법 준수 (가) 다년생 작물(목초 제외) : 최초 수확 전 3년의 기간 (나) 그 외의 작물 : 파종 또는 재식 전 2년의 기간 4. 용수는 환경정책기본법에 따른 농업용수 이상 5. 종자는 유기농산물 인증기준에 맞게 생산 · 관리된 종자 사용 6. 유전자변형농산물인 종자 사용 금지 7. 오염원으로부터의 완충지대, 보호시설 확보 및 표지판 설치	1. 재배포장의 토양은 토양오염우려기준을 초과하면 안 됨 2. 토양은 정기적인 검정을 통하여 토양비옥도가 유지 · 개선 및 염류가 과도하게 집적되지 않도록 함 3. 용수는 환경정책기본법에 따른 농업용수 이상 4. 유전자변형농산물 종자 사용 금지 5. 오염원으로부터의 완충지대, 보호시설 확보 및 표지판 설치
재배방법	1. 화학비료와 유기합성농약 사용 금지 2. 장기간의 적절한 윤작계획에 따른 재배 3. 가축분뇨 퇴비 · 액비는 유기 · 무항생제축산물 기준에 맞는 사료를 먹인 농장 또는 경축순환농법으로 사육한 농장에서 유래된 것만 사용 4. 병해충 및 잡초 방제 · 조절 방법 (가) 적합한 작물과 품종의 선택 (나) 작물체 주변의 천적활동을 조장하는 생태계 조성	1. 화학비료는 권장 성분량의 3분의 1 이하 사용 2. 유기합성농약 사용 금지 3. 장기간의 적절한 윤작계획에 따른 재배 4. 병해충 및 잡초 조절 방법 (가) 적합한 작물과 품종의 선택 (나) 작물체 주변의 천적활동을 조장하는 생태계 조성

심사사항	구비요건	
	유기농림산물	무농약농산물
생산물의 품질관리 등	1. 유기농산물의 저장 및 수송수단 청결 유지 2. 병해충관리 및 방제를 위한 조치 (가) 병해충 서식처 제거, 시설 접근방지 (나) 필요시 기계적 · 물리적 및 생물학적 방법 사용 3. 유기농산물이 아닌 농산물과 혼합 금지 4. 일반농산물과 함께 저장 또는 수송하는 경우에는 혼합 또는 오염 방지를 위한 조치 필요 5. 방사선 사용 금지 6. 포장재는 생물분해성, 재생품 또는 재생 가능 자재로 제작된 것 사용 7. 잔류농약 허용 : 농산물의 농약잔류허용기준의 20분의 1 이하	1. 유기농산물의 저장 및 수송수단 청결 유지 2. 유기농산물이 아닌 농산물과 혼합 금지 3. 병해충관리 및 방제 방법 (가) 병해충 서식처 제거 및 접근방지 (나) 필요시 기계적 · 물리적 및 생물학적 방법을 사용 (다) 방사선 사용 금지 4. 잔류농약 허용 : 농약잔류허용기준의 20분의 1 이하
기타	1. 콩나물과 숙주나물은 그 원료가 유기농산물이어야 함 2. 생산에 필요한 시설 및 장비, 작업장 등을 갖추어야 함	1. 수경재배 및 양액재배로 인한 환경오염이 없어야 함 2. 콩나물과 숙주나물은 그 원료가 무농약농산물 이상이어야 함

※무농약 표시 콩나물은 그 원료가 무농약 재배 조건에서 재배된 것을 사용하도록 규정하고 있다.

유기농 인증기준(有機農認證基準, organic farming certification)은 친환경농업 시행규칙에 제시되어 있다. 그 내용은 경영관리, 재배포장 · 용수, 재배방법, 생산물의 품질관리, 기타로 나뉘어 있다. 유기농산물로 인증받기 위해서는 영농 관련자료를 2년 이상 보관해야 하며, 여기에 농자재 사용, 농산물 생산 등을 기록해야 한다. 1년생 작물은 최초 수확 전 3년을 유기적으로 재배해야 하며, 그 밖에 다년생 작물은 2년을 같은 방법으로 관리 · 재배해야 한다. 유기종자 사용, 유전자 변형 농산물 사용 금지가 재배포장에 관한 주요 규정이다.

재배방법은 화학비료와 농약사용 금지, 특히 적절한 윤작을 해야 한다. 같은 비닐하우스에서 매년 같은 작목을 계속 재배하는 것은 바람직하지 않다는 것을 의미한다. 또 공장형 퇴비사용 금지 등이 유기재배방법의 핵심이다. 품질관리에 있어서 방사선을 사용할 수 없고 농약은 잔류허용 기준치의 1/20 이하여야 한다. 잔류농약 규정은 외국 규정에는 없는 독특한 것이다. 유기콩나물인 경우는 유기콩을 사용해야 한다.

한편 무농약농산물은 재배 시 농약을 사용해서는 안 되며 필요한 물은 농업용수를 사용해야 하고, 유전자 변형 종자는 사용이 금지되어 있는 것 등이 주요한 사항이다. 화학비료를 사용하되 권장량의 1/3 이하만 사용한다. 또한 오염원으로부터의 완충지대, 보호시설 확보 및 표지판을 설치하여 장기간에 걸친 윤작재배를 권장하고 있다. 뿐만 아니라 천적을 조장하는 생태계 조성을 권장하고 있다.

2. 유기농 허용자재의 종류, 특성, 용도, 관리방법

우리나라 유기농산물 허용자재에 관한 내용은 2007년에 개정된 친환경농업육성법 시행규칙에 잘 제시되어 있다. 이것은 기본적으로 코덱스 기준에 기초한다.

코덱스와 우리나라 기준의 차이는 거의 없다. 다만 코덱스 기준에서 제시되지 않은 유기배합사료 제조용 자재 중 단미사료, 보조사료에 대한 상세한 자재목록이 제시되어 있는 것이 특징이다. 또 하나는 코덱스 기준을 우리의 형편에 맞게 융통성을 부여한 것이다. 예를 들면 코덱스에서 허용하는 토양비옥화 및 토질개선에 사용하는 물질은 크게 36가지로 대별된 데 비하여 우리나라 기준은 42가지로 더 세분화되어 있다. 우리나라 유기농가에서 많이 사용하고 있는 각종 유박류, 유기농산물 퇴비, 해조류 퇴적물, 목초액, 미생물 제제, 키토산 등은 우리나라 목록에만 포함된 것이다. 한편 병충해 관리용 제제 중 탄산칼슘, 파라핀유, 키토산, 천적이용은 코덱스 기준에 없는 우리나라 기준에만 제시된 것이다. 유기농업은 단지 허용된 물질을 투입하여 작물이나 축산물을 생산하는 것 이상이며, 코덱스 기준에서는 유기생산의 원칙 제시를 통하여 토양비옥도와 생물학적 다양성을 증진 · 유지시키기 위하여 두과작물 녹비(豆科作物綠肥, green manures)와 심근성 작물(深根性作物, deep rooting plant), 1년생 작물의 다윤작체계(多輪作體系, multi annual rotation program)를 실시할 것을 권장하고, 품종의 선택, 적절한 윤작, 기계적 경운, 울타리, 보금자리를 통한 해충 · 천적의 보호, 생태계의 다양화, 침식을 막는 완충지대, 농경삼림, 윤작작물 등의 사용, 화염을 사용한 제초, 포식생물(捕食生物, predators)이나 기생생물(寄生生物, parasites)의 방사, 돌가루 구비, 식물성분으로 만든 생물활성제 사용, 멀칭이나 예취, 동물의 방사, 덫, 울타리 및 소리 등 기계적인 수단, 수증기 살균(水蒸氣殺菌, steam sterilization) 등의 사용을 권고하고 있다.

1) 유기농산물 자재

〈표 3-4〉는 토양개량 및 작물 생육용 허용자재 목록이다. 허용자재는 크게 42가지로 대별하여 제시하고 있다. 이를 다시 나누면 첫째, 가축퇴구비류, 둘째, 농산부산물, 셋째, 산림부산물, 넷째, 인분, 다섯째, 미량 광물질, 여섯째, 산부산물, 일곱째, 해산부산물, 여덟째, 미생물 제제이다. 이 중 우리나라 유기농가가 주로 이용하는 것은 농산부산물인 각종 박류와 산림부산물인 톱밥이나 나무껍질과 목초액, 미량 광물질 및 미생물 제제이다. 특히 최근 농가는 EM(Effective Micro-organism)을 많이 이용한다.

원칙적으로 유기축산에서 부수적으로 생산되는 가축의 퇴구비를 유기작물 생산에 이용하는 것이 가장 바람직하다. 그러나 이러한 자원의 이용이 불가능한 우리 실정에서는 톱밥이나 유박류를 많이 이용한다. 최근에는 각종 미생물이나 기타 농자재가 소개되고 있으나 이러한 자재의 이용은 결국 생산비를 증가시켜 생산단가가 높아지므로 적정하게 사용해야 한다. 친환경 유기자재는 7개항 64개 제품이 공시되었다. 토양개량제, 작물생육용 자재, 토양개량 및 작물생육용 자재, 작물 병해 및 충해관리용 자재가 그것이다.

이에 따라 현재까지 공시한 자재를 유형별로 분류하면 작물 병해관리용 자재 55종, 작물 충해관리용 자재 43종, 병해충관리용 자재 5종, 토양개량용 자재 18종, 작물생육용 자재 147종, 토양개량 및 작물생육용 자재 174종, 기타 2종으로 모두 444종이 공시되었다.

〈표 3-4〉 토양개량과 작물생육을 위하여 사용이 가능한 자재

사용 가능 자재	사용 가능 조건
• 농장 및 가금류의 퇴구비 • 퇴비화된 가축배설물 • 건조된 농장퇴구비 및 탈수한 가금퇴구비 • 식물 또는 식물잔류물로 만든 퇴비 • 버섯재배 및 지렁이 양식에서 생긴 퇴비	• 농촌진흥청장이 고시한 품질규격에 적합할 것
• 지렁이 또는 곤충으로부터 온 부식토	• 슬러지류를 먹이로 하는 것이 아닐 것
• 식품 및 섬유공장의 유기적 부산물 • 유기농장 부산물로 만든 비료 • 혈분 · 육분 · 골분 · 깃털분 등 도축장과 수산물 가공공장에서 나온 동물부산물 • 대두박, 미강유박, 깻묵 등 식물성 유박류	• 합성첨가물이 포함되어 있지 아니할 것
• 제당산업의 부산물(당밀, 비나스(Vinasse), 식품 등급의 설탕, 포도당 포함) • 유기농업에서 유래한 재료를 가공하는 산업의 부산물 • 이탄(Peat) • 피트모스(토탄) 및 피트모스 추출물	• 유해 화합물질로 처리되지 아니할 것
• 오줌	• 적절한 발효와 회석을 거쳐 냄새 등을 제거한 후 사용할 것
• 사람의 배설물	• 완전히 발효되어 부숙된 것일 것 • 고온발효: 50°C 이상에서 7일 이상 발효된 것 • 저온발효: 6개월 이상 발효된 것 • 직접 먹는 농산물에 사용금지
• 해조류, 해조류 추출물, 해조류 퇴적물 • 벌레 등 자연적으로 생긴 유기체 • 미생물 및 미생물 추출물 • 구아노(Guano) • 짚, 왕겨 및 산야초	
• 톱밥, 나무껍질 및 목재 부스러기 • 나무숯 및 나뭇재	• 폐가구 목재의 톱밥 및 부스러기가 포함되어 있지 아니할 것

사용 가능 자재	사용 가능 조건
• 황산가리 또는 황산가리고토(랑베나이트 포함) • 석회소다 염화물	• 천연에서 유래하여야 하며, 단순 물리적으로 가공한 것에 한함
• 석회질 마그네슘 암석 • 마그네슘 암석 • 황산마그네슘(사리염) 및 천연석고(황산칼슘)	• 사람의 건강 또는 농업환경에 위해요소로 작용하는 광물질(예: 석면광, 수은광 등)은 사용할 수 없음
• 석회석 등 자연산 탄산칼슘 • 점토광물(벤토나이트 · 펄라이트 및 제올라이트 · 일라이트 등) • 질석(풍화한 흑운모; Vermiculite) • 붕소 · 철 · 망간 · 구리 · 몰리브덴 및 아연 등 미량원소	
• 칼륨암석 및 채굴된 칼륨염	• 합성공정을 거치지 아니하여야 하고 합성비료가 첨가되지 아니하여야 하며, 염소함량이 60퍼센트 미만일 것
• 천연 인광석 및 인산알루미늄칼슘	• 물리적 공정으로 제조된 것이어야 하며, 인을 오산화인(p_2O_5)으로 환산하여 1kg 중 카드뮴이 90mg/kg 이하일 것
• 자연암석분말 · 분쇄석 또는 그 용액	• 화학합성물질로 용해한 것이 아닐 것
• 베이직슬래그(鑛滓)	• 광물의 제련과정으로부터 유래한 것
• 황 • 스틸리지 및 스틸리지 추출물(암모니아 스틸리지는 제외함)	
• 염화나트륨(소금)	• 채굴한 염 또는 천일염일 것
• 목초액	• 「산림자원의 조성 및 관리에 관한 법률」에 따라 국립산림과학원장이 고시한 규격 및 품질 등에 적합할 것
• 키토산	• 농촌진흥청장이 정하여 고시한 품질규격에 적합할 것
• 그 밖의 자재	• 국제식품규격위원회(CODEX) 등 유기농 관련 국제기준에서 토양개량과 작물생육을 위하여 사용이 허용된 자재로서 농촌진흥청장이 인정하여 고시하는 물질

〈표 3-5〉 병해충 관리를 위하여 사용이 가능한 자재

사용 가능 자재	사용 가능 조건
(가) 식물과 동물	
• 제충국 추출물	• 제충국(Chrysanthemum cinerariaefolium)에서 추출된 천연물질일 것
• 데리스(Derris) 추출물	• 데리스(Derris spp., Lonchocarpus spp. 및 Terphrosia spp.)에서 추출된 천연물질일 것
• 쿠아시아(Quassia) 추출물	• 쿠아시아(Quassia amara)에서 추출된 천연물질일 것
• 라이아니아(Ryania) 추출물	• 라이아니아(Ryania speciosa)에서 추출된 천연물질일 것
• 님(Neem) 추출물	• 님(Azadirachta indica)에서 추출된 천연물질일 것
• 밀납(Propolis) • 동 · 식물성 오일	
• 해조류 · 해조류 가루 · 해조류 추출액 · 해수 및 천일염	• 화학적으로 처리되지 아니한 것일 것
• 젤라틴	• 크롬(Cr) 처리 등 화학적 공정을 거치지 아니한 것일 것
• 인지질(레시틴) • 난황(卵黃) • 카제인(유단백질)	
• 식초 등 천연산	• 화학적으로 처리되지 아니한 것일 것
• 누룩곰팡이(Aspergillus)의 발효생산물 • 버섯 추출액 • 클로렐라 추출액	
• 목초액	• 「산림자원의 조성 및 관리에 관한 법률」에 따라 국립산림과학원장이 고시한 규격 및 품질 등에 적합할 것
• 천연식물에서 추출한 제제 · 천연약초, 한약제 • 담배차(순수 니코틴은 제외)	
• 키토산	• 농촌진흥청장이 정하여 고시한 품질규격에 적합할 것
(나) 광물질	
• 구리염 • 보르도액 • 수산화동 • 산염화동 • 부르고뉴액	

사용 가능 자재	사용 가능 조건
• 생석회(산화칼슘) 및 수산화칼슘	• 석회보르도액 및 석회유황합제 제조용에 한함
• 유황	
• 규산염	• 천연에서 유래하거나, 이를 단순 물리적으로 가공한 것에 한함
• 규산나트륨 • 규조토 • 벤토나이트 • 맥반석 등 광물질 분말 • 중탄산나트륨 및 중탄산칼륨 • 과망간산칼륨 • 탄산칼슘	
• 인산철	• 달팽이 관리용으로 사용하는 것에 한함
• 파라핀 오일	
(다) 생물학적 병해충 관리를 위하여 사용되는 자재 • 미생물 및 미생물 추출물 • 천적	
(라) 덫 • 성유인물질(페로몬)	• 작물에 직접 살포하지 아니할 것
• 메타알데하이드	
(마) 기 타 • 이산화탄소 및 질소가스	
• 비눗물	• 화학합성비누 및 합성세제는 사용하지 아니할 것
• 에틸알콜	• 발효주정일 것
• 동종요법 및 아유르베다식(Ayurvedic) 제제 • 향신료 · 생체역학적 제제 및 기피식물 • 웅성불임곤충 • 기계유	
• 그 밖의 자재	• 국제식품규격위원회(CODEX) 등 유기농 관련 국제기준에서 병해충 관리를 위하여 사용이 허용된 자재로 농촌진흥청장이 인정하여 고시하는 물질

2) 유기농자재의 특징 및 사용방법

〈표 3-6〉, 〈표 3-7〉, 〈표 3-8〉, 〈표 3-9〉는 우리나라 농가가 실제로 많이 사

〈표 3-6〉 주요 식물성 유기자재의 성분(윤성희, 2005)

종 류	수분	질소	인산	가리	칼슘	마그네슘	탄소	단백태질소	C/N
채종박	12.6	5.03	2.61	1.42	0.90	0.34	28.23	4.35	5.6
대두박	7.4	6.95	1.49	2.46	0.44	0.15	32.74	6.88	4.7
면실박	9.2	6.25	2.95	1.94	0.30	0.36	38.47	5.96	4.5
피마자박	10.8	6.05	2.50	1.28	0.53	0.53	27.72	4.77	4.5
미강유박	11.8	2.40	5.82	2.04	0.08	0.74	36.15	2.40	15.0

〈표 3-7〉 식물성 박류의 비료로서의 특징(윤성희, 2005)

종 류	일반 성질	비료 특성	사용방법	주의사항
채종박	질소성분 높음(4% 이상) (생산량 최다)	지방함량 높음	2~3개월 발효 후	파종 2주 전 시비
대두박	대두유 착유 후 찌꺼기	발아장애, 연작장애	기비로 사용	가격 고가
면실박	면실유 채종 후 부산물 질소 5.8%	대두박과 채종박의 중간 성질	채소, 과수에서 사용	-
탈지강	쌀겨에서 기름 추출 후 부산물	질소분 낮고, 인산비효 강	밀, 채소 인산보급 기비	-
기타	케이폭(Kapok)박, 장유박, 아미노산 부산물, 알코올 부산물, 담배 부산물, 쑥박 해초추출물			

〈표 3-8〉 동물성 박류 및 부산물(윤성희, 2005)

종 류	일반 성질	비료 특성	사용방법	주의사항
어분	동물성 유기질 비료의 대표격	속효성	기비, 추비, 분해 완만	다량사용 시 품질저하, 고가
육골분	도축장의 잡고기 건조분쇄	국내산 질소 7.2%	기비	표층시비 지양 어박에 준용
증제골분	증기 가압분쇄	인산함량 높음	영년생 작물에 유효기비	토양 개량효과 미비, 칼리 · 질소질과 혼용
혈분	가축의 혈분	최상의 비료	기비 및 추비	질소질 비료로 다른 성분과 혼용
지렁이분	지렁이 배설물	분자체가 입단구조, 토양물리성 개선	상토에 3% 혼합	경제성 고려 사용
기타	생선분말, 다시박, 생골분, 질소질 구아노			

〈표 3-9〉 패분과 갑각류 분말(윤성희, 2005)

종 류	일반 성질	비료 특성	사용방법	주의사항
갑각류	게껍질류	질소 · 인산 4% 토양개량제	기비로 사용 각종 병해 완화	곱게 분쇄된 것 사용
패분	각종 조갯가루	토양중화	산성토에 기비로	
키토산	키토산 1% 동물성 섬유질	뿌리 활력 증진 및 촉진 품질 개선	침종, 육묘, 생육기 사용, 과수원	

〈표 3-10〉 토양개량 및 작물생육 촉진용(윤성희, 2005)

종 류	특 징	사용방법	주의사항
규산질 비료	벼 생육촉진, 병해방지, 토양 중화	200~300kg/10a 기비로 사용	시용 시 장갑, 안면 보호장구 착용
목탄	밭토양 물리성 개선	작물에 따라 150~250kg/10a	기비
석회고토	알칼리 53%, 석회 등 함유, 토양 개량	산도에 맞게 기비로 골고루 200kg/10a	골고루 시용, 과용(300kg /10a) 피할 것
석회질비료	산성 중화 양분 흡수 촉진	200kg/10a 경운 전 시비	과용(300kg/10a) 금할 것
이탄(peat)	토탄 통기성 풍부하여 배양토로	상토 원료, 비료혼합원료, 배란다, 옥상용 재배 시	외국에서 수입된 것 대부분, 산성인 것은 석회로 중화 후 사용
제오라이트	규산염 광물질	상토 · 배토로 사용, 1톤/10a 후 매년 150kg/10a 시용	토양 전면 골고루, 제조회사 처방전 필독 후 사용
버미큐라이트 (질석)	다공질 광물질 흡수력 풍부	비료 · 상토의 부재료로 사용, 비순환식 수경재배용	각종 상토 배합원료나 제조회사 설명서 필독 후 사용
구아노(질소질)	해조배설물과 사체가 결합된 것	작물에 따라 30~180kg/10a	기비 시 부족 가리분 보급, 생산자의 설명서 필독
황산마그네슘	엽록소 구성성분	작물에 따라 15~40kg/10a 시용	건조 보관

용하는 유기농자재의 특징, 사용법 등을 요약해 놓은 것이다. 농가는 재배작목, 이용하는 시기, 토양조건, 자재의 구입용이성에 따라 각기 알맞은 것을 사용하면 된다. 어떤 것은 직접 토양에 투입하기도 하지만 같은 종류라도 얼마간 발효시키거나 또는 시중의 부숙촉진제에 혼합하여 일정 기간 경과 후 사용하기도 한다.

〈표 3-11〉 병해충 방지 및 생육개선 촉진

종 류	특 징	사용방법	주의사항
담뱃잎차	니코틴, 아나방신 등에 의한 살충 작용	6°C 물로 추출 후 50 : 100 비율의 물로 다시 희석하여 사용 · 벼 · 채소 · 과수의 해충방제	알칼리 제품(석회보르도액, 비누)과 혼용 금지
목초액	목탄 연기가 연돌 통과시 외부공기에 의한 냉각, 응축된 액체 초산이 주류	500배 물에 희석 사용, 제품 사용규정 준수	오전, 흐린날 살포, 중복살포 금지
보르도액	황산구리와 생석회 표면에 피막형성, 포자 발생 예방	지속성이 큰 예방제, 작물의 종류 연령에 따라 각기 다른 종류 보르도액 사용	제조 후 곧 바로 사용, 작물(배추, 과수)에 따른 약해 주의
페로몬	곤충 동종 간 성적 교신물질, 숫곤충 유인 교미활동 저해, 차세대 유충발생 억제	100개(파팜나방)	해충밀도에 따라 페로몬 사용량 조절, 사용 직전 개봉, 살충작용 없음
키토산	게나 게맛살에서 만든 고분자 물질	작물, 성장기에 따라 300~1,200배액 사용	적응대상만, 최아기 · 출수기 · 개화기 사용 금지, 해충방제효과 낮음

사용량도 마찬가지로 일정하지 않고 상황에 따라 가감해 주어야 하며, 이때 같은 작목을 선택한 유기농가의 조언을 얻어서 사용한다.

유기농업에서 농가가 당면한 가장 큰 문제 중의 하나는 병충해 방제이다. 농약을 사용할 수 없기 때문에 비화학적인 물질, 또는 천연물질을 사용해야 하기 때문이다. 이러한 것들은 자신의 농장에서 직접 만들기보다는 상용화된 것을 이용하는 경우가 많다. 따라서 사용설명서 또는 관계자의 조언이나 지도에 따라 사용한다.

〈표 3-12〉는 제주의 해가림 밀감농장에서 3월부터 11월까지 사용한 각종 친환경농자재의 예이다. 제시된 대로 무려 18가지 이상의 자재를 사용하여 막대한 경제적 부담이 있었을 것으로 추측된다. 상품의 질을 향상시키기 위한 명목으로 무분별한 친환경자재의 투입은 과도한 투자로 농가에 부담이 되기 때문에 수익이 보장되는 한도에서 사용하여야 한다.

〈표 3-12〉 제주 해가림 밀감농장에서 사용된 각종 친환경자재

일 자	내 용
3월 5일	기계유제 150배 살포
9일	청초액비 300배+천연인산칼슘 500배+골분액비 1,000배+현미식초 500배 살포
12일	전지, 전정
14일	전정목 파쇄
4월 8일	무기동제 살포(3~6식)
15일	생선액비 500배+골분액비 500배 살포
5월 7일	골분 발효퇴비 제조(골분 60%+쌀겨 40%+배양액+천보)
9일	현미식초 500배+한방영양제 500배+바닷물 50배 살포
18일	한방영양제 400배+현미식초 300배+골분액비 500배+천연인산칼슘 1,000배 살포
19일	골분발효퇴비 시비(300평당 100kg)
6월 13일	한방영양제 1,000배+현미식초 500배+생선액비 1,000배+천연인산칼슘 500배+광합성 세균 500배+ 바닷물 50배 살포
23일	하우스 내에 닭 방사(10마리)
7월 2일	한방영양제 1,000배+천연인산칼슘 500배 살포+광합성
11일	석회유황합제 150배+
15일	골분발효퇴비 시비(300평당 80kg)
8월 12일	감귤효소 500배+천연칼슘 500배+해초액비 500배 살포
25일	광합성 세균 500배+폐화석분말+감귤효소 500배+청초액비 500배 살포
9월 3일	골분발효퇴비 시비(300평당 100kg)
15일	광합성 세균 500배+천연칼슘 500배+바닷물 30배 살포
10월 3일	광합성 세균 500배+밀감효소 500배+아카시아천혜녹즙 1,000배+바닷물 500배 살포
17일	천연칼슘 500배+아카시아천혜녹즙 1,000배+바닷물 30배 살포
11월 1일	천연칼슘 500배+아카시아천혜녹즙 1,000배+바닷물 30배 살포

[그림 3-4] 농가 자가제조 미생물 제제

3.3 퇴비의 제조 및 시용

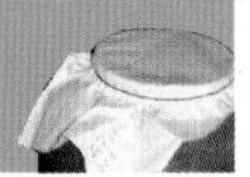

1. 퇴비원료의 종류 및 특징

생산성 향상을 위한 화학비료, 농약, 생장촉진제 등의 사용 없이 유기물과 무

〈표 3-13〉 주요 유기성 폐기물의 비료가치(농과원, 1999)

종 류	T-C	T-N (건물 %)	P_2O_5	K_2O
농가퇴비	21.05	1.22	1.39	1.43
볏짚	33.50	0.68	0.29	1.84
왕겨	44.20	0.47	0.16	0.83
톱밥	55.20	0.06	0.03	0.26
계분	42.80	5.10	4.84	1.45
돈분	44.80	3.68	5.99	0.77
우분	41.50	2.06	2.80	0.45
섬유	30.83	3.73	1.51	0.29
약품	31.38	1.80	0.70	0.32
우유	43.29	5.86	4.68	0.55
지방유지	37.14	1.47	0.70	0.23
장유	43.13	4.56	0.94	0.62
제당	30.21	1.97	0.92	0.42
주정	38.43	4.28	1.18	0.99
음료	41.75	4.05	2.03	0.56
담배	38.08	1.65	0.85	2.72
제지	30.67	0.48	0.17	0.30
수산	27.46	2.69	3.50	0.59
피혁	14.91	2.71	0.06	0.05
분뇨잔사	32.26	2.72	7.31	0.35
하수오니	26.86	2.05	2.58	0.38

기물을 투입하여 작물을 생산하는 것이 유기경종이다. 친환경농산물의 생산을 위한 자재사용 기준(친환경농업육성법시행규칙)은 코덱스 기준을 준용하여 제정된 것이다. 그 정신은 기본적으로 농장 자체에서 생산되는 유기질 비료만 사용하도록 하고 있다. 이러한 기준은 농경지 면적이 넓은(100~300ha) 서구에서 만들어졌고, 그 운영은 축산과 경종이 서로 연계되어 물질순환이 이루어지도록 설계된 것이다.

우리나라와 같이 호당 경지면적이 1.5ha 정도이며 유축농업이 아닌 식물성장에 필요한 대부분의 양분을 외부에서 들여와 투입해야 하는 조건에서는 유기자원으로서의 퇴비의 중요성은 서양보다 훨씬 크다. 유기농업의 기본으로 돌아가기 위해서는 짚류나 낙엽 등을 부숙시킨 퇴비보다는 외양간 두엄[구비(廐肥), farmyard manure]을 이용하는 것이 바람직하다. 즉, 유축농업이 근간이 되어야 원래 의미의 유기농업이 가능하다.

친환경육성법 시행규칙에 제시된 토양개량과 작물생육을 위하여 사용이 가능한 자재는 총 42가지이나, 퇴비로 만들어 쓸 수 있는 것은 농장 및 가금류 퇴구비를 비롯하여 유기산업에서 유래한 재료를 가공하는 산업의 부산물에까지 12종이다.

1) 각종 짚류와 왕겨

각종 짚류와 왕겨는 대표적인 퇴비원료이다. 탄소-질소비율(탄질비, C/N ratio)이 50 정도로 질소함량은 낮고 탄소함량은 높으며, 유기물 함량과 칼리 함량은 비교적 높다. 특히 왕겨는 탄소함량이 44.20%이며 질소, 인산, 칼리 함량이 각각 0.68, 0.29, 1.84%로 칼리를 제외하고 질소함량이 매우 낮다. 밀짚은 건물 1톤 중 2.1kg로 질소함량이 낮고 분해도 늦다. 한편 왕겨는 섬유구조로 아주 견고하여 미생물에 의한 분해가 어렵기 때문에 팽화과정(膨化過程, bulking process)을 거쳐야 한다. 몇몇 지역농협에서는 팽화왕겨를 생산하여 농가에 공급하고 있다.

2) 톱밥

톱밥은 유기비료 생산에 직접 이용되기보다는 축사에서 분뇨를 흡수하는 재료로 이용된다. 특히 흡습과 통기가 뛰어나 축사바닥에 깔아 분뇨 흡수를 목적으로 사용한다. 비료성분으로는 질소가 0.06%로 왕겨의 1/8 정도이고 인이나 칼리의 성분도 낮아 퇴비재료로는 적당치 않다. 그러나 공장형 퇴비를 유기비료로 사용할 수 없기 때문에 하나의 대안으로 톱밥을 발효하여 사용하는 농가도 있다. 나무톱밥을 인공적으로 만들어 유기재료로 이용하고 있다. 나무껍질도 종종 상용되는데, 파쇄목 톱밥은 질소가 0.12%, 나무껍질은 0.31%로 아주 낮고 유기물은 각각 kg당 930g 및 908g으로 유사하며, 탄질비는 450과 150이다. 인과 칼리는 파쇄목이 0.03%, 0.39%,수피는 0.52%와 0.73%로 특히 수피의 인함량이 월등히 높다.

친환경 농자재 비료공장규격에 의하면 비료로 이용될 수 있는 것은 유기물이 30% 이상이고 유기물 대 질소의 비율이 70 이하인 것을 사용하도록 되어 있다.

3) 가축분뇨

가축분뇨와 깔짚은 분이 섞인 퇴비로 인분, 재 등과 함께 선조들이 오래 전부터 이용해 온 유기자원이다. 축분은 축종에 따라 질소함량이 다르다. 계분이 가장 높고(5.10%), 돈분이 그 다음이며, 우분이 가장 적다(2.06%). 현실적으로 볼 때 유기농업에 이용될 수 있는 것은 유기낙농이나 비육 시에 생산된 우분이다. 계분과 돈분은 대량생산되지만 여기에는 각종 항생제, 호르몬이 함유되어 있어 유기퇴비원으로 적당하지 않기 때문이다. 탄질비는 계분 8.4,돈분 12.2,우분 20.1로 질소의 함량에 따라 차이가 있다. 한편 인은 계분, 돈분, 우분에서 4.84, 5.99, 2.8%이며, 칼리는 1.45, 0.77, 0.45%이다.

4) 유기섬유제품 부산물

유기섬유를 이용하여 유아용품과 패드 등이 생산되며, 이때 사용되는 면화는 유기적으로 재배된 것을 사용하기 때문에 이러한 제품의 부산물도 유기퇴비재료로 이용된다. 섬유는 총탄수화물 30.83%, 총질소 3.73%, 인 1.51%, 칼리 0.29%이다. 면화이기 때문에 퇴비로 만들면 좋은 유기자원으로 이용할 수 있다.

5) 산야초

선조들은 집 주변이나 산에서 자란 야초를 이용하여 유기퇴비를 만들었는데,

〈표 3-14〉 유기물 자원별 화학적 특성(이상범, 2005)

유기물원		pH	EC (dS/m)	OM (g/kg)	T-N (%)	C/N 율	P (%)	K (%)
볏 짚		6.4	1.86	893	0.67	77	0.28	0.89
파쇄목		6.3	2.36	930	0.12	450	0.03	0.39
수 피		4.6	0.51	908	0.31	170	0.52	0.73
톱 밥		4.9	0.42	939	0.08	680	0.12	0.19
폐배지		4.9	3.18	926	1.25	43	0.69	0.47
유 박		5.6	2.95	877	6.50	7.8	3.01	1.36
미 강		6.1	3.47	907	2.25	23	4.31	2.57
돈 분		6.1	17.28	782	2.25	20	3.28	1.08
산야초	갈 대	5.7	9.63	895	2.84	18	3.02	1.76
	억 새	6.0	11.40	922	3.58	15	1.87	1.84
	칡 잎	6.2	9.48	916	2.86	19	0.37	2.37
	떡갈나무	4.3	6.64	929	2.37	23	0.88	1.60

주 초종은 갈대나 억새, 칡잎 등이었다.

〈표 3-14〉에서 보는 바와 같이 유기물은 갈대, 억새, 칡잎에서 kg당 각각 895, 922, 916g이었고, 총질소는 2.84, 3.58, 2.86%였다. 탄질비는 18, 15. 19이며, 인과 칼리는 각각 갈대 3.02와 1.76%, 억새 1.87과 1.84%, 칡잎이 0.37과 2.37%였다. 농가에서 인력난으로 이러한 재료를 채취하기 힘들지만 여건이 맞으면 좋은 유기퇴비자원으로 사용할 수 있다.

2. 퇴비의 제조와 시용방법

유기토양에서는 원재료를 그대로 넣지 말고 부숙된 것을 투입해야 한다. 그 이유는 작물이 직접 이용할 수 있는 양분이 있어야 하며, 이는 토양개량의 효과를 극대화하기 위해서이다. 농산부산물의 대부분은 탄소가 높고 질소함량이 낮아 탄질비 20을 초과하는 것이 많다(〈표 3-14〉 참조). 이러한 재료를 그대로 땅 속에 투입하면 첫째, 미생물의 균체 합성에 필요한 질소가 부족하여 토양 중의 무기질소를 이용하게 되고, 작물은 질소부족을 일으켜 황화되는 소위 질소기아(窒素饑餓, nitrogen starvation)가 발생한다. 둘째, 병원성 사상균이 폭발적으로 증가하고, 셋째, 분해과정에서 유해성분이 방출되며, 넷째, 잡초종자가 포장에 만연하게 된다.

퇴비제조의 핵심은 잘 부숙되어야 한다. 썩는 퇴비는 첫째, 양분의 손실, 둘째, 유해가스의 발생, 셋째, 병원균 배양 및 산성화가 되는 반면, 잘 발효된 퇴비는 첫째, 양분 증가, 둘째, 유해가스 배제(탄산가스 발생), 셋째, 유효균 배양, 넷째, 토양의 중성화로 작물을 건강하게 생육할 수 있게 한다(정진영, 2002).

퇴비를 만드는 방법은 크게 두 가지로 나눌 수 있는데, 첫 번째는 재료를 일정 기간 동안 그대로 쌓아놓는 방법이며, 두 번째는 재료를 일정한 간격으로 교반하여 주는 방식이다.

첫번째 방법은 흔히 예로부터 시행되었던 방법으로 퇴구비를 퇴비장에 방치시켜 두는 방법이다. 원래 방식은 땅을 약간 파고 사각형의 두둑을 쌓은 다음 여기에 재료를 넣어 수개월간 썩힌 후 이듬해 봄에 논밭에 산포하는 방식이다. 근래에는 바닥은 콘크리트로, 지붕은 간이지붕을 만들고 때에 따라서는 바닥에 통기시설을 만드는 개량형 퇴비화 시설로 만드는 농가도 있다.

이 중 가장 개량된 방법은 고정 통풍식 퇴비화 시설이다. 즉, 폭 2.5m×길이 3.8~5m×높이 2m의 육면체 시설을 만들고 통기시설을 바닥에 설치한 형태이다. 이 방식은 그 규모를 확장할 수 있으며 정부보조로 축산농가에 보급된 형태이다(농과원, 1999). 이 방식의 장점은 규모 확장이 가능하고 별도의 교반시설이 불필요한 반면 내부와 표면의 발효가 일정하지 못하여 퇴비의 성상이 고르지 못한 단점이 있다(농과원, 1999).

〈표 3-15〉 정치경 퇴비 방법의 종류 및 명칭(농과원, 1999)

구 분			명 칭	비 고
퇴비화	퇴적방식	무통기형	간이퇴비화 시설(야적)	비가림 시설 없음
			간이퇴비화 시설(실내)	비가림 시설 있음
			간이퇴비화 장치	속성 발효기 등
		통기형	간이퇴비화 시설(실내)	비가림 시설 있음
			상자형 통기 퇴비사 시설	고정 통풍식 시설

〈표 3-16〉 유기물 자재의 탄질비

자재명	C/N율
톱밥	242
제지부산물	140
밀집	126
왕겨	74
볏짚	60
싸라기	46
발효제지부산물	29
톱밥퇴비	22
미숙퇴비	21
수피퇴비	19
중숙퇴비	16
건조우분	16
완숙퇴비	11
발효우분	10

유축농업이나 부업적 축산을 하는 경우 가축의 퇴구비를 퇴비장에 퇴적하여 자연발효를 이용하여 퇴비를 만든 후 유기퇴비로 이용하는 방법이 있는데, 이 방식은 재료를 혼합 · 야적한 후 주기적으로 교반하고 후숙시켜 퇴비로 이용하는 방식이다.

유기퇴비원료를 적당한 크기로 세절한 후 원료의 질소함량은 1% 이상 되도록 하고 수분은 60%로 조절한다. 반전은 2주 간격으로 하며 이런 상태로 10~14주 동안 계속하면 발효가 끝난다. 발효가 끝난 퇴비는 20일 동안 그대로 방치시켜 놓는다. 이것을 후숙이라고 한다. 강우 시에는 비닐을 덮어 재료의 유실을 방지한다. 경우에 따라 적절한 유기물 부식촉진제(腐植促進劑)를 사용하면 부숙속도 및 질을 향상시킬 수 있다.

한편 온실 내에서 고온발효를 시켜 속성퇴비를 만들기도 하는데, 이를 흔히 고온발효 속성퇴비라고 한다. 보통 8주면 사용할 수 있고, 발효온도가 30~35°C가 되도록 유지해야 하며 온도가 내려가면 반전을 시켜 발효를 유발한다. 이 방법을 이용하면 겨울 동안 최대 6회 이상 퇴비를 만들 수 있다(이근태, 2002).

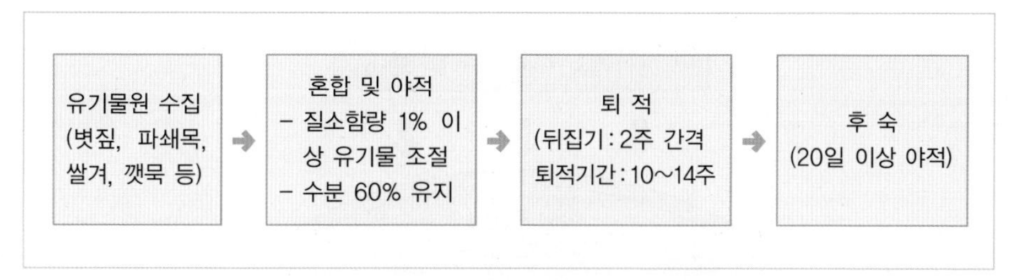

[그림 3-5] 유기퇴비 제조과정(이상범, 2005)

〈표 3-17〉 지역별 이용 가능한 퇴비재료(이상범, 2005)

지 대	이용부산물 분류	종류
산간	임산부산물	산야초, 톱밥, 수피, 파쇄목
평야	농산부산물	볏짚, 왕겨, 쌀겨, 보릿짚, 깻묵
해안	해산부산물	해조류, 생선찌꺼기
공업	식품 · 생약부산물	면화, 한약재 찌꺼기

지역에 따라 이용할 수 있는 퇴비재료는 각기 다르며, 이를 표로 나타내면 〈표 3-17〉과 같다.

1) 바림퇴비

유박, 어분, 골분 등의 유기물을 직접 토양에 투여하면 어린 묘를 가해하는 거세미, 들쥐 등이 번성하여 포장의 식물에 피해를 준다. 이를 방지하기 위하여 산흙, 유기질 비료, 퇴비를 혼합하여 45~60°C 이상이 되지 않도록 1~2일마다 3~4회 반복하여 미생물을 분해시켜 주는 방법이 민간농법으로 전해져 오는데, 바림(방치)한다는 의미에서 바림퇴비〔土穀堆肥〕라고 한다(西尾, 1997).

그 제조법은 [그림 3-6]에서 보는 바와 같다. 우리나라에서는 토곡(土穀)이라 하여 이와 유사한 방법이 소개되었고, 그 원리는 바림퇴비와 같다.

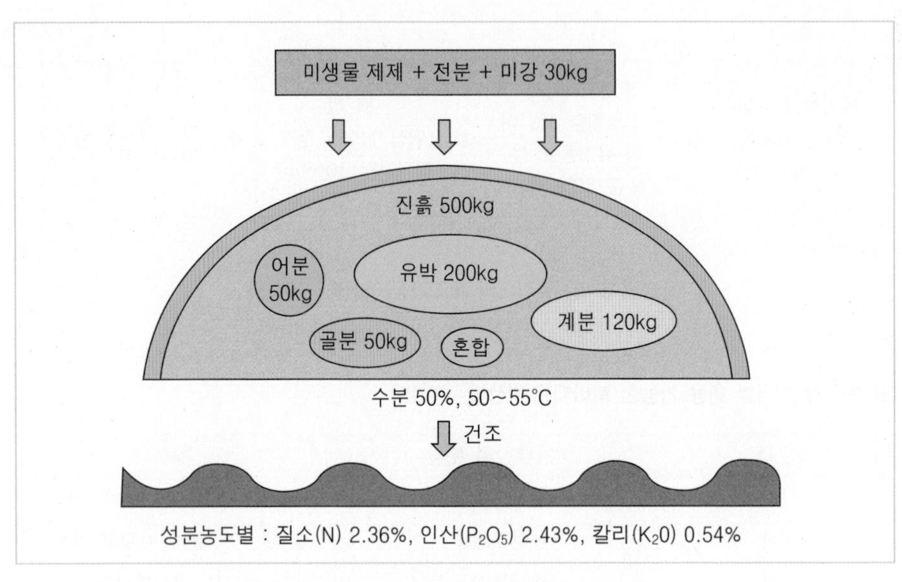

[그림 3-6] 바림퇴비 제조법(西尾, 1997)

2) 시용방법

토양에 유기물을 시용하면 작물생육을 돕고, 그 결과 농산물의 수량과 품질을 향상시킨다. 이는 퇴비가 작물에 직접적으로 양분을 공급할 뿐 아니라 토양의 이화학성을 개선하고 나아가서 토양미생물의 활력을 돕기 때문이다.

화학비료를 사용하지 않는 조건에서 작물은 유기물에서 방출된 것 또는 토양 중에 있는 양분에 의존해야만 한다. 유기재배 시 전환 초기 생산력이 저하되는 주원인은 시용 유기물로부터의 무기태질소 방출이 적기 때문이다. 보릿짚을 연용하면 5~6년까지 질소가 결핍되나, 7~8년째부터는 질소가 요구량보다 많게 되며, 볏짚은 첫해에 질소결핍이 되다가 2년째부터는 질소충족이 된다. 이러한 차이는 두 식물체의 섬유조직의 구조특성 때문이다.

논에 매년 같은 재료를 동일한 방법으로 시용하는 경우 각종 재료의 무기질소 방출 형태는 [그림 3-7]에서 보는 바와 같다. 각기 유기재료에 따라 방출 형태가 다르게 나타나는 것을 알 수 있다.

① ( ) 내의 숫자는 그림 중 유기물의 건조물 중 질소함량 %를 나타낸다.

② 연용을 계속하면 머지않아 매년 시용된 유기물 중 전질소가 1년 동안에 모두 방출되기도 한다.

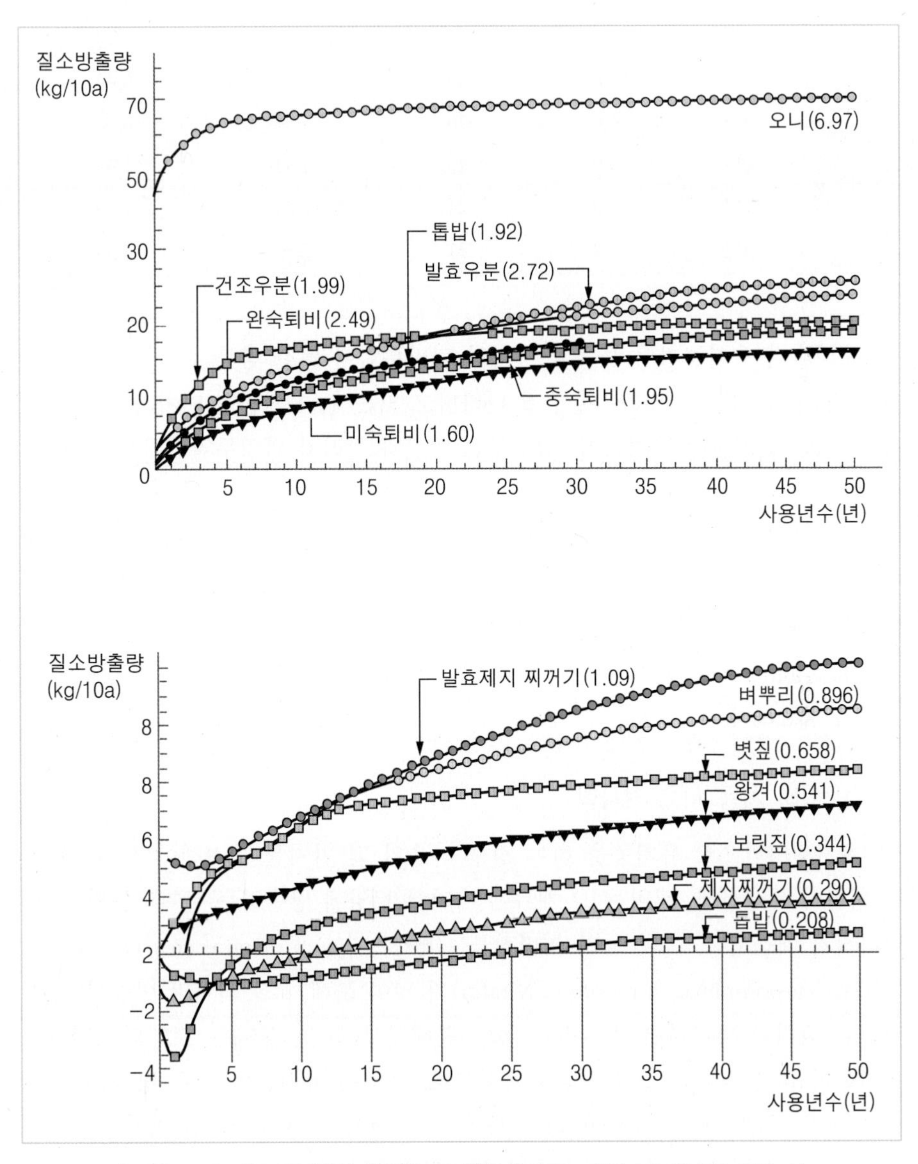

[그림 3-7] 각종 유기물을 수분을 공제한 건조물로 매년 10a당 1톤 연용 시 무기질소 방출량의 경년 변화(西尾, 1997)

〈표 3-18〉 퇴비 시용에 따른 토양의 양분집적

구 분	연차	pH(1:5)	OM(g/kg)	P_2O_5(mg/kg)	K_2O(cmol$^+$/kg)
관행농업	1년	5.9	11	369	0.25
	2년	6.0	11	376	0.30
	3년	6.0	11	381	0.30
	4년	5.8	10	392	0.40
유기농업	1년	6.6	16	786	0.60
	2년	6.9	23	850	1.35
	3년	7.2	24	1,020	1.60
	4년	7.2	31	1,230	3.30

우리나라 유기농가의 문제점은 과잉 퇴비투입에 의한 양분의 불균형이었다. 이와 같은 사실은 〈표 3-18〉에서 잘 나타나고 있는데, 유기농업 연차가 오래될수록 더 많은 유기물이 축적되며, 영양분은 인산과 칼리가 과잉투입된다는 것을 알 수 있다.

즉, 유기농가는 퇴비과용으로 양분 불균형과 염류집적 및 환경오염의 우려가 있다는 것을 시사한다. 따라서 톱밥이나 버섯배지와 같은 유기물 시용과 각종 유박류(油粕類, oil meals)에 의존하기보다는 경축순환농법(耕畜循環農法, manure recycling agriculture)을 이용한 퇴구비의 적절한 이용, 윤작을 통한 토양비옥도 유지가 필요하다.

(1) 퇴비 시용 시 고려사항

유기퇴비만으로 유기농을 하는 경우 다음의 몇 가지를 고려해야 한다. 첫째는 퇴비의 특성인데, 퇴비는 그 재료에 따라서 토양에 방출하는 무기양분의 양이 달라지기 때문이다. 예를 들면 녹비작물(綠肥作物, green manure crop)은 탄질비(炭窒比, carbon-nitrogen ration, C/N ratio)가 낮아 분해가 잘 되지만 볏짚이나 보릿짚을 퇴비원으로 하면 탄질비가 높아 분해가 느리다. 둘째는 토양의 성질로, 유기물이 많은 경우는 양분공급을 목적으로, 토양에 유기물이 적은 경우는 유기물 공급을 목적으로 시용해야 하기 때문이다. 셋째는 재배작물에 따른 고려다. 같은 원예작물이라도 연간 수회 수확하는 엽채류(葉菜類, leaf vegetables)나 계속 수확이 이루어지는 과채류(果菜類, fruit vegetables)로 나눌 수 있다. 즉, 양분흡수량이 많은 과채류 등은 유기액비로 부족한 양분을 공급해 주는 등의 조치를 취해야 한다(농과원, 1999).

퇴비 시용은 첫째, 토양검정에 의한 추천시비는 토양 중 유기물 함량을 기준으로 한다. 예를 들어 논에서 볏짚퇴비인 경우 토양유기물 2.0% 미만은 10a당 볏짚퇴비 1.6톤, 토양유기물 2.1~3.0%는 1.2톤, 토양유기물 3.1% 이상은 0.8톤을 시용하도록 추천하고 있다. 또 가축분퇴비인 경우에 우분톱밥퇴비는 볏짚퇴비와 동일량, 돈분톱밥은 볏짚퇴비 시용량의 40%, 계분톱밥퇴비는 볏짚퇴비 시용량의 35%를 시용하도록 권고하고 있다. 그리고 볏짚을 그대로 시용하는 경우는 볏짚퇴비의 50%에 해당하는 양을 투입할 것을 추천하고 있다(농과원, 1999). 이때의 퇴비는 벼의 성장과 알곡 생산에 직접 쓰이는 양분공급원이 아닌 토양개량을 목적으로 하기 때문에 실제 유기벼 재배에서는 훨씬 더 많아야 될 것으로 보인다. 그러나 열거한 추천유기물은 화학비료를 추비로 주는 것을 전제로 하기 때문에 유기벼 재배에 적용하는 데 무리가 있다.

둘째는 인산함량 추천시비량이 있는데, 그 예는 〈표 3-19〉와 같다. 이는 과거 유기비료로 공장형 퇴비(工場型堆肥, factory manufactured)가 사용되었던 시절의 추천량이며, 원칙적으로 공장형 퇴비의 사용이 금지된 현재는 이러한 기준이 재

〈표 3-19〉 토양 인산함량에 따른 축분퇴비 사용량

토양 중 유효인산 (mg/kg)	101~150	151~200	201~250	251~300	301~350	351~400	400 이상
가축분퇴비 (kg/10a)	1,287~1,106	1,102~922	918~737	734~553	549~368	365~184	0

* 자료 : 1997 농과원. 적용회귀식 : $y = -3.687x + 1,659.17$(x=토양중 유효인산, mg/kg)

〈표 3-20〉 네덜란드의 일반 퇴비 시용기준

퇴비 등급	시용량	작물
일반 퇴비	300kg/10a	식용작물 및 옥수수
	150kg/10a	초지
깨끗한 퇴비	600kg/10a	식용작물 및 옥수수
	300kg/10a	초지

* 자료 : 1992 ORCA

〈표 3-21〉 유기물 시용기준(일본 관동지방의 예, 톤/10a)

작물	시비	볏짚		생분			건조분			분퇴비			오리		마굿간퇴비	도시쓰레기퇴비	청예작물
		벼	보리	소	돼지	닭	소	돼지	닭	소	돼지	닭	생	퇴비화			
수도	0.5~2.0	0.1~7.0	-	1./0~2.5	0.8~1.5	0.8	0.3~2.0	0.2~1.5	0.1~0.2	1.0~2.5	0.5~1.5	0.5~1.0	0.6~1.2	0.4~0.7	-	-	-
일반전작물	0.3~4.0	0.5~1.0	0.3~0.5	2.0~3.0	0.1~2.0	0.8	0.1~2.0	0.1~1.0	0.1~0.5	1.5~4.0	0.5~2.0	0.2~2.0	1.0~2.0	0.6~2.0	1.0~2.0	2.0	-
야채	0.5~5.0	0.5~1.5		2.0~6.0	0.3~4.0	0.4~1.5	0.3~3.0	0.2~2.0	0.1	1.0~1.0	1.0~5.0	1.0~4.0	0.8~4.0	0.5~2.0	1.0~1.2	2.0~3.0	4.0 10.0
사료작물	1.0~5.0	-	-	5.0~10.0	3.0~10.0	2.0	3.0~5.0	2.0	0.3~1.0	4.0~6.0	2.0~4.0	1.0	2.0	1.2	-	2.0	-
과수	1.0~7.0	0.5~3.0		2.0~6.0	1.0	1.0~4.0	0.6	0.2~4.0	0.2~2.0	1.0~0.8	0.5~7.0	1.0~5.0	1.0	0.6~2.0	1.0	2.0~2.0	-
차	1.0~7.0	0.5~1.5		2.0~6.0	1.0~5.0	1.5	0.5~6.0	0.5~3.0	0.5~1.0	1.0~10.0	0.5~5.0	1.0~4.0	1.0~2.0	0.6	3.0	2.0	-
뽕나무	1.5~4.0	1.0		5.0~10.0	3.0~10.0	2.0	1.0~4.0	0.3~2.0	0.3~1.0	2.0~8.0	1.5~4.0	1.0	1.0~2.0	0.6	3.0	2.0	-

검토되어야 한다.

그러나 전체적으로 농작물 및 모든 작물에 대한 여러 가지 퇴비원을 제시한 예는 그리 많지 않다. 뿐만 아니라 대부분 민간농법으로 전해 오거나 혹은 일본의 농가에서 쓰는 농법을 그대로 전수한 것이 많다. 여기에서는 네덜란드의 일반 퇴비 시용기준(〈표 3-20〉 참조)과 일본의 유기농가 퇴비 시용기준의 예(〈표 3-21〉 참조)를 제시하였다.

(2) 비배관리용 비료

비록 상당량의 유기물을 투입했다 하더라도 이식 또는 정식 후 지속적인 양분공급을 해 주어야 한다. 유기농가가 현장에서 많이 이용하는 비배관리용 농자재는 한방영양제, 천연인산, 천연아미노산, 천혜상추녹즙, 목초액, 미생물 제제 등이다. 이런 농자재 제조는 농가에 따라 각기 다른 재료와 배합비, 숙성기간이 다른 것을 이용하기 때문에 품질이 일정하지 않고 제조방법 역시 경험이나 구전

[그림 3-8] 각종 농가의 영양제제 제조광경

에 의해서 사용되는 경우가 많다. 또 물과 혼합비율도 상이하다. 제조용 원료는 흑설탕, 막걸리, 소주, 청초, 쌀겨, 미생물 제제 등을 넣어 수주일 또는 수개월 간 발효시켜 사용한다. 이런 농자재를 비배뿐 아니라 병충해 방제를 목적으로 사용하기도 한다.

3. 퇴비의 검사방법

퇴비화란 유기물이 발효되어 무기화되는 과정인데, 이때 검사항목으로는 첫째, 탄질비로 30~40 사이가 좋다. 둘째, 수분함량으로 50~65%가 유지되어야 미생물 활동이 활발하다. 셋째, 산소공급으로 통기성이 좋게 하여 산소공급을 원활하게 하여야 한다. 이를 위해 반전하거나 인공적으로 공기를 불어넣는 등의 조치를 취해 준다. 넷째, 적당한 pH 6.5~8.0로 재료가 중성에 가까울 때 발효가 잘 된다. 다섯째, 온도로 45~65°C가 적당하다. 이 역시 미생물의 활력과 관계있다. 퇴비 판정(堆肥判定)은 다음의 세 가지 방법으로 검사한다.

1) 관능적 판정

관능적 판정(官能的 判定, sensory judgement)은 우선 수분이 적당한지를 검사하는데, 대체로 후숙이 끝난 퇴비는 40~50%의 수분을 함유하는 것이 좋다. 그리고 관능검사를 실시할 때 첫째는 발효가 끝난 퇴비의 형태를 살펴보는데, 가장 좋은 원래의 재료를 구분하지 못할 정도로 부숙된 것이 좋다. 둘째는 색깔에 의한 판정인데, 검은색을 내는 것이 일반적이다. 셋째는 냄새이다. 각 재료에 따라 고유한 냄새가 있는데, 어떤 것이든 역한 냄새가 나지 않으며 가축분뇨는 악취가 거의 나지 않는 것이 좋다.

2) 화학적 판정

화학적 판정(化學的 判定, chemical judgement)에는 탄질비 검사, pH 검사 등이 있다.

(1) 탄질비 검사

유기물이 분해되면 최종적으로 탄산가스와 물로 분해되고 그 과정에서 탄소는 감소하는 반면 질소는 증가한다. 따라서 질소와 탄소를 정량하여 그 비율을 보고 판정한다. 완숙된 퇴비는 탄질비가 20~30 정도이다.

(2) pH 검사

산도를 조사하여 그 수치로 퇴비의 질을 판정하는 것으로 pH 6~8 정도가 좋다.

(3) 기타

질산태질소 측정, 온도 측정을 하여 양부를 결정한다.

3) 생물학적 방법

생물학적 방법(生物學的 方法, biological method)은 부숙이 완료된 시료에 지렁이, 식물종자 발아, 유식물 재배(幼植物 栽培, young plant cultivation) 등을 통하여 그 질을 판정하는 것이다.

(1) 지렁이법(earthworm method)

지렁이는 부식이 많고 산도가 중성에 가까운 곳에 살기 때문에 이러한 성질을 이용하여 퇴비의 양부를 판단한다. 예를 들면 재료에 지렁이를 넣어 그 행동, 즉 기피 여부를 보고 양부를 판단하는 방법이다(농과원, 1999).

〈표 3-22〉 퇴비의 부숙도(腐熟度, decomposed degree) 종합판정(농과원, 1999)

구 분	판정기준
색	황~황갈색(2), 갈색(5), 흑갈색~흑색(10)
형상	형상 유지(2), 상당히 붕괴(5), 거의 형상 없음(10)
냄새	강함(2), 약함(5), 거의 없음(10)
수분	손에 물기가 스며 나옴(2), 물기 약간(5), 물기 못 느낌(10)
퇴적 중 최고온도	50°C 이하(2), 50~60°C(5), 60~70°C(15), 70°C 이상(20) 추천 1주 이상 일정 온도 유지
퇴적기간	농산부산물 : 20일 이내(2), 20일~3개월(10), 3개월 이상(30) 임산부산물 : 20일 이내(2), 20일~6개월(10), 6개월 이상(30)
뒤집기 횟수	2회 이하(2), 3~6회(5), 7회 이상(10)
강제 통기	없음(0), 있음(10)
판정	미숙퇴비 : 30점 이하, 중간퇴비 : 31~80점, 완숙퇴비 : 80점 이상

(2) 발아시험법

부숙이 끝난 퇴비의 용액에 종자를 담가 발아력을 보고 양부를 판정한다.

(3) 유식물 시험법

유해물질에 민감한 어린 묘를 실험퇴비에 이식하여 그 양부를 판정하는 방법이다.

3.4 미생물의 활용

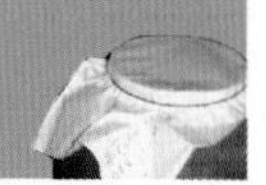

1. 토양미생물의 종류, 작용, 활용

토양에는 토양입자뿐 아니라 유기물, 식물체의 뿌리와 각종 미생물(微生物,

microorganism), 기타 생물이 혼합해서 살고 있는 아주 복잡한 구조로 되어 있다. 그리고 미생물을 포함한 여러 가지 동물이 살고 있는데, 예를 들어 $1m^2$ 안에는 유각 아메바가 1억~5억 마리, 선충류는 180만~1억 2,000마리가 살고 있고, 그 밖에 곰벌레류, 지렁이, 응애, 거미, 딱정벌레 등 많은 생물이 서식하고 있다.

이들은 식물연쇄(食物連鎖, food chain)를 통해서 생태적 균형을 유지하고 있는데, 예를 들어 양이 많고 거친 유기물은 덩치가 큰 토양생물이, 작은 덩어리는 미생물이 분해하여 토양 내 영양소로 변화시키고, 이 영양소는 다시 작물이 이용하고 있다. 미생물도 토양생물로 분류했을 때 가장 작은 것은 박테리아(세균)이고 가장 큰 것은 지렁이이다. 미생물은 크게 조류, 균류, 방사선균으로 나눌 수 있다.

1) 세균류

세균(細菌, bacteria)은 토양미생물 중에서 가장 작고 종류가 많으며 물질분해에 중요한 역할을 한다. 그 종류는 모양이 둥근 구균, 막대기 형태의 간균, 꼬아진 형태의 나선균으로 나누고, 각각의 형태에 속하는 것으로 분류하면 그 가짓수는 헤아릴 수 없을 정도로 많다. 이들의 생리를 보면 공기를 좋아하는 호기성 세균이 있는가 하면, 공기가 적은 조건에서 자라는 혐기성 세균, 조건에 따라서 호기성을 좋아하는 조건호기성 세균, 거의 산소가 없는 조건에서 자라는 절대혐기성 세균이 있다. 이들은 토양 중에 있는 유기물을 분해하면서 이산화탄소나 메탄가스를 발생하여 지구온난화(地球溫暖化, global warming)에 기여하기도 한다. 또한 탈질작용

〈표 3-23〉 세균류의 특징(신영오, 1998)

종 류	생장조건	특성 및 역할
구균류 간균류 나선균류	· 중온성 · 강산성, 강알칼리성에 취약	· 크기는 제일 작지만 가장 높은 밀도를 나타냄 · 급속한 번식과 생장 가능 · 유기물을 빠른 속도로 분해 · 호기성, 혐기성, 조건적 호기성 세균으로 분류 · 일산화탄소를 산화하여 이산화탄소로 배출 · 수소와 결합하여 메탄가스 생성 · 질소고정세균 존재

〈표 3-24〉 영양학적인 토양세균의 분류(신영오, 1998)

영양조건	에너지원	탄소원	토양세균	특성 및 역할
광독립영양세균	태양광선	CO_2	녹색황세균, 홍색황세균	식물, 조류
광종속영양세균	태양광선	유기물	무황홍색세균	-
화학독립영양세균	무기화합물의 산화	CO_2	질산화세균류, 황산화세균류	탈질소화반응 수행 (질소고정)
화학종속영양세균	유기물의 산화	유기물	대부분의 세균류	균류, 방사선균류, 원생동물, 동물

(脫窒作用, denitrification), 질소고정작용을 하여 토양의 질소경제에 기여한다.

한편 영양원의 이용상태에 따라 네 가지의 토양세균으로 분리하기도 하는데, 그 자세한 내용은 〈표 3-24〉에서 보는 바와 같다.

2) 균류

균류(菌類, fungi)의 개체수는 세균보다 적으나 생물량(生物量, biomass) 면에서는 가장 많다. 이들은 서로 엉키면서 균사를 뻗고 또한 길게 확장하여 그 길이가 1km 이상 되는 것도 있다. 무성생식 및 유성생식하는 특징을 가지고 있고, 이

〈표 3-25〉 균류의 여러 특징

종 류	생장조건	특성 및 역할
버섯 곰팡이 효모균	· 여러 생육조건에서 생장 가능 · 토양, 산도, 영양소, 수분, 온도 등에 따라 생장 속도가 다름 · 유기물 존재하 에서만 생존 가능 · 광범위한 토양 산도에서 생장 가능 · 호기성(산소 공급이 필수) · 주로 중온성(고온성, 저온성 균류도 존재)	· 가장 많은 생물량(biomass)를 가짐 · 유성생식, 무성생식을 함 · 무성생식이 주를 이룸 · 포자 형성 · 기생균, 부생균, 공생균 · 선충류와 원생동물의 밀도조절 역할 · 병원체로 작용하는 균류 존재 · 햇빛과 무기물을 필요로 하지 않음 · 여러 유기물을 골고루 이용 (기생균, 부생균, 공생균)

에 속하는 것으로 주위에서 흔히 볼 수 있는 버섯, 곰팡이, 효모균이 있다.

균류는 온도적응성에 따라 중온성, 고온성, 저온성으로 나눌 수 있으며, 중온성이 대종을 이룬다. 종류에 따라서 기생하는 것, 사체를 이용하는 것, 숙주와 공생하는 것으로 나눌 수 있는데, 이 중 가장 주목을 받는 것은 균근(菌根, mycorrhiza)이다. 이들은 다른 토양미생물과 마찬가지로 당류, 아미노산류, 섬유소 등을 이용하며 이런 과정에서 유기물을 분해한다. 이들 중 어떤 것은 병원체가 되어 식물과 동물을 위협한다.

3) 방사선균

방사선균(放射線菌, actinomycetes)은 균사가 퍼지는 모습이 사방으로 퍼진다는 의미에서 붙여진 이름이며, 균류와 유사한 모습을 하고 있다. 이들 역시 퇴비장에서부터 호수바닥, 가축, 식물에 기생하여 병을 유발하기도 한다. 약산성이나 알칼리성에서 잘 자라고 중온성이며, 성장이 약해 경쟁력은 다른 미생물에 비해 떨어진다. 이들은 유독물질을 함유하고 있으며, 이의 성질을 역으로 이용하여 여러 가지 항생물질을 만들어 인축의 질병을 치료하는 데 이용하고 있다. 대표적인 것으로 상처가 생겼을 때 이용하는 네오마이신, 테라마이신, 아우레오마이신, 스

〈표 3-26〉 방사선균의 특징

종 류	생장조건	특성 및 역할
Streptomyces *Micromonospora* *Thermoactinomyces* *Frankia*	· 낮은 pH에 생장 불리 · 최적 pH : 6.5~8.0 · 유기물이 풍부할수록 번성 · 호기성 · 수분 부족에 내성 강함(사막에 번식 가능) · 중온성	· 균류와 세균의 중간 형태 · 항세균제에 무력함 · 종속영양생물(부생생물 : 썩은 유기물 이용) · 생장이 다른 미생물에 비해 느림 · 유독물질 생성 · 항생물질 생성 · 세균류와 균류의 밀도 조절 · 타 미생물이 분해하기 힘든 유기물 이용가능 · 키틴을 잘 이용

트렙토마이신이 있다.

4) 조류

주위에서 흔히 볼 수 있는 조류(藻類, algae)는 이끼이다. 조류의 '조(藻)'는 바닷말이란 뜻으로 수생의 녹조식물을 의미한다. 이들은 영양원이라고는 거의 없는 바위 표면에서 자라는 것을 볼 수 있는데, 그 이유는 엽록소를 가지고 있기 때문이다.

종류로는 녹조류, 규조류, 남조류, 황록조류 등이 있다. 적당한 수분과 햇빛이 있고 여기에 질산염, 칼륨, 각종 염류 등의 영양분이 있으면 잘 자란다. 이 미생물은 여러 토양미생물에 의해 이용되는데, 세균, 균류, 원생동물, 기타 선충류가 주 섭식자이다. 이들은 독립영양생물로 토양 생성에 관여하고 토양구조의 향상에 도움을 주며, 특히 동남아 권에서는 벼에 질소를 공급하기 위하여 번식시켜 이용하기도 한다.

〈표 3-27〉 조류의 특징

종 류	생장조건	포식자	특성 및 역할
규조류 남조류 황녹조류	· 적당한 수분과 햇빛 · 영양분(질산염, 칼륨, 인산염, 황산염 등)	· 세균 · 균류 · 원생동물 · 선충류 · 흰개미류 등	· 독립영양생물 · 토양 생성에 관여(풍화작용) · 토양구조 향상 · 벼의 생장을 도움 · 일부는 질소를 고정함 (종류에 따라 2~114% 수량 증가) · 농약에 취약함 · 지의류

2. 토양미생물의 상호작용

토양에는 육안으로 볼 수 없는 수많은 토양미생물과 생물들이 공존하고 있고 이들은 서로 관계를 맺으면서 생존과 사멸을 계속하고 있다. 이러한 관계는 크게 세 부분으로 분류할 수 있는데, 첫째는 중립작용(中立作用, neutralism)이다. 이것은 상호존재가 그들의 생존과 번식에 아무런 영향을 주지 않은 경우이다. 둘째는 상호이익의 관계이다. 여기에 속하는 것으로는 편리공생(便利共生, commensalism), 원시협동(原始協同, protocooperation), 공생(共生, symbiosis) 등이 있다. 셋째는 상호 또는 상대편이 피해를 입는 관계이다. 경쟁(競爭, competition), 편해작용(遍害作用, amensalism), 포식(捕食, predation) 등이 있다.

토양 내부에서는 이러한 작용이 끊임없이 계속되고 있기 때문에 새로 개발된 미생물 제제라 할지라도 곧 효력을 발휘하지 못하거나 또는 수년 이내에 그 효과가 반감되는 경우를 흔히 본다. 따라서 미생물 제제를 이용할 때는 신중을 기하여야 한다.

〈표 3-28〉 토양에서 생물의 상호작용(손보균, 2003)

작 용	정 의
상호부조 mutualism	두 방향이 모두 혜택을 얻음
원시협동관계 (protocooperation)	두 생물이 공존하여 단독으로 할 수 없는 기능을 발휘하여 정상적 생육
생육불편관계 (neutralism)	서로 영향을 받지 않음
편리공생관계 (commensalism)	상호 유리한 작용을 하지 않고 어느 한쪽에만 유리하게 작용
길항관계 (antagonism)	한쪽 또는 두 생물 간에 길항관계
경쟁관계 (competition)	영양 및 생활공간의 다툼으로 서로 불리한 영향을 받음
편해공생관계 (amensalism)	한편에 대하여 다른 편은 유해하지만 역으로는 영향이 없는 관계
포식관계 (predation)	하나의 생물이 다른 생물에 의해서 섭취되는 관계
기생관계 (parasitism)	생물이 양분을 다른 생물의 살아 있는 조직으로부터 획득하는 관계
상승작용 (synergism)	두 생물이 연합함으로써 개개의 활성보다 능가되는 것

3. 토양미생물의 활용

첫째는 작물보호를 위해 사용되는데, 이는 길항, 항생 및 경합작용을 이용한 것이며 이때 얻을 수 있는 효과는 ① 병원감원염 감소, ② 작물표면 보호, ③ 저항성 증가 등이다. 둘째는 작물생산을 향상시키기 위한 목적으로 사용하는데, 이때 사용하는 균은 질소고정균과 근균류인 마이코리자(mycorrhiza)가 있다. 마지막으로 환경정화를 위해서 사용하는데, 적용 분야로는 ① 수질정화, ② 가축배설

〈표 3-29〉 국내에서 이용되는 미생물 제제의 미생물적 분류

균 명	속명	균명	속명
세균	*Acetpbacter*	세균	*Rhodobacter*
	Actinomycetes		*Rhodobacter*
	Actinomyces		*Rhodopseudomonas*
	Anterobacter		*Rhodopseudomonas*
	Azotobacter		*Sphingomonas*
	Bacillus		*Staphylococcus*
	Brevibacillus		*Staphylococcus*
	Brevundimonas		*Streptomyces*
	Burkholderia		*Streptomyces*
	Cellulomonas		*Streptomyces*
	Cellulomonas		*Streptomyces*
	Cellulomonas		*Streptromyces*
	Chryseobacterium		*Streptomyces*
	Clostridium		*Streptomyces*
	Gluconacetobacter		*Strepromyces*
	Lactobacillus		*Zoogloea*
	Nocardiopsis i	곰팡이	*Ampelomyces*
	Pichia		*Aspergillus*
	Pseudomonas		*Candida*
	Pseudomonas		*Trichoderma*
	Pseudomonas	효모	*Saccharomyces*
	Pseudomonas		

물 처리, ③ 토양오염 복원 등이다.

유기농업에 이용되는 미생물은 그 종류가 대단히 많다. 진흥청 보고에 의하면 미생물 제제를 판매하는 회사는 무려 100개 이상 되며, 이들이 제제에 이용, 판매하는 제품은 수백 가지에 이른다. 자세한 내용은 진흥청 홈페이지의 게시물을 참조하기 바란다. 이 중 우리나라에서 판매되는 미생물 제제 중 가장 많이 사용하는 균은 바실러스 서브틸리스(*Bacillus subtilis*)가 51개로 가장 많았으며, 다음으로 바실러스 spp.(*Bacillus* spp.), 슈도모나스 퍼티다(*Pseudomonas putida*), 락토바실러스 spp.(*Lactobacillus* spp.) 등이 사용된다. 이들 균은 경우에 따라 한 종 또는 수종을 혼합한 제품을 판매하기도 한다. 그러나 농가의 입장에서는 어느 것을 사용하는 것이 좋을지 판단하기 어렵다.

이들의 효과를 입증하기 위해서는 실험을 통하여 검증하여야 하나 지역이나 재배작목에 따라 그 시용효과가 달라지기 때문에 효과성 검증이 그리 쉬운 문제가 아니다.

4. 유기농업에서 많이 쓰는 미생물 제제

미생물은 물질을 분해시키는 최종 분해역할을 하며, 따라서 건전한 토양생태계의 유지 및 물질의 분해를 위해서 중요한 역할을 한다. 미생물의 분해역할의 가시적인 효과는 발효에서 볼 수 있고 퇴비의 부숙에는 미생물의 분해작용이 필

〈표 3-30〉 주요 미생물 비료의 종류 및 효능

균의 종류	역사	효과	방법	실험결과
인산가용화균	1950년대 러시아, 동유럽	환경오염 경감, 지력저하 경감, 노동력 절감	가용화균+쌀겨 등과 혼합하여 시용	당도 증가, 녹색도 증가
유산균	1857년 '파스퇴르'에 의해서 처음으로 발견됨	장내미생물 안정화, 내병성증진, 작물방어능력향상	양액+유산균 250, 500배액	근중, 식물체중 증가, 발근 촉진, 과채류 저장성 향상
광합성균	-	토양화학성 개선, 아미노산 보강 저장, 선도 유지	엽면 살포	비타민 함량 증가, 당도 증가, 사상균 억제

수적이다. 미생물의 이용은 여기에 그치지 않고 각종 항생제도 미생물을 이용하여 제조하며, 페니실린이 가장 대표적인 예이다.

유기농업의 현장에서는 소위 미생물 비료란 이름으로 각종 제제가 개발 · 판매되고 있다. 어떤 것은 가격에 비하여 효과가 미미한 것도 있다. 제조자의 선전보다는 실제로 사용한 농가의 실증시험 결과를 이용하는 것이 좋을 것이다. 많이 거론되는 것은 인산가용화균, 유산균, 광합성 세균 정도이다.

참고문헌

- 농과원(1999). 『친환경농업을 위한 가축분뇨 퇴비, 액비 제조와 이용』. 농진청.
- 농기연(1992). 『토양총설』. 농촌진흥청.
- 류수노(2002). 『친환경농업』. 한국방송통신대학교출판부.
- 문원(2005). 『유기농업』. 한국방송통신대학교출판부.
- 손보균(2003). 토양과 미생물. 환경농업총람』. 농경과 원예.
- 신영오(1998). 『토양생태계와 토양자원』. 한림저널사.
- 윤성희(2005). 『유기농업 자재의 이론과 실제』. 흙살림 연구소.
- 이근태(2002). 『유기농업과 퇴비』. 흙살림.
- 이상범(2005). 「지역특성과 유기질 비료」. 세미나 자료.
- 정진영(2002). 「친환경농업과 생명 · 환경교육」. 한국방송통신대학교 평생교육원.
- 西尾道德(1997). 『有機栽培の基礎和識』. 農文協.
- 松澤義郎(1984). 「施設栽培における青刈作物の導入カッ土壤環境なら 野菜生産にぼす影響」, 『茨城園試報』 12:37~ .
- 中野政詩 · 宮崎毅 · 松本聰 · 小柳津廣志 · 八木久義(1997). 『土壤圈の科學』. 朝倉書店.

제 4 장

시설 및 노지원예

4.1 토양관리 및 자연자재

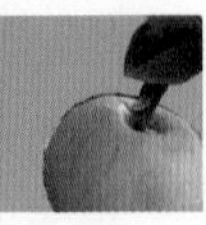

성공적인 유기농업을 위한 요인은 크게 토양관리, 병충해 방제, 수확물의 판매로 요약된다. 세 요소 중 토양관리와 병충해 방제는 서로 밀접한 관계가 있다. 흔히 '건강한 신체에 건강한 정신이 깃든다' 라는 말처럼 유기농업에서는 건강한 토양에 건강한 식물체가 육성될 수 있다고 믿는다.

토양이 건강하다는 것은 무엇을 말하는가? 그것은 토양을 구성하는 특질이 조화롭게 균형을 이루고 있다는 것을 의미하고, 여기서 토양특질(土壤特質, soil properties)이란 생물학적 · 화학적 · 물리적 특질을 뜻한다. 생물학적 특징은 식물 간의 상호작용, 토양동물 및 토양미생물 간의 활동을 포함하고 있다. 토양미생물은 약 1,000여 종에 달하고, 1g의 토양에 약 3만~4만 마리의 세균이 있으며 비옥한 토양 1에이커에는 세균의 양이 약 600파운드에 달한다고 한다. 화학적 특질은 토양비옥도와 관련이 있으며, 이것은 영양소 이용 가능성, 유기물 함량, 산도가 관련된다. 토양의 물리적 특성은 토양구조나 짜임새와 관련이 있다.

토양의 생명력은 물리적 · 화학적 특성이 결합되어 나타난다. 예를 들면 진균류나 박테리아는 유기물 내에 있는 모든 영양소를 무기물 형태로 전변시켜 식물이 이용할 수 있도록 한다. 토양유기물을 구성하는 복잡한 탄소화합물을 분해시킬 때 토양생물체는 에너지를 필요로 하게 된다. 한편 진균의 균사나 미생물적인 결속물질이 작은 토양입자와 유기물이 결속하여 토양구조를 개선시킬 토양세립(土壤細粒, soil crumbs)을 만든다. 토양구조가 양호한 토양은 경운 시 에너지 소모가 적고, 수분유입이 용이하며 뿌리의 성장을 도울 뿐 아니라 토양동물의 다양성을 촉진한다. 토양의 생산성은 작물수량으로 표시되며, 이것은 토양구조의 기능, 비옥도, 밀도, 품종조성, 토양생물의 활동성에 기인한다.

화학비료나 농약을 사용할 수 없는 유기농업에서는 식물이 잘 생육할 수 있는 조건으로 토양구조를 만들어 건전하게 생육하고 이를 기초로 각종 병충해에도 잘 견딜 수 있도록 하는 것이 요점이다.

우리나라에서 많이 사용하는 자재는 앞 장에서 설명한 바와 같다. 대체로 각종 유박류(油粕類, oil meal)와 미생물 제제를 넣어 발효시킨 재료 또는 키토산 등을 많이 사용하고 있으나 물질순환이라는 측면에서 가축의 퇴구비(堆廐肥, stable

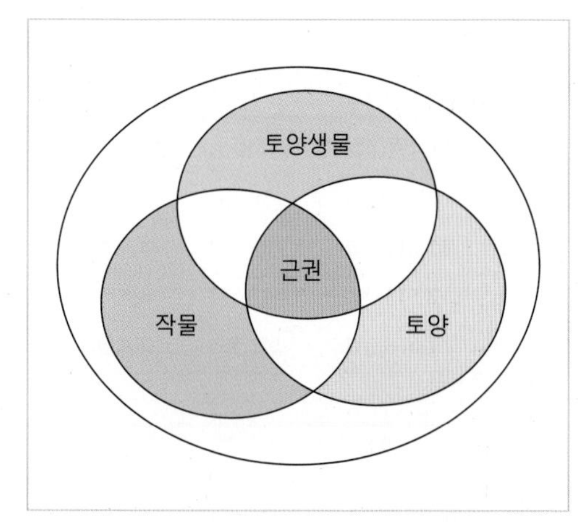

[그림 4-1] 근권과 작물, 토양, 토양생물과의 관계

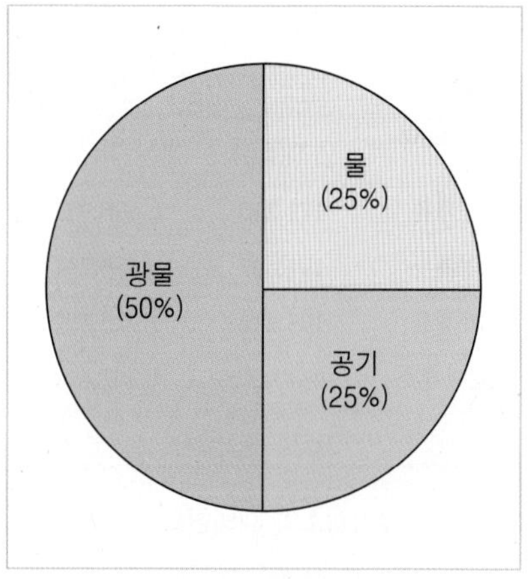

[그림 4-2] 토양의 3상비

manure)를 사용하여 비옥도를 높이는 것이 필요하다. 흔히 유기농가에서 많이 시용하는 깻묵도 유기적으로 재배된 것을 원료로 한 것이라 단정할 수 없고, 그 종자도 유전자변형작물(遺傳子變形作物, GMO)이 아닌 순수 재래종이라는 보증도 할 수 없기 때문에 유기농자재를 사용할 때는 특별한 주의가 필요하다.

1. 우리나라의 시설 및 노지원예

쌀이 식단의 중심이 되고 원예작물인 야채나 과일은 부식(副食, side dish)으로 취급되는 것이 일반적이나 전체 유기농산물 생산에서 원예작물이 차지하는 비율은 비교적 높다. 전체 농경지 중 곡류 생산지는 차츰 감소하여 현재 약 100ha의 논은 장차 약 70만ha 정도로 감소할 것으로 추정하고 있다. 채소재배 면적도 64만ha(1980년)에서 29만ha(2004년)로 감소하였고 그 생산량도 면적감소와 함께 반감되었으나 농업 전체에서 차지하는 비율은 점차 증가하는 추세에 있다.

2006년 통계에 의하면 농업 전체 총생산액 중 원예가 차지하는 비율은 약 32%이며, 이를 작목별로 나누면 채소 65%, 화훼 9%, 과수 26%이다(문원 등, 2002). 한편 1999～2003년의 연평균 농업생산액을 보면 축산과 채소가 2.02%, 1.51%를 기록하였으며, 현재는 성장률이 정체되고 있다.

이러한 통계수치는 원예작물 중 채소가 가장 중요하다는 것을 암시한다. 연

〈표 4-1〉 연도별 채소의 재배면적 및 생산량

채소종류	1980		1990		2004	
	면적(ha)	생산량(ton)	면적(ha)	생산량(ton)	면적(ha)	생산량(ton)
근채류	171,210	6,608,987	129,779	5,776,524	38,469	1,789,907
엽채류	197,697	10,453,791	186,141	11,211,991	63,773	3,462,877
과채류	103,246	1,925,309	108,450	2,513,030	57,673	2,375,692
조미채소	331,907	1,287,419	203,244	1,678,641	141,584	2,433,947

〈표 4-2〉 유기채소의 재배현황

채소의 분류	면적(ha)	종 류
과채류	4,217	딸기, 방울토마토, 애호박, 토마토, 참외, 수박
엽채류	714	상추, 두릅, 배추
근채류	967	무, 더덕, 감자
기 타	468	건고추, 고구마

도별 채소재배면적 및 생산량의 추이는 〈표 4-1〉에서 보는 바와 같다.

유기채소재배면적으로 볼 때 딸기, 방울토마토를 비롯한 애호박 등의 과채류(果菜類, fruit vegetables)가 4,217ha로 가장 많고, 상추를 비롯한 쌈채소는 714ha, 근채류는 967ha이다. 따라서 과채류가 가장 중요한 유기채소작물임을 알 수 있다. 무농약을 포함한 유기농산물 중 그 생산량이 가장 많은 분야는 과수와 채소로 전체 생산량의 절반 이상을 차지하고 있는 실정이다. 따라서 원예작물이 유기농업에서 차지하는 비율이 높고 이러한 추세는 앞으로도 계속될 것으로 보고 있다(〈표 4-2〉참조).

2. 시설 및 노지원예의 토양관리방법

시설채소는 매년 같은 방식으로 재배하면서 많은 양의 유기질비료를 투입함으로써 여러 가지 문제를 야기시킨다. 일본의 니시오(西尾道德, 1997)는 이러한 문제로 첫째, 과잉시비에 의한 토양양분의 축적, 둘째, 토양 pH 변화와 아질산가스의 발생, 셋째, 과잉시비에 따른 병해의 심화 등을 들고 있다. 토양이 교환성 양이온을 보존할 수 있는 용량(양이온 교환용량, CEC)에 차지하는 염기(鹽基, cation, 나트륨, 칼륨, 마그네슘 등 물에 녹아 알칼리성이 되는 양이온 등)의 비율을 염기포화도라 부른다[이 경우는 나트륨을 제하고 남은 3종의 교환성 양이온이 염기치환용량(鹽基置換容量, CEC)에 차지하는 비율].

[그림 4-3]을 보면 목표로 하고 있는 염기포화도는 60~90%이며 이에 해당하는 것은 1958년에는 10% 미만이었으나 계속적인 시비를 한 결과 1983년에는 100% 이상 초과되는 토양이 20% 이상 증가하였다. 이와 같이 계속적인 시비는 토양에 지나친 양분축적을 심화시켜 작물의 정상적인 성장을 방해하고 동시에 여러 가지 장해를 일으키게 된다.

일본과 유사한 재배방식을 택하는 우리나라도 이와 유사한 환경에 놓여 있

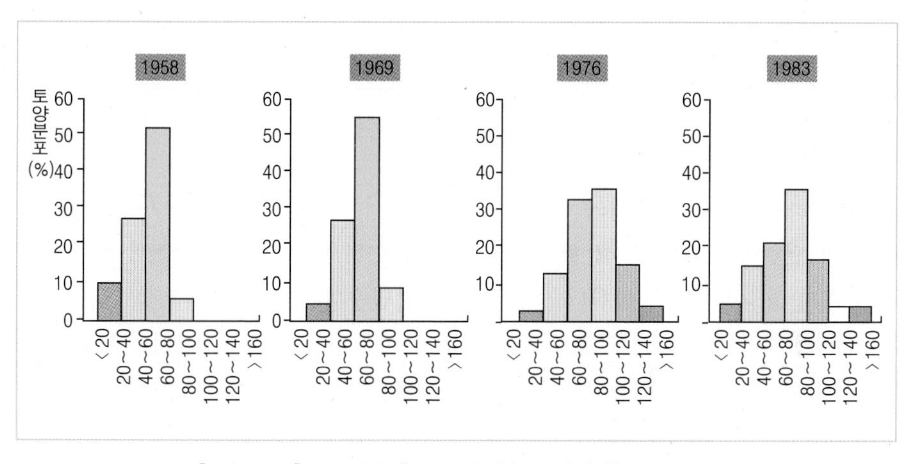

[그림 4-3] 가나가와 현 노지야채전의 토양양분상태 추이

〈표 4-3〉 시설 및 노지채소 토양의 화학성 비교(문원, 2005)

피복 조건	조사 점수	pH(H_2O)	EC (mS/cm)	치환성 염기(mg/100g)			CEC (me/100g)	염기포화도 (%)	P(mg P_2O_5/100g)
				K_2O	MgO	CaO			
하우스	140	6.2 (10.9)	0.74 (69.6)	97.6 (52.5)	116.2 (46.9)	485.0 (46.9)	23.7 (29.0)	109.6 (32.4)	182 (56.0)
노지	118	6.2 (11.6)	0.17 (76.8)	47.1 (52.1)	385.0 (44.7)	385.0 (44.7)	20.4 (28.2)	84.4 (35.8)	84 (72.0)

다. 그 결과는 〈표 4-3〉과 같다.

시설유기농가의 문제점은 일본의 예와 유사하며 손상목(2007)은 첫째, 유기 채소 중의 질산염 축적, 둘째, 염류집적에 의한 토양오염, 셋째, 질산염 및 인의 유실로 인한 지하수 및 지표수 오염 등을 들고 있다. 따라서 이와 같은 현실을 타개할 수 있는 방법을 모색하는 것이 한국 시설유기농업의 당면과제라 할 수 있다.

1) 시설재배 토양의 특성

시설재배(施設栽培, protected cultivation)란 밭 또는 답리작 재배 시 비닐하우스와 같은 시설물을 설치하여 작물을 재배하는 것을 말한다. 밭의 시설물은 일년 내내, 답리작은 겨울에만 비닐하우스 등을 설치하고 여기에 각종 원예작물을 재배하는 것을 말한다. 전작 하우스 재배인 경우에는 계속해서 같은 장소에서 동일한 작물을 재배하기 때문에 여러 가지 문제가 발생하게 되는데, 시설재배지 토양의 특성은 아래에서 설명하는 바와 같다.

(1) 염류의 과잉집적

비닐하우스는 시설재배의 상징인데, 이곳에서는 상당 기간 강우가 차단된 채 다비 및 단일품목 재배를 해 왔기 때문에 미흡수된 비료성분은 표층에 집적되어 여러 가지 성장장애를 유발한다. 특히 시설설치년수와 염류농도(鹽類濃度, salinity)는 깊은 상관관계가 있는 것으로 보고되었다. 이러한 사실은 앞 절에서도 언급하였고 그 장해는 병해발생과 생육부진으로 이어진다. 즉 감자의 더뎅이병, 토마토

[그림 4-4] 비닐하우스 재배

〈표 4-4〉 염류장해 발생지의 염류집적 및 기타 사항

염의 종류	건전토양에 대한 백분율(약)	인체 피해	식물체 염류장해현상
질산태	600	청색증, 발암물질	① 아랫잎부터 고사 ② 농녹색 ③ 잎 가장자리부터 말림 ④ 잎끝이 타면서 고사
칼 륨	220	-	
칼 슘	450	-	
마그네슘	260	-	
나트륨	310	-	
염 소	250	-	

의 풋마름병, 담배의 뿌리썩음병 등이 염류 과잉집적에 의한 병해이다. 이런 염류집적의 원인은 비료의 과다사용, 강우차단(시설재배조건) 등이라고 본다.

염(鹽, salts)은 산의 수소이온을 금속이온 또는 금속성 이온으로 치환한 화합물을 말하는데, 보통 염류(鹽類, salts)란 용어를 많이 사용한다. 염류는 음이온과 양이온이 있는데, 이 중 문제가 되는 것은 질산, 염소, 황산이다. 특히 시설토양에서는 질산과 칼슘의 농도가 높아 문제점으로 대두되고 있다(문원, 2005). 염류집적이 문제되는 재배지의 각종 염류집적비율 및 식물체 장해현상이 〈표 4-4〉에 제시되어 있다.

물론 이러한 염류장해(鹽類障害, salt injury)는 한 가지 염에 의한 것이라기보다 다수의 염이 작용하여 발생하는데, 이 중에서 가장 큰 문제점으로 대두되고 있는 것은 질산태질소에 의한 것이다.

이러한 질산태질소(窒酸態窒素, nitrate nitrogen)의 위험성을 지적한 국내의 연구는 손상목(1995, 1996)에 의해 제시된 바 있다. 그의 연구에 의하면 외국의 가이드 라인인 3,000~4,500ppm에 접근하고 있다고 한다.

(2) 토양산도의 저하

화학비료를 사용하면 용해되어 양이온과 음이온이 발생한다. 흔히 많이 사용하는 요소는 암모니아이온(NH_4^+)과 황산이온(SO_4^{2-})을 생성한다. 이때 산도는 중성이나 암모니아 질화세균과 아질산 산화세균에 의해 암모니아이온이 토양 중에서 질산이온으로 변한다. 양이온이 음이온으로 변하기 위해서는 전기적으로 중성을 유지해야 하는데, 토양이나 뿌리에서 플러스 수소이온(H^+)이 방출되어 산성토양(酸性土壤, acid soil)이 된다.

작물은 토양산도(土壤酸度, soil acidity)가 중성인 부근에서 잘 생육하게 되는데, 산성토양이 되면 염류가 불균일하게 방출되어 토양 중의 양분이 불균형한 상태가 된다. 이것은 토양미생물의 활성을 억제하는 결과를 초래하여 작물의 성장 장애, 이에 따른 각종 병충해 침입을 유발할 수 있다.

(3) 토양통기 및 배수불량

농업기술연구소의 보고(1992)에 의하면 우리나라 논토양 중 11만ha가 배수(排水, drainage)가 불량한 것으로 나타났고, 이는 전체 논토양의 약 13.4%에 해당한다. 한편 밭은 12만ha 정도가 중점토(重粘土, heavy soil)로, 이는 전체 밭토양의 24%를 차지한다. 즉, 태생적으로 상당 부분의 작토가 배수불량일 가능성이 있다는 것을 암시한다.

시설재배지의 토양은 좁은 면적에 많은 사람들의 왕래로 인한 답압과 생육촉진을 위한 관개(灌漑, irrigation)로 자연히 습하게 되고 통기 또한 불량하게 된다. 답압에 의한 토양공극(孔隙, pore space)의 감소와 과습에서 야기되는 토양 내 공기유동의 불량은 산소공급 억제와 밀접한 관계가 있다. 즉, 토양 내 산소가 부족하게 되면 유기물의 분해가 지연되고, 이는 이를 돕는 미생물의 활동이 감소됨을 의미한다. 그 결과 유기물이나 토양양분의 분해로부터 생기는 양분의 공급과 흡수가 억제된다.

(4) 연작에 의한 장해 유발

시설재배 시 문제가 되는 것은 단일작물의 연작(連作, sequential cropping)이다. 이로 인해 병충해의 발생이 야기되고 그 결과 수량 및 품질이 저하된다. 그 원인으로는 토양전염성 균 및 선충(線蟲, nematode)의 번성, 유해물질의 분비, 특수성분의 결핍, 토양조직의 고체화 등이다(이효원, 2004).

이를 타개하기 위한 방법으로 다양한 농자재를 사용하고 있으나 높은 투자비용으로 인한 유기농산물의 가격상승을 피할 수 없다. 김여운(2001)에 의하면 연작장해의 피해가 심한 것으로 배추의 무사마귀병, 가지의 반시들음병, 토마토의 갈색뿌리썩음병, 딸기의 뿌리썩음병이 등이 있다.

연작장해를 받기 쉬운 작물을 순서대로 나열하면, 토마토 > 딸기 > 양배추 > 무 > 수박 > 오이 > 당근 > 파세리 > 순무 > 배추 순이라고 한다(김여운, 2001).

(5) 관개에 의한 토양 및 작물 오염 가능성 상존

시설원예는 주로 대도시 주변에서 이루어지며 이때 중금속에 의한 토양오염, 오염된 지하수의 관수 및 관개(灌漑, irrigation)에 의한 작물오염의 개연성이 상존한다. 이러한 오염은 작물 자체의 생육지연은 물론 농작물을 섭취한 소비자의 건강도 해칠 우려가 있다. 따라서 매년 농업기술센터에 토양시료를 분석하여 오염 여부를 판정받는 것이 필요하다. 지역에 따라서는 중금속 오염이 심각한 경우도 있다.

2) 유기시설채소 재배를 위한 토양대책

(1) 채소재배지의 윤작체계 활용

연작 시 발생되는 문제점을 타개하기 위한 방법으로 과량의 농업자재를 사용하고 있으나 높은 투자비용으로 인한 유기농산물 가격 상승이 문제점으로 대두되었다. 노지나 비닐하우스에서 채소재배 시의 윤작체계에 대한 연구가 이루어져야 할 것이다.

일례로 부분적으로 윤작을 실시하고 있는 일본 지바 현 히사시구요이오(保吉男) 씨의 윤작을 들 수 있다. 그는 총 2.75ha의 밭에서 수박, 고구마, 생강, 토란, 우엉, 땅콩, 당근, 보리를, 그리고 하우스 0.2ha로는 토양의 특성을 고려한 재배체계를 갖고 있는데, 첫째, 연작은 원칙적으로 하지 않고, 둘째, 특히 연작장해가 발생하기 쉬운 감자와 우엉은 7년 정도의 간격을 두며, 셋째, 당근의 전작으로 파를 재배하면 당근의 표피가 좋아지며, 넷째, 땅콩과 고구마를 연결하여 상호간의 병해 발생을 막고, 다섯째, 땅콩과 고구마 재배 후에는 우엉을 재배하지 않는데, 이렇게 하면 기형의 우엉, 고구마의 잎마름병이 방제가 되며, 여섯째, 적당히 수수를 재배하고 이것을 녹비로 이용하면 유기물 공급 및 다음 파종시간을 조절할 수 있었다. 이렇게 하였을 때 대부분의 작물은 이 지역의 평균수량 이상을 나타내었으며, 특히 생강, 우엉, 당근은 장해가 나타나지 않고 수량도 안정되었다고 한다.

야채재배지인 지바 현의 작목 및 경영변화는 [그림 4-5]에서 보는 바와 같다.

그러나 우리나라에서 3~4년 간격으로 윤작을 실시하는 사례는 거의 없고 다만 기간작물(基幹作物, main crops)과 부작물 중심의 작부체계를 이용하며, 농가만이 단기윤작작물을 재배하고 있을 뿐이다. 이러한 작부체계에서는 병충해의 발생이 필연적이다.

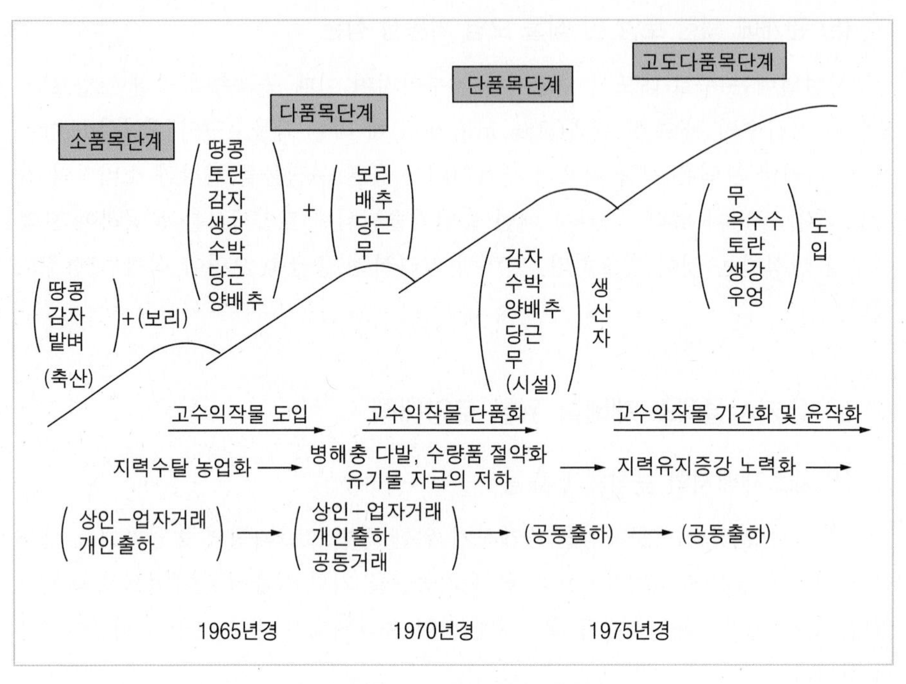

[그림 4-5] 전작 야채 경영 발전단계

〈표 4-5〉는 우리나라 원예작물 재배농가에서 흔히 볼 수 있는 병해를 요약, 정리한 것이다.

이 표는 질소과잉이 병해의 주원인이라는 것을 나타내고 있다. 즉, 유기농업이란 이름으로 퇴비 위주의 시비 결과 작물의 요구보다 많은 질소가 투입되어 질소과잉이 초래된 것임을 시사하는 조사결과이다.

우리나라 유기원예의 문제점 중 하나는 윤작을 거의 하지 않고 소위 미생물제제와 유기퇴비에 의존하고 있다는 점이다. 이러한 영농은 유기퇴비 기준에서 적절한 윤작체계에 따라야 하고 두과 및 녹비작물을 재배해야 한다는 원칙에 어긋나는 것이다. 뿐만 아니라 총합적 생물다양성(總合的 生物多樣性, integrated biodiversity)을 준수하는 농가는 거의 없다. 이러한 생태계를 만들기 위해서는 작물과 가축을 혼합한 경축순환농업, 산림까지로 포함한 이들을 유기원예 생태계 안에 넣으려는 노력도 필요하다. 현재 우리나라의 유기원예는 토양을 돌보지 않고 작물에 영양원을 공급하는 방식이다. 토양배양은 생명토(生命土, living soil)를 만드는 것을 의미한다. 작물뿐만 아니라 미생물, 토양계, 동물군이 의존하여 살

〈표 4-5〉 채소재배 시 토양환경 때문에 발생되는 병해(김여운, 2001)

작물명	병명	질소과잉	염류집적	산성토	알칼리토	관개수	수분	멀칭피복
감자	역병	○				○		
	무름병	○						
	겹둥근무늬병	○				○		
	시들음병	○				○		
	풋마름병	○						
	더뎅이병		○		○			
오이	역병	○						
	풋마름병	○						
	반점세균병		○					
	노균병		○					
	모잘록병							○
토마토	역병	○						
	시들음병	○		○	○			
	풋마름병	○	○					
	무름병							
	갈색무늬병					○		
	탄저병					○		
담배	풋마름병	○						
	무름병	○						
	허리마름병							○
	역병	○						
	뿌리썩음병		○	○	○			
딸기	시들음병	○						
양배추	시들음병	○						
가지	풋마름병	○						
무	시들음병	○						
당근	풋마름병	○						
수박	풋마름병	○						
셀러리	잎마름병	○						

작물명	병명	질소과잉	염류집적	산성토	알칼리토	관개수	수분	멀칭피복
배추	무사마귀병			○				
	모잘록병			○				
	시들음병					○		
	검은무늬병					○		
	검은빛썩음병					○		
고구마	흰빛날개무늬병						○	
콩	모잘록병			○			○	
밀	모잘록병				○			
참깨	시들음병	○						
밭벼	잎집무늬마름병					○		
	흰빛잎마름병					○		
발병도 합계		22	4	5	4	11	2	2

아가는 토양이 잘 가꾸어지고 그 토양본질이 고양되어야만 하는 것이다. 그리고 나아가서 반환법칙(返還法則, law of return)이 준수되어야 한다(Mayers, 2005). 즉, 작물이 탈취해 간 영양분은 반환되어야 하며, 이는 원칙적으로 농장 내의 것으로 충족하여야 한다. 물론 이를 통해 불충분하다면 공장형 퇴비를 제외하고 유기물질은 보충적으로 투입할 수 있다. 그러나 현재 우리나라 유기원예농가의 문제는 자급물질을 투여하지 않고 모든 것을 외부물질에 의존하는 데 있다.

(2) 청소작물의 도입

지나친 양분투입 문제를 해결하기 위해 윤작을 실시한다면 주작물인 채소의 재배면적이 감소할 수 있기 때문에 이에 대응하여 청소작물(清掃作物, cleaning crops)로 청예작물을 도입시키는 것을 제시하였다(西尾, 1997).

즉 옥수수, 수수, 보리 호밀, 연맥, 이탈리안라이그래스 등의 화본과 작물을 출수기에서 개화기까지 50~70일 정도 재배 후 예취, 절단하여 다시 토양에 환원시킨다.

〈표 4-6〉에서 보는 바와 같이 건물생산량이 많은 청예작물은 하우스 내에서 재배할 때 질소는 10a당 20kg 전후, 칼리는 40kg 정도를 흡수한다. 이에 의해 공장형 퇴비나 화학비료의 다량 시비에 의한 과잉양분을 흡수하여 토양 중 양분

〈표 4-6〉 시설재배에서 청예작물의 양분흡수(松次義郎, 1984)

수량(ton)		양분흡수량		
		질소(kg)	인산(kg)	칼리(kg)
옥수수	5~7	20~30	3~4	50~90
수 수	5~7	20~	3~5	30~70
피	5~7	10~25	1~3	30~50
연 맥	3~6	10~20	2~4	30~40
호 맥	3~4.5	10~20	2~4	30~40
이탈리안라이그래스	3~6	10~20	1~4	20~40

수준을 저하시킬 수 있다. 또 수확한 청예작물은 재배지에 그대로 투입하여 유기물 보충에 의한 토양의 물리성 개선효과도 기대할 수 있다. 그러나 이러한 실험을 장기간에 걸쳐 실시한 연구결과가 없기 때문에 채소재배지에서의 실험이 필요하다.

(3) 심경과 객토

어느 토양이든지 장기간에 걸쳐 같은 작물을 재배하게 되면 특정한 성분만을 계속적으로 흡수하기 때문에 특정성분의 과잉 또는 결핍을 초래할 수 있다. 그 결과 연작장해(連作障害, replant failure)가 유발된다. 즉, 특정성분의 결핍으로 인한 성장장애, 시비량 증가로 인한 병충해 다발과 토양산성화와 물리성의 악화가 초래된다.

이러한 장해를 막기 위하여 유기물 투입과 함께 심경과 객토가 필요하게 된다. 특히 심경은 토양입자 내 공기유통의 촉진, 토양미생물의 활동 증대, 그 결과 뿌리의 발달로 인한 토양의 물리적 성질을 개선하는 효과가 기대된다. 경운(耕耘, plowing)의 효과로 첫째, 토양의 물리성 개선, 둘째, 잡초발생 억제, 셋째, 해충발생 억제, 넷째, 시비효과 증대가 예상된다(교육인적자원부, 2002). 한편 객토(客土, soil addition)를 함으로써 결핍 토양성분의 보충 및 토양 물리성 개선의 효과를 기대할 수 있다.

(4) 적정량의 유기물 시용

식물은 유기물(有機物, organic matter)이 없는 토양에서도 생육할 수 있다.

즉, 사막과 같은 토양에서도 물과 무기 화학비료만으로 작물경작이 가능하다. 그 원리는 소위 양액재배(養液栽培, solution culture)에서 보는 바와 같다. 농지에서 화학비료만을 계속 시용하여 재배하면 포장은 해마다 딱딱해지고 뿌리의 신장이 억제되는 것을 관찰할 수 있다. 입단구조(粒團構造, aggregate structure)는 토양의 무기성분과 유기성분으로 된 복합구조를 갖게 되어 많은 경우 내수성(耐水性)을 나타내는 동시에 수많은 세공(細孔)을 함유하여 토양미생물의 거처가 된다.

유기물의 효과는 크게 직접적인 효과와 간접적인 효과로 나누기도 하고(中野政詩 등, 1997), 단순히 유기물 증가, 물리적 개선 및 화학적 개선의 효과, 증수효과(西尾, 1997)가 있다고 주장하나, 여기서는 나가노(中野, 1997) 등의 주장을 기술한다.

유기물의 직접적 효과는 식물양분 공급 및 식물근계 발달 기능이 있으며, 토양유기물의 저분자물질의 식물생리 활성효과가 있다고 하였다. 반면 간접적 효과로 들고 있는 것은 입단형성 촉진효과에 의한 토양물리성의 개선, 양이온 교환능에 의한 무기양분의 확보, 급격한 토양산도 변화에 대한 완충작용, 지온 유지, 식물 및 미생물에 대한 완만한 양분 방출이 그것이다.

유기물 시용이 밭에서 증수에 어떤 영향을 미치느냐는 토양의 특성에 따라 다양한 결과를 나타내고 있다. 괴근류에서는 119%, 보리는 118%, 엽채류는 117%, 콩에서는 114%, 과채류는 111%, 사료작물은 109% 순으로 크게 증수하였고, 근채류(104%)와 차나 과수류(103%)는 그 효과가 미미하다는 보고도 있다.

유기물은 작물에 양분을 서서히 공급하고 각종 미량 광물질을 공급할 뿐 아니라 생명체나 에테르체를 전달하여 기(氣, vigour + soul)가 있는 식물체로 성장하게 된다(Steiner, 1924). 그러나 화학비료는 물의 성질을 갖고 있기 때문에 비료에 의존하여 자란 식물은 비료물을 흡수한 개체에 지나지 않아 인체에 해롭다.

3. 시설, 노지원예시설, 자재의 종류 및 특성

유기농 허용자재에 관한 일반적인 내용은 제3장에서 다루었으나 한국의 유기원예농가가 실제적으로 해야 할 일은 크게 두 가지로 나눌 수 있다. 즉, 인증을 받기 위한 토양조사와 그 결과 교정되어야 할 양분을 각종 자재를 투입하여 개선시키는 일이다.

1) 토양검사

농장에서 토양을 채취하고 이의 분석을 통하여 재배하고자 하는 작물에 알맞은 시비를 하여야 한다. 원예작물 재배 시에는 영양장애가 발생할 수 있고, 그것은 필수원소의 부족 또는 과잉에서 비롯되거나 뿌리의 발달 정도나 품종의 저항성 약화가 원인이며, 마지막으로 지온이나 토양수분 저하 등에서 기인한다(농진청, 1994). 이 중에서 가장 큰 영향을 미치는 것은 양분의 과다에서 비롯된 경우가 많다.

현재 지역의 농업기술센터나 농협의 토양진단센터에서는 재배지의 토양을 분석하고 담당자 또는 분석자의 의견을 제시하고 있다. 그 예를 들면 다음과 같다.

〈표 4-7〉 시설상추 토양관리 분석치

구 분	산도 (1:5)	유기물 (g/kg)	유효인산 (mg/kg)	치환성 양이온(c mol⁺/kg)			전기전도도 (dS/m)
				칼륨	칼슘	마그네슘	
적정범위	6.5~7.0	20~30	350~450	0.70~0.80	2.0~7.0	2.0~2.5	-
분석치	7.0	37	413	0.75	6.4	8.8	3.6

〈표 4-8〉 실면적 비료 추천량 및 담당자 의견(예)

실면적 추천량(kg)	요소 (유안)	용성인비 (용과린)	염화칼리 (황산칼리)	퇴비(1종류만 선택)				소석회 (고토석회)
				볏짚	우분	돈분	계분	
밑거름	2.9 (6.6)	49.2 (49.2)	0.0 (0.0)	1,360 (0.0)	1,360	544	476	0.0
웃거름	2.9 (6.6)	0.0 0.0	0.0 (0.0)					

2) 각종 농자재를 이용한 결핍성분 교정

(1) 산도교정

토양의 화학적 특성 가운데 중요한 개념 중의 하나는 토양산도이다. 토양을 기반으로 생활하는 토양미생물, 이에 영향을 받는 작물은 토양산도에 크게 영향을 받는다. 토양산도는 보통 pH(potential Hydrogen)란 기호를 써서 나타내도록 되어 있으며, 7을 중심으로 수치가 낮으면 산성, 이보다 크면 알칼리성이다. 토양의 산성도와 염기도를 표시하여 놓은 것이 〈표 4-9〉이다.

식물은 pH4~pH8.5에서 생장할 수 있지만 보통 중성이나 약산성 부근에서 잘 자란다. 이것은 식물 자체의 산도에 대한 저항성도 관여하지만 양분 공급에 절대적인 영향을 주는 토양미생물의 번성과 밀접한 관계가 있기 때문이다.

예를 들면 감자, 담배는 산성에 강하지만 밀이나 보리는 산성에 매우 약하다. 그리고 대부분은 pH 6.5 부근에서 잘 자란다. 몇몇 원예작물의 적정 pH는 [그림 4-6]에서 보는 바와 같다.

따라서 토양분석을 통하여 토양이 산도가 낮거나 높을 경우 산도교정이 필요하다. 농가에서 사용하는 농용석회를 기준으로 하고, 또 실제로 작물이 재배되는 작토인 표토 20cm를 기준으로 한 석회의 양은 〈표 4-10〉에서 보는 바와 같다.

〈표 4-9〉 토양산도와 염기도 표시(신영오, 1998)

pH 범위	명 칭
(2.7~3.3)	(산성 유기토양)
<4.5	매우 강한 산성
4.5~5.0	매우 강한 산성
5.1~5.5	강한 산성
5.6~6.0	약한 산성
6.1~6.5	매우 약한 산성
6.6~7.3	중성
7.4~7.8	매우 약한 염기성
7.9~8.4	약한 염기성
8.5~9.0	강한 염기성
9.1<	매우 강한 염기성
(10.0~10.6)	(알칼리성 토양)

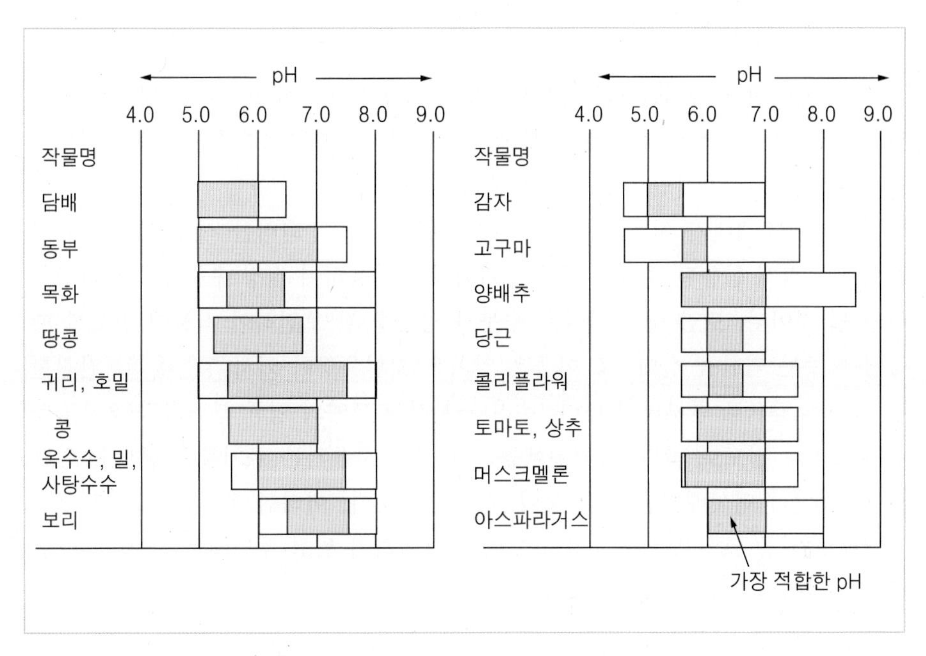

[그림 4-6] 몇몇 작물의 적정 생육산도(교육부, 2002)

〈표 4-10〉 Adams-Evans법에서 토양표토 20cm에 대한 석회소요량 설정표(연병열, 1988)

pH(토양용액)	토양완충액 pH				
	7.8	7.6	7.4	7.2	7.0
	석회소요량(M/T/ha)[1)]				
6.3	0.49	0.98	1.48	1.97	2.46
6.1	0.87	1.74	2.61	3.48	4.35
5.9	1.17	2.34	3.52	4.69	5.86
5.7	1.42	2.48	4.26	5.68	7.10
5.5	1.63	3.26	4.88	6.51	8.14
5.3	1.81	3.61	5.42	7.23	9.03
5.1	1.97	3.93	5.90	7.86	9.83
4.9	2.11	4.22	6.33	8.44	10.54
4.7	2.25	4.49	6.74	8.99	11.23
4.5	2.40	4.79	7.19	9.58	11.98

주 1) pH를 6.5로 교정하는 데 소요되는 석회량

(2) 유기물 보충

채소재배지의 유기물 적정 함량은 토양 1kg당 20~30g이 좋은 것으로 보고 있다. 그러나 대부분의 기존 채소재배 토양에는 이보다 더 많은 40~50g 정도가 함유되어 있어 추가적인 보충시비가 필요하지 않다.

다만 채소재배가 처음 시작되는 토양 또는 기비로 퇴비를 적게 시용하여 기준치보다 적게 함유된 경지는 각종 유기퇴비를 시용하여 적정 수준에 도달하도록 하면 될 것이다. 토양 중 유기물은 수분과 양분을 잘 보전하여 작물이 필요할 때 공급해 주는 역할을 한다. 또 이들은 양이온 교환용량이 커서 양분을 잘 간직할 수 있는 토양으로 변모하게 된다. 우리나라 전체 토양의 평균 부식함량(유기물 함량)은 2.5% 정도로 낮다. 유기원예농가가 많이 사용하는 유기물은 톱밥을 원료로 한 것이나 버섯배지용 볏짚 등이 주류를 이룬다. 이러한 유기물 시용과 무농약재배로 각종 토양생물이 증가하고 이를 섭식하기 위한 두더지나 들쥐 등이 번성하므로 이에 대한 대책이 시급하다.

3) 균배양체 제조와 활용

현재 우리나라의 원예농가는 여러 가지 미생물 제품을 사용하고 있다. 그 이유는 우리와 환경이 유사한 일본 유기농가의 영향 때문으로 보인다. 즉, 일본에서는 미생물 상품에 대한 관심이 고조되었고, 그 이유로 다음의 몇 가지를 들고 있다(西尾, 1997). 첫째, 지금까지 화학비료를 대량투여한 결과 향상되었던 수량증가가 자재투여만으로는 한계에 달하였고, 야채 등은 연작장해에 의한 생산이 불안정화되어 이에 따른 수량증수와 생산의 안정화 기술이 요망되고 있다. 둘째, 농업종사자의 감소나 고령화에 의한 노동력 부족을 위해 생산된 가축분뇨나 깔짚 등 생력적으로 처리할 수 있는 기술이 요망되고 있다. 셋째, 저렴한 외국농산물과 경쟁하기 위해 요구되는 저비용화를 실현함은 물론 고액의 투자 없이 저투자로 해결할 수 있는 기술이 요망되고 있다. 넷째, 품질향상에 의해 고부가가치의 농산물을 생산하기 위한 기술이 요망되고 있다. 다섯째, 환경보전이 배려된 기술이 요망되고 있다. 최근 도입되어 많이 사용하는 이엠(Effect Microorganism, EM)이 대표적인 예이다.

이러한 문제가 미생물에 의해 해결될 수 있지 않을까 기대하고 있으나 작물의 성장에는 기상, 토양, 병충해라고 하는 환경요소에 더하여 그것을 억제하여

미생물 수집	
미생물 선발	1차선발(주로 생장능력)
우량균주 선발	우량균주의 선발배지에서 우수균주를 선발
미생물 동정	여러 가지 동정방법을 이용하여 미생물 분리 동정
첨가시험	직접 효과를 검정하는 단계
최종 선발	효과가 입증되면 최종 선발
기술 이전	특허출원 후에 기술이전 가능
제품 출시	미생물 전문업체를 활용하여 제품 제작
판 매	판매대상으로 판매

[그림 4-7] 미생물 평가체계(김종권, 2005)

작업을 원활하게 추진할 수 있는 제 기술의 종합화된 시스템이 있어 다양한 제한 요인이 연관되어 있다. 그 가운데 미생물 제품으로 해결할 수 있는 부분은 일부에 지나지 않는다.

한편 토양 중 혹은 사일리지의 미생물 평가는 [그림 4-7]과 같은 과정을 거친다. 이를 위해서는 배지나 클린벤치, 배양을 위한 온도조절과 같은 시설과 기술이 필요하기 때문에 농가 수준에서는 선발이나 평가를 할 수 없다. 다만 회사에서 만든 제품을 이용하여 물에 희석하거나 특정한 재료를 혼합하여 발효시켜 살포할 때 적정량의 물을 희석한다.

미생물 선발 시에는 첫째, 원하는 미생물의 생육특성을 분석하여 선발하고, 둘째, pH 및 생장능력을 보며, 셋째, 실제 시용했을 때 그 효과가 어떻게 나타나는가를 알아보는 절차를 밟아야 한다.

4) 시설원예에서의 천적 이용

관행농업에 익숙하던 농가가 유기원예로 전환했을 때 가장 큰 애로사항은 병충해 방제일 것이다. 관행농업인 경우에는 흔히 말하는 종합해충관리(綜合害蟲管理, Integrated Pest Management, IPM)를 적용하기가 용이하다. 즉, 종합해충관리는 간접적 수단인 서식처 변형을 시도하거나 직접적 방법인 물리적 · 기계적 방제, 생물학적 방제, 화학적 방제, 작물 저항성 이용을 통하여 실시할 수 있다(이효원, 2004). 그러나 유기원예에서는 이러한 직접수단 중 생물학적 방제만을 이용하는 것이 대부분이기 때문에 효과적인 방제에는 한계가 있다. 또 농가가 이러한 방법에 익숙하지 않아 방제의 적기를 놓치는 경우가 많기 때문에 효과에 대한 부정적 견해도 있을 수 있다. 시설원예에서 천적을 이용할 수 있는 작목은 저온기에 재배되는 상추와 딸기이다.

(1) 천적의 의미와 분류

자연계에서 생물들은 서로 먹고 먹히는 먹이사슬의 관계가 있어 양적 · 물적 균형을 이루고 있다. 그러나 인간이 특정식물을 식량생산을 목적으로 재배, 육성하게 됨에 따라 물질의 불균형이 발생해 생물이 번무하여 생산량이나 품질에 나쁜 영향을 미친다. 이러한 생물에 병을 일으키거나 기생 또는 공격하여 가해하는 천연적인 생물을 천적(天敵, natural enemy)이라고 한다. 노지재배 시 외부에 노출되어 다른 포장에서 새로운 생물이 유입될 수 있기 때문에 천적의 효과가 미미할 수 있으나 시설원예의 내부는 외부로부터 차단되었기 때문에 유익한 천적을 이용하여 대상생물을 방제할 수 있다. 천적을 기능적으로 분류하면 크게 세 가지로 나눌 수 있다.

첫째는 기생적 천적으로, 다른 생물의 체내 또는 피부에 기생하여 영양을 섭취하여 기주생물을 가해하는 것을 말한다. 이런 목적으로 이용할 수 있는 대표적인 생물은 기생벌이다. 이 벌은 대상곤충의 몸 속에 알을 낳고 이 알이 부화하여 그 곤충을 영양원으로 하여 성체 전에 고치상태가 된다(이효원, 2004). 그 밖에 기생파리, 선충이 이에 속한다.

둘째는 포식성 천적으로, 다른 생물을 식물(食物, food)로 하는 것이다. 자기보다 작은 생물체를 공격하여 포식하는 것으로 가장 대표적인 것이 무당벌레이며 응애를 잡아먹는다. 어떤 것은 진딧물만을 공격하는 것이 있다. 포식성 천적에

〈표 4-11〉 병원성 천적을 이용한 미생물 농약(윤성희, 2005)

병원성 천적	연구 개시 역사	균의 종류	기작	장점	적용해충
곰팡이	1880	85속, 750종 • 뷰베리아 바시아나 • 메타히지움 아니소프리아	곤충에 기생하여 균사발생, 곤충 폐사	• 지효성 • 환경친화성	뿌리혹선충
세균	1901	-	분해독소 단백질 해충 속으로 침투, 조직을 파괴하여 폐사	• 최저 부작용 • 포장살포 시도 무해 • 저항성 해충 박멸	각종 채소해충
바이러스	1910	-	곤충 장내에 서식하여 폐사	숙주특이성이 강함	파밤나무, 짚시나방, 솔나방, 거세미나방, 흰배추나방

속하는 것으로는 거미, 지네, 응애류가 있다.

셋째는 병원성 천적으로, 특정한 병을 일으키는 병균을 가지고 있어 대상 생물을 가해하는 것이며, 이에 이용되는 것은 각종 세균, 바이러스, 사상균, 원생동물이다. 이들은 소위 미생물 농약이라는 이름으로 개발되어 시판되는 것들이 이에 속한다. 이를 요약하면 〈표 4-11〉과 같다.

(2) 시설원예에 이용되는 천적

천적이용이 일반화되어 있고 그 효과가 비교적 높은 것은 저온기에 재배하는 상추와 딸기이다. 이 두 작목은 발생되는 해충의 수가 단순하고 또 밀도도 낮아 천적방사에 의한 효과가 높다. 반면 수박, 참외, 가지는 천적에 의한 방제효과가 미미하다(문원, 2005). 반면 점박이응애와 진딧물은 시설딸기에서 많이 발생하는데, 후술하는 바와 같이 실제로 천적을 이용하여 방제하는 기술이 실용화되어 있다.

천적을 사용하고자 할 때에는 현재 재배하는 작목에서 문제가 되는 충해를 박멸할 수 있는 천적이 개발되었는지를 확인한다. 천적을 보급하는 기관이나 회

〈표 4-12〉 시설원예에 이용되는 천적의 종류(문원, 2005)

해충대상	도입 대상천적(적합환경)	이용작물
점박이응애	칠레이리응애(저온)	딸기, 오이, 화훼
	긴이리응애(고온)	수박, 오이, 참외, 화훼
	켈리포니커스이리응애(고온)	수박. 오이, 참외, 화훼
	팔라시스이리응애(야외)	사과, 배, 감귤
온실가루이	온실가루이좀벌(저온)	토마토, 오이, 화훼
	Eretmocerus eremicus	토마토, 오이, 멜론
진딧물	콜레머니진디벌	엽채류, 과채류
총채벌레	애꽃노린재류(큰 총채벌레 포식)	과채류, 엽채류, 화훼
	오이이리응애(작은 총채벌레 포식)	과채류, 엽채류, 화훼
나방류 잎굴파리	명충알벌	고추, 피망
	굴파리좀벌(큰 잎굴파리유충)	토마토, 오이, 화훼
	Dacunsa sibirca(작은 유충)	토마토, 오이, 화훼

사를 통하여 이용방법과 처리시기 등을 숙지하고 이들에게 기술지도를 받는 것이 중요하다. 이때 중요한 것은 기후, 재배조건을 참조하여야 한다. 천적을 사용할 때 그 효과를 높이려면 첫째, 가능하면 무병·무충종묘를 사용하고, 둘째, 외부 해충의 침입을 방지하며, 셋째, 천적의 활동에 적합한 환경을 조성하고, 넷째, 가급적 조기에 투입하여야 한다(문원, 2005)

〈표 4-13〉에서 제시하는 것은 토마토 재배 농가에서 흔히 문제가 되는 것은 진딧물과 온실가루이, 잎굴파리의 방제를 위하여 온실가루이좀벌, 진디벌, 잎굴파리좀벌을 이용하여 퇴치하고, 또 토마토의 수정을 향상시키기 위해 벌을 방사시킨 예이다.

이효원(2004)은 천적의 효과를 두 가지로 기술하고 있는데, 첫째는 해충피해를 줄이고 방제노력을 절감할 수 있었고, 둘째는 친환경농업을 시각적으로 보여줄 수 있어 믿음과 신뢰 제고가 가능하다고 하였다. 그러나 이러한 목적을 달성하기 위해서는 투입시기와 환경을 잘 조절해야 한다는 점을 강조한 바 있다.

〈표 4-13〉에서 뱅커 플랜트(banker plant)란 천적유지식물을 말한다. 예를 들어 딸기 시설재배에서 천적인 진디벌의 생육거점은 딸기가 아닌 다른 식물에서 생육하게 되는데, 이것이 바로 보리이다. 즉, 보리에는 보리와 진딧물이라는 가

〈표 4-13〉 고양시 토마토 재배농가의 천적투입의 예(이효원, 2004)

천적	수정벌		온실가루이좀벌		진디벌				잎굴파리좀벌	
					뱅커 플랜트		트랩카드			
날짜	회수	수량	회수	수량	회수	수량	회수	수량	회수	수량
2월25일	1차	3박스								
3월10일			1차	2박스						
3월17일			2차	2박스						
3월21일					1차	4개				
3월24일			3차	2박스						
3월31일			4차	2박스						
4월07일			5차	1박스						
4월21일			6차	1박스						
5월18일									1차	1병
6월16일							1차	2개		
6월22일									2차	2병
6월29일									3차	3병

* 천적투입 1일 전 엽면시비 실행 : 생선아미노산, 천혜녹즙, 청초비료

해자와 그의 천적인 콜레머니진디벌이 동시에 생존한다. 이 보리에 증식한 진디벌은 보리진딧물뿐만 아니라 딸기에 생존하는 진딧물을 공격하게 되어 진딧물을 방제할 수 있게 된다(문원, 2005).

(3) 천적의 경제성

이러한 생물적 방제의 경제성은 구체적으로 제시된 것은 그리 많지 않고, 시설딸기 재배 시 관행농업의 농약시용량과 천적의 비용을 계산한 결과를 제시하면 〈표 4-14〉의 결과와 같다.

이효원(2004)은 천적이용 생물적 방제는 관행적으로 해 오던 일반농약비용보다 재료비용만으로 한정할 경우 150～200% 정도 방제비용이 추가되나 실제 인건비, 방제노력, 품질저하 문제 등을 감안할 때 종합적 측면에서 방제비용 비교를 해야 할 것이라고 주장하였다. 또 이러한 천적이용방법이 안전농산물을 선호하는 소비자의 구매의욕 변화에 부응할 수 있다는 점을 강조한 바 있다.

〈표 4-14〉 관행방제와 천적이용방제의 방제비 내역[200평/1동(원), 이효원, 2004]

방제 시기	관행방제						천적이용방제					
	진딧물			점박이응애			진딧물			점박이응애		
	횟수	약제[1]	가격	횟수	약제[1]	가격	횟수	천적[2]	가격	횟수	천적[2]	가격
개화전	1	코니	2,000									
1월	2	모스	2,000	1	말베	9,000	1	뱅커	25,000	1	칠레	25,000
2월	3	아타	4,000	2	올스	14,000	2	진디	20,000			
							3	진디	20,000			
3월	4	아타	4,000				4	진디	20,000	2	칠레	25,000
4월				3	버티	28,000				3	칠레	25,000
				4	버티	28,000						
계	4		12,000	4		79,000	4		85,000	3		75,000

주1) 약제명 : 코니-코니도, 모스-모스피란, 아타-아타라, 밀베-밀베노크, 올스-올스타, 버티-버티맥
주2) 천적 : 뱅커-뱅커 플랜드, 진디-진디벌, 칠레-칠레이리응애

5) 페로몬의 이용

페로몬(pheromone)은 생물의 의사전달에 이용되는 특별한 냄새로 신호물질의 역할을 한다. 즉, 이것은 생물의 체내에서 만들어져 대기 중에 방출되는 화학물질이며, 이 물질이 정보전달에 이용된다. 최초로 알려진 페로몬은 누에에서 발견된 봄비콜(bombycol)이다. 페로몬은 그 특징에 따라 성페로몬, 집합페로몬, 경보페로몬, 길잡이페로몬, 분산페로몬, 계급페로몬으로 나뉜다. 실제 유기원예에

〈표 4-15〉 페로몬의 종류

종 류	기 작	곤 충	이 용
성페로몬	이성유인	나비목 곤충(복숭아 심식나방, 복숭아순나방)	해충유인
집합페로몬	동료집합	나무좀, 저곡해충	해충유인
경보페로몬	적침입 통보	개미, 벌의 밀도감소	
안내페로몬	먹이확인, 서식처 이동	개미	-
계급분화페로몬	질서유지개미, 벌		-
분산페로몬	과밀방지	-	-

[그림 4-8] 페로몬용 트랩

서 이용되는 것은 성페로몬(sexual pheromone)과 집합페로몬(collection pheromone)이다. 이들의 특징은 작물이나 인체에 피해가 없고, 환경오염의 염려가 없으며, 유용곤충에 피해를 주지 않고, 따라서 종합해충관리(IPM)에 이용될 수 있다는 특징을 가지고 있다. 페로몬 이용의 원리는 유인물질을 분사하여 곤충을 트랩(trap)에 유인, 생물을 포획한다.

이러한 성페로몬을 이용하기 위해서는 성페로몬 방출기와 모인 해충 수집기(trap)가 필요한데, 이는 점착형, 포획형, 수반형으로 나뉜다(최경희, 2004).

6) 미생물 농약의 활용

미생물은 식물체의 병원균이기도 하지만 한편으로 다른 병원균을 죽이거나 생육을 억제하는 길항작용을 가지고 있다. 이러한 성질을 이용하여 병충해 방제에 미생물을 직접 이용하거나 또는 생균이 생산하는 생리활성물질(生理活性物質, physiologically active substance)을 이용하는 것이 미생물 농약의 작용기작이다. 좀 더 구체적으로는 미생물이 조직 속으로 침입하는 단계에서의 길항작용을 이용하는 것이다.

효과가 50% 이상 있는 미생물 농약을 검증하여 정부에 등록한 것이 농진청 원예시험장 홈페이지에 등록되어 있는데, 이때 이용되는 미생물은 세균, 곰팡이,

바이러스, 원생동물이다.

이러한 미생물 농약의 효과를 검증하기 위하여 토마토에 관주 또는 살포했을 때의 실시방법 및 효과는 〈표 4-16〉, 〈표 4-17〉, 〈표 4-18〉에서 보는 바와 같다.

이러한 것을 모두 소위 생물농약이라고 한다. 한 가지 문제는 이러한 농약은 화학농약보다 고가이고 그 효능이 완벽하지 않아 생산비를 높이는 주 원인 중의

〈표 4-16〉 실증농가의 병해방제를 위한 화학농약 대체제 투입내역(원예연구소, 2007)

시 기	횟수	대 상 병 해	투 입 제 제
육묘기(7월 20일)	(1회)	저항성 유도, 면역력 증강	엑스텐 1,000배 관주
육묘기(7월 29일)	(2회)	저항성 유도, 면역력 증강	엑스텐 1,000배 관주
정식(8월 5일)	(3회)	저항성 유도, 면역력 증강	엑스텐 2,000배 침지
9월 1일	1	흰가루병 및 고온 회피	과산화수소 엽면살포
5화방 적심 (10월 18일)	2	잎마름역병	아인산염 500배 관주
10월 21일	3	흰가루병	탑시드 엽면살포

〈표 4-17〉 농약 대체제의 주요 특성

제품명	특 성
엑스텐	미생물 제제(저항성 유도, 면역력 증강), 풋마름병 방제(82%)
탑시드	미생물 제제(균사생장 억제, 병포자 파괴), 흰가루병 방제용
큐펙트 (11월)	미생물 제제(기생균 이용), 흰가루병 방제(95%)
아인산염	병원균 생장, 번식, 억제, 역병방제용
과산화수소	빠르게 분해, 흰가루병, 스트레스(고온, 수분, 병) 경감

〈표 4-18〉 실증농가의 유용미생물 투입 결과 병해발생률(%)

구 분	풋마름병(청고병)	흰가루병	잿빛곰팡이병
기술투입	0.0	0.3	0.7
관행재배 (무농약)	32.1	0.5	1.3

* 흰가루병, 잿빛곰팡이병(피해엽/100엽), 풋마름병(고사주율)

하나라는 점이다. 따라서 경영적 측면에서 사용량과 빈도에 대한 세심한 검토가 필요하다.

4. 시설원예용 기기

축력이나 인력이 농작업의 대부분을 담당하던 시대와는 달리 오늘날의 농업은 성능이 우수한 농기계 보유 여부가 영농의 성패를 좌우하는 시대가 되었다. 유기농업은 기본적으로 기계사용을 억제하고 토양관리도 자연의 법칙에 순응하도록 하는 것을 원칙으로 하고 있으나 농기계(農機械, agricultural machinery)를 이용하면 노동력 절약, 효과적인 토양관리가 가능하다. 온실에서는 대형 농기계 투입이 불가능하기 때문에 스스로 움직이면서 작업이 가능한 기계를 이용하는데, 이러한 기계를 자주식(自朱式, self-propelled)이라고 한다. 경운기나 관리기는 온실에서 흔히 이용하는 자주식 기계이다.

시설 하우스에서는 앞에서 언급한 경운기나 관리기가 많이 쓰이고 수확한 농산물을 선별하는 기계, 묶는 데 사용하는 결속기 등이 아울러 사용된다.

1) 유기원예에서 농기계 이용의 원칙

첫째, 농기계의 이용을 최소화하고, 사용할 때는 효율을 높여야 한다. 유기농업은 농약이나 화학비료를 사용하지 않고 퇴구비에 의한 토양비옥도 증진을 목표로 한다. 뿐만 아니라 재생 불가능한 자원의 사용을 자제하는 것을 기본적 이념으로 하기 때문에 동력의 효율성을 검토한 후 농기계를 구입한다.

둘째, 농기계 선택 시에는 사용 시 예견되는 문제점을 충분히 검토해야 한다. 크기와 모형, 취급 편이성과 안전성에 관심을 갖고, 나이가 많은 영농인을 고려하여 안전사고가 적은 기종을 선택해야 한다.

셋째, 유지비용을 염두에 두어야 한다. 농기계의 비용은 크게 고정비와 변동비로 나누어 생각할 수 있는데, 고정비에 속하는 것은 감가상각비, 투자에 대한 이자, 세금, 보험료, 차고비, 수리비이다. 그리고 변동비는 연료비, 윤활유비, 노임, 원동기 이용비, 자재비가 있다. 예를 들어 기계가격이 3,000만 원이고 폐기가격이 기계의 5%라면 내구연한이 10년인 기계의 연간 감가상각비는 285만 원이 된다. 또 원동기에 작업기를 붙여서 그 동력에 의해 구동되는 농기계인 경우 원동기를 이용하는 데 따르는 비용도 계산해야 한다. 이와 같은 계산을 하게 되면 농기계의 구입 및 유지에 막대한 비용이 든다는 것을 알 수 있다.

2) 재배관리용

(1) 경운기

동력경운기로, 보통 경운기(耕耘機, power tiller)라 불리는 것은 문자 그대로 논이나 밭을 가는 기계란 뜻이다. 우리나라는 1960년대 초부터 보급되어 현재 농기계의 대명사처럼 되어 있다. 그러나 영농규모가 확대됨에 따라 중대형 트랙터를 구입하는 농가가 늘어나고 있다. 동력경운기는 견인형, 구동형, 겸용형이 있으며, 우리나라에서는 사용되는 것은 겸용형이고, 이의 특징은 〈표 4-19〉에서 보는 바와 같다(국정도서편찬위원회, 2002).

동력경운기의 구조는 주클러치, 변속장치, 주행장치, 조향장치, 제동장치, 작업기 장착장치로 되어 있다. 구조가 비교적 간단해 자동차 운전을 해 본 경험이 있는 사람이라면 한두 시간의 연습으로 숙달이 가능하다.

〈표 4-19〉 겸용형 경운기의 특징(국정도서편찬위원회, 2002)

기관출력	작업종류	부착작업기	특징
6~10PS	경운	쟁기	견인형과 구동형을 절충한 방식으로, 범용성이 크고 로터리 탈착이 간단
	쇄토	배토기	
	써레질	트레일러	
	북주기	로터리	
	운반		

(2) 관리기

기본적으로 경운기와 유사하다. 특징은 주클러치 형식과 차축에 작업기 바퀴까지도 장착할 수 있으며, 또 제동장치가 없다는 것이다. 관리기의 종류 및 특징은 〈표 4-20〉에서 보는 바와 같다.

〈표 4-20〉 관리기의 종류와 특징(국정도서편찬위원회, 2002)

<table>
<tr><th>분 류</th><th>종 류</th><th>작업기의 종류</th><th>특 징</th></tr>
<tr><td>용도에 의한 분류</td><td>다목적, 과수, 정원용</td><td rowspan="3">중경제초, 구굴, 복토, 배토, 비닐피복, 예도, 예취, 제초, 심경, 목초 예취, 옥수수 예취, 잔가지 파쇄, 트레일러, 토양소독, 혈굴기</td><td rowspan="3">원터치로 상하좌우 조절 가능, 부속교체 용이, 안전성, 작업기 부착 편리, 시동 편리</td></tr>
<tr><td>조종방법에 의한 분류</td><td>보행형, 승용형</td></tr>
<tr><td>작업기 사용형식에 의한 분류</td><td>차축구동, 견인구동 겸용</td></tr>
</table>

3) 환경관리기기

시설원예란 비닐 또는 유리온실과 같은 시설을 설치하고 그 속에서 채소나 화훼 등을 집약적으로 재배하는 것을 의미한다. 그렇기 때문에 노지와는 다른 특별한 시설이 필요하다. 이때의 설비는 재배관리용과 환경관리용(국정도서편찬위원회, 2002)으로 나눌 수 있다.

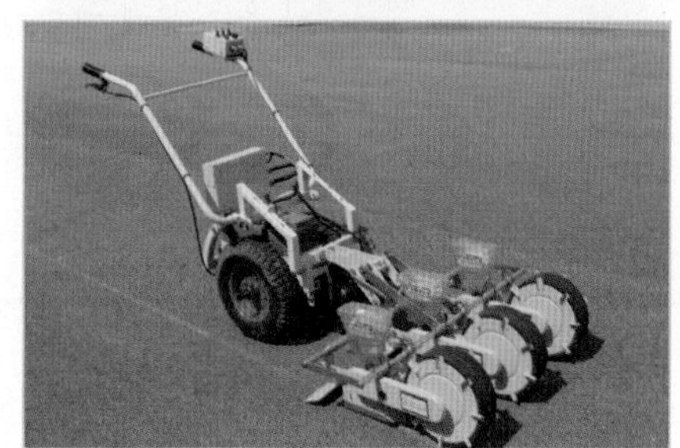

[그림 4-9] 경운기와 관리기(최덕규 박사 제공)

(1) 난방시설

태양광과 온도조절을 목적으로 하는 시설원예에서 겨울 동안의 난방은 매우 중요하고, 또 관리비 중 상당 부분을 난방비가 차지하기 때문에 효율적인 난방관리는 농가경영의 중요한 지표가 된다. 난방방식은 보통 온풍, 온수, 증기, 전열난방이 있으나 그 효과 때문에 온풍난방이나 온수난방이 주가 된다. 온수와 온풍 방식의 특징을 요약하면 〈표 4-21〉과 같다.

이 중 온풍 난방 방식이 구조가 간단하기 때문에 널리 보급되고 있다. 구조는 일종의 보일러 장치로 본체, 연소장치, 계기 및 밸브, 제어장치로 되어 있다(국정도서편찬위원회, 2002). 광의로 보아 시설을 통한 유기작물 생산은 가능하나 재생 불가능한 자원사용 억제라는 측면에서 에너지 절약, 천연자원 이용에 좀 더 관심을 기울여야 한다.

〈표 4-21〉 난방방식의 종류와 특징(국정도서편찬위원회, 2002)

방식	개요	난방효과	제어성	보수관리	설비비	기타	적용대상
온풍난방	공기를 직접 가열함	가동을 정지시키면 보온의 지속성이 없음	예열시간이 짧아 온도 상승이 빠름	물을 쓰지 않기 때문에 취급이 용이함	온수난방에 비하여 매우 저렴함	배관이나 방열관이 없기 때문에 작업성이 우수함	대부분의 온실
온수난방	60~80°C의 물을 순환시킴	사용온도가 낮아 온화한 가열이 가능하며, 난방배관이나 방열기에 열이 많이 남아 정지 후에도 보온성이 좋음	예열시간이 길며, 온수온도를 변화시켜 부하변동에 대응할 수 있음	보일러의 취급은 증기에 비하여 용이함. 수질이 나쁜 곳에서도 수질처리가 용이함	배관, 방열관 등을 필요로 하므로 고가	한랭지에서는 배관의 물이 동결될 우려가 있으므로 물빼기나 배관의 보온대책이 필요함	고급 작물의 온실, 대규모 온실

(2) 냉방 · 보온 · 환기 및 이산화탄소 공급장치

〈표 4-22〉에서 보는 바와 같이 냉방, 보온, 환기 및 이산화탄소 공급장치가 대종을 이룬다. 이러한 장치는 시설에 따른 경비, 동력 및 가스비가 소요되므로 농장의 사정에 따라 설치 여부를 결정한다.

시설이 큰 대규모 시설원예에서는 앞의 환경제어장치를 복합적으로 제어할 수 있는 시스템을 설치할 수도 있으나 부수적으로 상당한 시설투자가 필요하다. 이러한 장치에 의해 온도, 광, 습도, 토양수분, 양분을 제어할 수 있다. 이를 위한 주요 장치로 외부 기상 센서, 각종 측정기, 이것을 제어할 수 있는 컴퓨터 시스템 등이 필요하다.

〈표 4-22〉 난방의 환기관리용 장치(국정도서편찬위원회, 2002)

장치명	목적	원리	주설치기계
히트펌프 (heat pump)	열흡수 및 방출을 위한 열의 이동장치 냉방	냉매의 교환으로 온도 변화	히트펌프
보온시설	열낭비 방지	보온장치	커튼 개폐식, 수막보온식
환기시설	산소공급, 온도조절	대류현상 이용한 강제환기	천장개폐시설 전동기에 의한 팬(fan) 가동
이산화탄소 공급장치	이산화탄소 공급	외부공기 정제 주입, 이산화탄소 발생장치	전동기 팬(fan) 이산화탄소 발생기

보온 커튼

하우스 시설 조절장치

하우스 전기온풍기

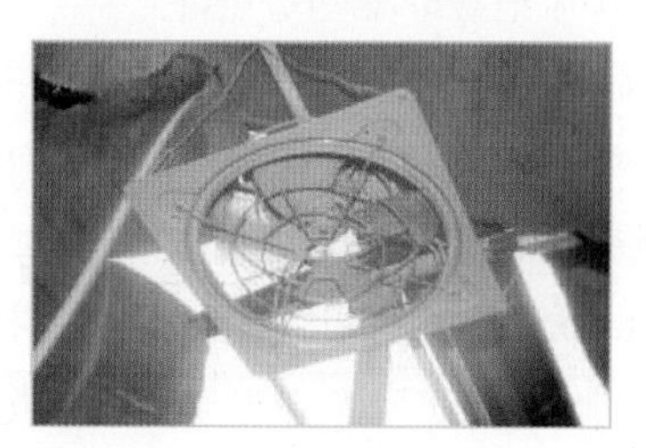

환풍기

[그림 4-10] 각종 제어시설

4.2 지력배양과 녹비생산

1. 유기원예와 지력배양

토양의 이화학적 · 화학적 · 생물학적인 성질이 작물성장에 도움을 줄 수 있도록 조화롭게 이루어진 것을 지력(地力, soil fertility)이라고 한다. 관행원예작물 재배에서는 화학비료나 비유기적인 물질을 투입하여 이러한 성분을 만족시켜 주었다. 그러나 유기원예에서는 자연적인 것, 허용된 자재만을 이용하여 지력을 유지할 수밖에 없기 때문에 천연물질 그대로 투입하여 자연비옥도를 유지하는 것이 중요하다.

특히 2004년 이전에는 소위 공장형 퇴비(工場型 堆肥, factory livestock manure)의 투입에 의한 유기원예가 가능하였으나 지금은 이러한 물질을 사용할 수 없기 때문에 녹비를 이용한 비옥도 유지는 중요한 의미가 있다.

화학비료나 무분별한 퇴구비의 사용과 함께 같은 작물을 연작함으로써 기지(忌地, soil sickness)가 발생하게 되는데, 이는 토양의 물리적 성질의 악화, 유해 독소 발생, 병해에서 기인한다. 여기에서 특정한 비료의 연용으로 발생하는 염해도 지력을 약화시키는 원인으로 밝혀졌다. 토양의 물리성 악화, 토양 내 미생물의 불균형 등도 지력 약화를 조장한다. 원예작물 중에서도 양파, 당근, 무, 호박, 순무, 딸기, 양배추 등은 비교적 연작의 해가 적으나 그 이외의 대부분의 원예작물은 연작에 민감하게 반응한다.

원예작물포의 지력을 회복하거나 향상시키기 위해서는 다음의 몇 가지 대책을 이용할 수 있다. 첫째는 담수처리방법이다. 포장에 물을 넣으면 밭에서 번성하는 선충이나 유해 미생물이 감소하고 유독물질이 용탈된다. 둘째는 윤작(輪作, crop rotation)하는 방법이다. 작물에 따라 작부층이 다르고 또 요구하는 영양소도 차이가 있어 윤작을 하면 지력의 회복이나 향상에 도움이 된다. 셋째는 객토이다. 이는 토양성분이 골고루 함유된 새 흙을 투입하여 지력의 회복을 도모하는 방법이다.

2. 녹비와 지력

1) 녹비의 의미

녹비작물(綠肥作物, green manure crops)이란 수확 후 갈아엎어 유기물과 양분 수준을 향상시켜 토양의 구조와 비옥도를 증진시킬 목적으로 재배하는 작물을 말한다(이효원, 2004). 이때 보리와 같은 맥류를 대규모로 단작하거나 간작, 혹은 혼작한다. 보통은 주작물이 재배된 후에 후작으로 재배하거나 빈터에 파종하는 것이 일반적이다.

녹비는 청예상태에서 갈아엎는다. 원예작물포에서는 과잉으로 투입된 비료성분을 흡수하기 위하여 수단그래스 같은 작물을 재배하기도 하는데, 이것도 일종의 녹비로 볼 수 있다. 논에서는 보통 자운영이나 헤어리 베치(hairy vetch) 등을 재배하여 이용할 수 있다. 특히 두과작물을 재배할 경우 상당량의 질소를 토양에 보충.시비하는 효과를 갖게 된다. 예를 들어 알팔파는 1ha당 200kg 이상의 질소를 고정한다는 보고도 있으며, 이 중 2/3는 토양에 남겨 놓는다. 그러나 같은 두과작물이라 하더라도 콩과 같이 종실을 수확하는 경우 녹비의 효과는 단지 유기물만 투입한다는 의미밖에는 없다.

2) 녹비의 장 · 단점

녹비의 장점은 첫째, 토양침식과 양분의 유실을 방지한다. 토양을 나지상태로 방치할 때 토양유실이 발생한다. 특히 지표를 식물로 피복하면, 바람, 강우, 햇볕에 의한 건조도 방지할 수 있다.

뿐만 아니라 두과는 공중질소를 고정하여 토양 중 질소를 풍부하게 한다. 또 유채과에 속하는 녹비는 토양의 불가급태의 미량원소, 특히 칼리를 가급태 양분

〈표 4-23〉 녹비에 의한 질산태질소의 유실 억제(kg/ha)

종 류	투수성이 좋은 토양	투수성이 나쁜 토양
나지	94.0	67.4
유채(초가을 파종)	0.4	0.1

(加給態養分, available nutrients)으로 변화시켜 토양에 환원한다. 대부분의 작물은 불가급태의 칼리를 직접 이용할 수 없다. 또한 녹비는 작물의 생육에 유익한 유기물을 체내에 합성하여 방출한다. 이것은 작물의 저항성을 강하게 하는데, 비타민류, 항생물질, 식물호르몬 등이 그것이다(中村, 1997)

둘째, 녹비는 토양미생물을 활성화시켜 양분을 제공하며, 특히 전환기의 녹비는 토양에 큰 활력을 주게 된다. 셋째, 녹비는 토양의 입단구조(粒團構造, aggregate structure) 형성을 돕는다. 넷째, 잡초방제에 도움이 된다. 다섯째, 표토를 피복하여 잡초종자의 발아를 억제한다.

한편 녹비에도 해결해야 할 문제가 있는데, 건조기 중의 파종은 반드시 좋은 결과를 가져오지 않으며, 종자대가 비싸고, 건조한 봄에는 주작물과 수분 및 양분의 경합이 있다. 또한 야채를 재배할 때 녹비의 병충해가 채소에 전이되는 등의 문제점이 있다.

3) 주요 녹비작물

우리나라 원예농가의 녹비작물의 이용은 일반화되지 않았으나, 만약 이용하고자 한다면 〈표 4-24〉에서 제시하는 것들을 파종할 수 있을 것이다. 특히 윤작체계에 대한 개념이나 실용화가 정착되지 않아 녹비작물과 원예작물과의 조합실험이 필요한 실정이다. 녹비작물은 크게 두과작물과 화본과작물로 나눌 수 있다. 두과는 토양비옥도, 특히 질소를 고정하여 토양비옥도를 높이는 데 기여한다. 클로버는 1ha당 55~600kg/ha, 알팔파는 55~400kg, 기타 대두, 완두콩 등도 상당량의 질소를 고정할 수 있는 것으로 보고되어 있다.

화본과는 이탈리안라이그래스를 비롯한 각종 목초, 수단그래스와 호맥 등이 있다. 강원도 고랭지대에는 겨울 동안 바람에 의한 토양유실이 특히 많기 때문에 호밀 같은 작물을 피복작물(被覆作物, cover crop)로 재배하고, 이듬해 배추나 무, 감자 같은 작물을 후작물로 재배할 수 있을 것이다. 유기원예의 관점에서 보면 이들을 파종할 때 유기질 비료가 필요하고, 따라서 경축(耕畜, crop-animal)이 연결될 수 있는 유축농업은 필수적이다.

녹비작물 재배 시 경운과 정지를 고집할 필요는 없다. 경운은 최소화하고 필요할 경우 파종 전에 땅을 부드럽게 한다. 두과작물 이외에는 시비를 하는데, 이때 비료 대신에 가축의 분뇨나 퇴비를 사용한다.

〈표 4-24〉 주요 녹비작물

과	종 류	파종량(kg/10a)	특 징
두과작물	완두	10~15	질소고정과 방출이 작부 중에 진행되기 때문에 가을 또는 봄에 파종. 윤작 필요함
	루핀	15~20	질소고정능이 있음. 근계가 깊고 수분요구가 많음. 생장은 빠른 편임
	헤어리 베치	9~15	질소고정능이 있음. 발아가 강하고 월동력이 약함
	레드클로버	0.9~1.3	추위에 강하고 8월 말이나 9월 초에 파종하여 그 이듬해 봄에 이용
화본과작물	이탈리안라이그래스	2~5	발아가 빠르고 활착이 잘 됨. 생장이 빠르고 근계가 강하나 건조에 약함. 출수 전 세절하여 토양에 넣음
	연맥	10~15	발아가 늦고 저온에 강하나 눈속에서는 약함
	호밀	10~15	내한성 및 토양적응성이 강함. 가을철에 파종하여 표토 보호 및 이듬해 봄에 녹비 및 사료작물용으로 이용 가능
기타	메밀	7~10	잡초가 무성하기 쉬운 밭에 좋음. 클리닝 식물로 중요. 선충류를 억제함
	해바라기	3.5~5	건조에 강함. 생육이 왕성하여 부식을 증진시킴
	사료용 순무	1.5~3	유채나 무의 전작으로 파종하지 말 것
	사료용 무	1.5~3	산성토에도 잘 견디고 파종토에 대한 요구도 적음. 저온에 강하고 순무의 전에 파종하는 것도 괜찮음. 클리닝 식물로 가능. 선충에 강한 품종도 있음
	사료용 순무	0.8~15	중성이 알칼리성보다 좋음. 생산성이 높고, 선충의 숙주도 되기 때문에 주의가 필요함

토양에 투입된 녹비를 빨리 분해시키기 위해서는 파쇄하는 것이 좋고, 이때 너무 깊이 투입하면 신선 유기물이 발효되어 다음 작물의 뿌리 생장을 방해하여 좋지 않다. 녹비의 수확시기는 화본과작물은 출수기, 두과작물은 개화 초기가 좋다. 야채재배 시는 생장이 빠르고 생육기간이 짧은 녹비가 이용된다. 야채재배에서 녹비를 이용한 토양비옥도 증진이나 표토유실 방지에 관한 재배경험이 거의 없어 이 분야에 대한 실험이 요구된다.

[그림 4-11] 주요 녹비작물

4.3 시설설치 및 재배관리

시설원예란 주로 저온기에 온실 안에서 다양한 자동화 시설을 갖추고 원예작물을 재배하는 농업이다. 시설 안의 원예작물은 노지와는 다른 환경 하에 있고 통제된 상태에 놓여 일반 유기원예와는 다른 특성을 갖게 된다.

소득수준이 향상됨에 따라 채소나 과채의 공급을 1년 내내 요구하는 소비자가 급증하면서 사계절의 한계를 극복할 수 있는 방법으로 시설원예를 선호하게 되었다. 시설원예의 목적은 자연환경 하에서 작물의 재배가 곤란한 시기에 작물의 생리에 맞게 인위적으로 환경을 조절하는 것이다. 따라서 노지재배보다는 더 높은 기술수준을 요구하고 또 각종 시설의 설비 및 투자에 막대한 자금이 소요되어 시작 전에 충분한 검토가 필요한 분야이다.

문원 등(2002)은 시설원예의 중요성을 크게 농촌소득 증대, 경영의 기업화,

보건향상, 미래 지향형 생산 시스템 개발, 생산과 소비의 다양화, 폐자원 활용 등의 여섯 가지로 들고 있다.

그러나 유기농업적 관점에서 보면 환경보전에의 기여(이효원, 2004)라는 원칙에 위배되는 측면이 있다. 즉, 실내온도를 유지하기 위해 막대한 양의 화석 에너지 사용이 불가피하며, 이는 수질오염, 산성비, 지구온난화의 직접적인 원인인 석유나 가스에 의존하는 농업이라고 보기 때문이다. 즉, 유기농업은 화석연료의 절감을 통해 지구의 환경보전에 직 · 간접적으로 기여할 수 있는 대안농업이며, 이러한 관점에서 유기농업과 대치되는 면이 있다.

뿐만 아니라 유기농업이 허용된 농자재를 사용하여 농작물을 생산한다는 단순한 논리를 뛰어넘어 동물과 작물, 나아가 숲과 그 속에 있는 야생동물을 포함한 다양한 서식처까지 포함하는 넓은 의미의 유기농업에 배치되는 것이다(Mayers, 2005). 즉, 동물과 작물이 분리된 것이 아니고 농장에 있는 모든 것들이 서로 깊은 관련이 되어 있다는 측면에서 외부생태계와 단절, 허용된 자재와 단작으로 이어지는 우리나라의 유기원예는 한계를 가지고 있다고 할 수 있다.

1. 시설의 종류, 구조 및 자재

유기시설원예를 하는 것은 원칙적으로 생물학적 방제의 편리성, 생산의 계절성 극복, 고부가가치 농산물 생산이 목적이라고 할 수 있다. 그리고 재배용 시설은 피복재료에 따라 플라스틱 온실과 유리온실로 나눌 수 있고 다시 모양이나 골격 사용목적에 따라 아래와 같이 분류할 수 있다.

1) 유리온실

문원 등(2002)에 의하면, 유리온실(琉璃溫室, glasshouse)은 사용한 골격에 따라 목조, 철골, 반철골, 경합금 온실로 구분할 수 있고, 재배하는 작물에 따라 채소, 과수, 화훼, 번식 전용으로 분류할 수 있다. 또 사용목적에 따라 취미, 표본, 영리온실로 나눈다. 보통은 지붕의 모양에 따라 [그림 4-12]와 같이 나눈다.

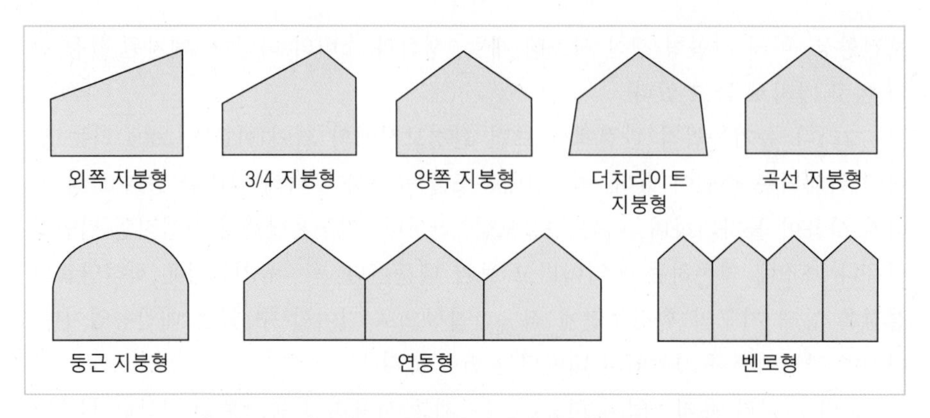

[그림 4-12] 여러 가지 온실모양의 모식도(교육부, 1999)

(1) 외쪽 지붕형 온실

벽에 깃대어 지붕 한쪽만 있는 온실을 말한다. 보통 취미용 온실에서 많이 이용된다. 채광과 보온이 잘 되는 이점이 있다. 크게 지으면 북쪽 벽이 높아져 열손실량이 많아지는 결점이 있다. 동서방향으로 짓는다.

(2) 양쪽 지붕형

지붕 좌우의 길이가 같은 것으로 광선이 균일하게 들어오고 통풍이 잘 된다. 남북방향으로 짓는다. 시설비가 다른 형태에 비하여 적게 들고 환기가 잘 되며 열손실이 적고 작목선택의 폭이 넓다.

(3) 부등변형 온실

이것은 3/4식 또는 스리쿼터(three quaters)라고 하는데, 한쪽(남쪽) 지붕의 길이가 전체의 3/4 정도 되기 때문이다. 동서방향으로 설치한다. 양쪽과 외쪽 지붕의 중간적 특성을 지닌다. 호온성 과채인 멜론의 온실재배에 많이 사용된다.

(4) 연동형 온실

양쪽 지붕형 온실을 여러 동 연결한 것으로 칸막이를 없앤 형태이다. 그렇기 때문에 토지이용률이 높고, 난방비가 절약되는 이점이 있다. 반면 부분적으로 고르지 못한 채광, 저환기율, 적설에 의한 온실붕괴의 염려가 있다.

(5) 벤로형

좁은 양쪽 지붕형 온실을 여러 개 연결한 형식이다. 지붕 높이가 낮고 골격재가 적게 들어 투광률이 높다. 토마토, 오이 등과 같은 호온성 과채류 재배에 이용할 수 있다.

(6) 둥근 지붕형

곡선유리를 사용하여 아치 형태로 만든 것이다. 보통 식물원의 전시용으로 많이 이용되며 원예용으로는 이용되지 않는다. 열대성 관상식물의 비배 및 관리에 좋다.

2) 플라스틱 온실

플라스틱 온실(plastic house)은 유기원예농가에 많이 이용하는 것으로 토마토 및 야채생산 시 사용된다. 특히 엽채생산에서 비닐 온실이 이용된다. 쌈채 생산에서는 병충해 방제를 위해 온실을 이용하고 비배관리는 버섯배지나 톱밥, 깻묵을 발효하여 이용하는 형태를 취하고 있다.

이것은 비닐하우스라고도 하는데, 그 분류는 형태에 따라 아치형, 지붕형, 대형 터널 하우스(반원형 하우스)로 나눈다. 그리고 골격재에 따라 죽골(대나무), 목골(나무), 철골, 목재혼용, 철재 파이프 온실로 분류한다. 또 온실을 피복하는 피복재에 따라 PVC, PE, EVE, FRA, FRP, PET 온실로 나눈다(문원, 2002). 기타 시설의 설치방식에 따라 에어하우스(air-inflated house), 펠렛하우스(pellet house)가 있다. 에어하우스는 온실의 형태를 유지시키기 위해 공기를 계속 불어

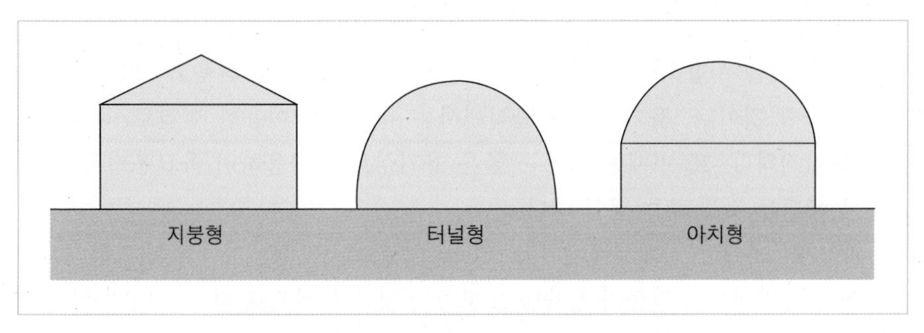

[그림 4-13] 플라스틱 온실의 종류(문원, 2004)

넣는 것이고, 펠렛하우스는 보온효과를 높이기 위한 특수시설이다.

(1) 대형 터널 온실

초기의 플라스틱 온실이다. 골재는 대나무이고 보통은 소규모로 한두 동의 온실이 만들어졌다. 밀폐가 용이하여 보온에는 효과가 있으나 환기가 잘 안 되는 것이 문제이다.

(2) 지붕형 온실

골재는 목재이며 환기가 잘 되는 장점이 있다. 튼튼하여 바람이나 눈이 많은 곳에 사용할 수 있다. 그러나 목재가격이 비싸고 설치에 특별한 기술이 필요하여 현재는 잘 이용되지 않고 있다.

(3) 아치형 온실

골재는 철재 파이프이며 단동(單棟) 및 연동(連棟)에 사용할 수 있다. 철재이기 때문에 내구력이 강하고 작업면적이 넓다. 조립, 해체가 쉬워 답리작으로 채소를 재배할 때 이용할 수 있다. 환기가 잘 안 되는 것이 단점이다.

3) 시설에 사용되는 자재

시설유기원예를 하는 경우에 많은 종류의 자재가 필요하며, 이를 잘 이용하기 위해서는 각 자재의 특성작물에 미치는 영향 등을 잘 알아야 한다.

자재는 크게 골격자재와 외피를 덮는 피복자재, 생육자재, 환경제어자재 등으로 나눌 수 있다. 이를 좀 더 자세히 열거하면 〈표 4-25〉에서 보는 바와 같다.

만약 온실 내의 온상을 이용하여 육묘를 한다면 발열에 필요한 자재가 필요하다. 전열선을 사용하여 발열하고 이를 통하여 어린 싹을 틔우고 묘를 키우는 것도 가능할 것이나, 유기농업적 관점에서는 유기물을 이용한 발열로 육묘하는 것이 바람직하다. 또 이때는 상토는 물론 유기상토를 사용하며 육묘용기로 가능하면 분해되는 것을 쓰는 것이 좋다.

환경제어자재는 기계부품이며, 시비 및 이산화탄소 살포자재로 필요하다. 이산화탄소를 발생시켜 작물의 생육을 도모하는 것을 목적으로 한다. 보온자재로는 각종 매트가 필요하고 나아가 차광에 필요한 것도 환경제어자재로 보아야 할 것

〈표 4-25〉 시설자재의 구분

용도별	자재별	상세자재
생육자재	육묘자재	온상자재(온상틀, 양열물, 상토, 육묘용기)
	관수자재	배관(금속, 플라스틱), 호스, 노즐
환경제어자재	제어자재	각종 센서, 전기부품, 각종 계측기, 타이머
	시비 및 이산화탄소 살포자재	시용기구, 이산화탄소 발생기
	보온자재	보온 매트, 각종 필름, 유리
피복자재	기초피복재	유리, 필름
	추가피복재	거적, 연질필름, 반사필름, 한냉사, 네트
골조자재	철골재	철재, 경합금재
	천연자재	목재, 죽재

〈표 4-26〉 시설 피복자재의 종류

기초피복재	추가피복재
유리 : 판유리, 복층유리, 열선흡수유리, 플라스틱	시설외면 : 거적, 이엉, 매트
연질 필름 : PE, PVC, EVA	소형 터널 : 연질 필름, 한랭사, 부직포, 거적
경질 필름 : 염화비닐, 폴리에스테르	지면피복 : 연질 필름, 반사 필름
경질판 : FRP, FRA, 아크릴, 복층판	차광피복 : 한랭사, 부직포, 네트
	커튼 보온 : 연질 필름, 반사 필름, 부직포

이다. 교과서에서 많이 다루고 있는 것은 피복 및 골조자재이다. 이 중 피복자재는 크게 기초피복재와 추가피목재로 나누기도 한다. 그 예를 정리하면 〈표 4-26〉과 같다.

2. 시설 내의 생육환경

작물의 생육을 지배하는 환경에는 온도, 광, 수분, 토양 등이 있다. 노지에서는 자연환경 하에 있지만 시설 내에서는 밀폐되어 완전히 다른 환경에 놓이게 된다. 즉, 일반 작토에서 볼 수 없는 특이한 환경에 놓이기 때문에 이러한 환경을 잘 이해하는 것이 무엇보다도 중요하다.

1) 온도

밀폐된 시설 내의 온도는 낮에는 햇볕을 받아 온도가 높으나 밤이 되면 기온이 급격히 떨어지게 된다. 즉, 온도의 일교차가 노지보다 훨씬 크다. 뿐만 아니라 기온의 위치별 분포가 다르고 야간에는 노지보다 지온이 높다. 이러한 환경을 잘 이해하고 작물별 생육적온과 한계온도에 맞는 관리를 하도록 한다. 채소별 생육적온과 한계온도와의 관계는 〈표 4-27〉에서 보는 바와 같다.

즉, 대부분의 시설재배 작물은 높은 온도를 요구하는 것이 많다. 따라서 난방, 보온 등을 통해서 온도를 조절한다. 난방은 온풍기, 온수 보일러, 난로 등을 이용한다. 보온은 터널, 멀칭, 추가피복, 커튼, 수막시설 등을 이용한다.

반대로 여름철에는 냉방이 필요한 경우도 있다. 이때는 팬 패드(fan and pad) 방식을 이용할 수 있다. 이것은 시설의 한 모퉁이에 패드(pad, 섬유층)를 설치한 후 물을 흘려 패드를 적시고, 환기 팬을 이용하여 실내의 공기를 배출하는 방식인 팬 세무(fan 細霧, fan and mist) 방식을 이용할 수 있다. 그 밖에 지방 분무 냉각법, 작물체 분무 냉각법, 차광, 옥상에 물흘리기 등이 있다.

가장 편리한 온도조절법은 환기이다. 자연환기는 천장이나 측창을 이용한 것이고, 강제환기는 팬을 이용한다. 환기는 온도조절 이외에 탄산가스 공급, 유해가스 방출, 습도저하 등의 효과가 있다(문원, 2005).

〈표 4-27〉 채소류의 생육적온과 한계온도(°C)(교육부, 1999)

작물	최저한계	적온	최고한계	작물	최고한계	적온	최고한계
토마토	5	20~25	35	가지	10	23~28	35
고추	12	25~30	35	오이	8	23~28	35
수박	10	23~28	35	멜론	15	25~30	35
참외	8	20~25	35	호박	8	20~25	35
시금치	8	15~20	25	무	8	15~20	35
배추	5	13~18	23	셀러리	5	15~20	35
쑥갓	8	15~20	25	상추	8	15~20	35
딸기	3	18~23	30				

2) 광선

시설은 여러 가지 피복재를 사용하여 커버하기 때문에 광선이 이 피복물을 통과하면서 변질된다. 뿐만 아니라 골격재를 이용한 축조물 때문에 햇볕의 일부가 차단된다. 따라서 노지와는 다른 환경, 즉 첫째, 광량의 감소, 둘째, 광질의 변화, 셋째, 광의 불균일한 조사 하에 놓이게 된다. 따라서 시설을 설치할 때 이런 점을 감안하여 골재를 배치하고 피복재의 선정에 세심한 주의를 기울여야 한다. 이미 설치된 것이라면 피복재의 세척을 통하여 광투과율이 향상되도록 해야 한다.

3) 수분

수분 역시 노지와는 다른 상태 하에 있다. 토양수분은 건조하고 시설 내 공중습도는 높다. 따라서 작물은 헛자라기 쉽고 또 각종 병충해에 걸리기 쉽다. 따라서 적당한 관수와 환기를 통하여 실내공기 및 토양수분을 조절해야 한다.

4) 토양

일단 시설을 하게 되면 수년 간 이용하기 때문에 염류가 집적되고 매년 유기물 투여로 인한 영양 및 유기물 과다의 토양이 되기 쉽다. 또 같은 작물을 계속적으로 재배함에 따라 토양 중 특정한 성분만을 흡수하여 소위 기지현상이 일어나게 된다. 이를 흔히 연작장해라고 한다. 이러한 피해를 방지하기 위해서는 객토, 담수, 흡비작물 재배, 휴한기 피복물 재배, 윤작 등을 실시해야 한다.

5) 공기

공기는 대부분 질소가스가 차지하고 정작 광합성에 중요한 탄산가스는 0.03%에 지나지 않는다. 또 농도는 350ppm으로 광합성과 밀접한 관계가 있기 때문에 적정한 수준으로 유지하는 것이 필요하다. 그러나 시설 내에서는 공기유통이 잘 안 되기 때문에 탄산가스를 보충해 주는 것이 필요하다.

이러한 특이성을 감안하여 보완이 필요한데, 그 방식은 〈표 4-28〉에 제시하였다.

〈표 4-28〉 시설 내 환경과 보완방법

환 경	특 성	보완방법
온도	일교차 큼, 분포 다름, 높은 지온	난방, 환기, 보온, 팬패드
광선	광질 저하, 양 감소, 분포 불균일	투과량 증가, 골격재 배치 보완, 피복제 세척
수분	토양건조, 습도 상승	관수, 환기
토양	염류집적, 기지현상	객토, 윤작, 유기물 시용, 흡비작물 재배
공기	탄산가스 부족	탄산시비

참고문헌

- 국정도서편찬위원회(2002). 『고등학교 농업기계』. 교학사.
- 교육부(1999). 『고등학교 채소』. 대한교과서 주식회사.
- 교육인적자원부(2003). 『고등학교 원예기술 II』. 교학사.
- 농업기술연구소(1992). 『한국토양총설』. 농촌진흥청.
- 김여운(2001). 『유기농업의 기본과 원칙』. 한국유기농업협회.
- 김종권(2005). 개인면담.
- 농촌진흥청(1994). 『채소영양생리장애』. 농촌진흥청.
- 문원(2005). 『유기농업』. 한국방송통신대학교 평생교육원.
- 문원 · 김종기 · 이지원(2002). 『원예작물학 1- 채소』. 한국방송통신대학교출판부.
- 문원 · 박효근 · 이승구(2004). 『원예학』. 한국방송통신대학교출판부.
- 신영오(1998). 『토양생태계와 토양자원』. 한림저널사.
- 손상목(2007). 『유기농업』. 향문사.
- 孫尙穆(1995). 「菜蔬를 통한 一日 NO3- 攝取量과 安全農産物 NO3- 含量 許容基準設」, 『韓國有機農學會誌』 4:45-61.
- 孫尙穆 · 강광파 · 김재화 · 李倫建(1995). 「시중유통 유기농법과 관행농법 배추, 상추, 케일의 NO-3함량 비교」, 『韓國有機農學會誌』 4:62-65.
- 孫尙穆 · 尹德勳(1996). 「收穫後 貯藏과 調理條件에 따른 배추 可食部位內 NO3- 含量變化」, 『韓國有機農學會誌』 5:101～110.
- 윤성희(2005). 『유기농업 자재의 이론과 실제』. 흙살림 연구소.
- 연병열(1988). 『토양화학분석법-토양, 식물체, 토양미생물』. 농진청 농업기술연구소.
- 이병연(2004). 천적이용 기술 보급(완도군), 천적이용의 이론, 「해충과 천적의 이해」, 워크숍 자료. 천적연구회, 농과원, 농촌진흥청.
- 이준호(2004). 천적이용의 이론, 「해충과 천적의 이해」, 워크숍 자료. 천적연구회, 농과원, 농촌진흥청.
- 이효원(2004). 『생태유기농업』. 한국방송통신대학교출판부.
- 최경희(2004). 『성페로몬, 친환경농업』. 농경과 원예.
- 西尾道德(1997). 『有機栽培の 基礎知識』. 農文協.
- 松澤義郎(1984). 「施設栽培における青刈作物の導入カッ土壤環境なら 野菜生産にぼす影響」, 『茨城園試報』 12:37～ .

- 中野政詩 等(1997). 『土壤圈の 科學』. 朝倉書店.
- 中忖英司(1997). 『有機農業の 基本技術』. 八坂書房.
- Steiner Rudolf(2004). *Agriculture Course*. Rudolf Steiner Press.
- Adrian Myers(2005). *Organic Futures. The case for ogranic farming*. Green Books.

제 5 장

품종과 육종

5.1 유기농가의 신품종 육종 도전

농작물의 육종은 작물의 생산성과 품질을 개선하여 인간의 기호에 맞는 농작물을 생산하기 위한 기술이다. 이를 위해서는 농산물의 질과 양에 영향을 미치는 유전자를 발현시켜야 한다. 그래서 각종 병충해나 환경 스트레스에 대한 저항성을 갖도록 해야 한다. 현재 인류가 재배하고 있는 작물은 장구한 세월 동안 인간에게 유익한 유전자를 선발하여 이용한 결과라 할 수 있다. 이는 야생벼나 야생토마토를 현재의 재배종과 비교하면 잘 드러난다. 즉, 야생 토마토는 리코페르시콘 페루비아눔(*Lycopersicon peruvianum*)으로 크기가 1~1.5cm에 지나지 않으며 성숙한 것이라 해도 녹색을 띠고 있다.

야생벼는 최초에는 익자마자 모두 탈립되는 품종이었을 것으로 추측되며, 우연한 기회에 고숙기가 되어도 탈립하지 않은 변종을 발견하고 이것을 수확하여 저장했다가 파종하게 된 것이 오늘날 수도품종의 기원으로 생각된다. 이 탈립되지 않는 종실 속에는 비탈립유전자가 있기 때문이며, 이러한 바람직한 유전자가 계속 발현되도록 선발과 육종을 계속한 결과 오늘날과 같이 수확기가 되어도 탈립하지 않는 재배종이 탄생하게 된 것이다.

이러한 탈락하지 않는 벼품종이 작물육종의 시조이며 유기종자의 육종도 결국 이러한 과정을 거쳐 만들어지게 된다. 다만 오늘날에는 후술하는 현대적 기법의 여러 가지 육종방법과 기술을 동원하여 보다 쉽게 새로운 품종을 작출할 수 있으나, 이는 경험적 방법이라기보다는 최첨단 육종기술 도입의 결과이고, 따라서 농가에서 이러한 기술을 습득하여 새로운 품종을 만들기 위해서는 시설과 장비, 기술이 필요하다. 따라서 이러한 모든 조건이 갖추어지지 않은 농가가 새로운 품종을 만든다는 것은 힘든 일임에 틀림없다.

5.2 작물육종과 품종

1. 재배식물의 유전자

모든 생물은 세포라고 하는 기능적 및 형태적 단위로 구성되어 있다. 세포는 아주 작은 크기(0.1~1.0μm)를 갖는 박테리아에서 직경이 7.5cm에 이르는 타조알까지 크기가 다양하다. 식물세포의 크기는 10~100μm로 동물세포보다 더 크다. 세포는 큰 빌딩의 벽돌이고 골조이며, 또한 유리창, 각종 배관과 같다. 동물로 비유하면 신경세포는 배관이고 벽돌은 근육세포라고 할 수 있다. 인간은 약 60억 개의 세포로 구성되어 있다.

한 개의 세포는 여러 가지 소기관으로 구성되어 있다. 면 단위의 행정기관이 우체국, 면사무소, 소방서, 경찰지구대 등으로 되어 있는 것과 같다. 식물세포는 핵이 있다 하여 진핵세포라고 하는데, 여러 기관 중 가장 중요한 것이 핵이고 그

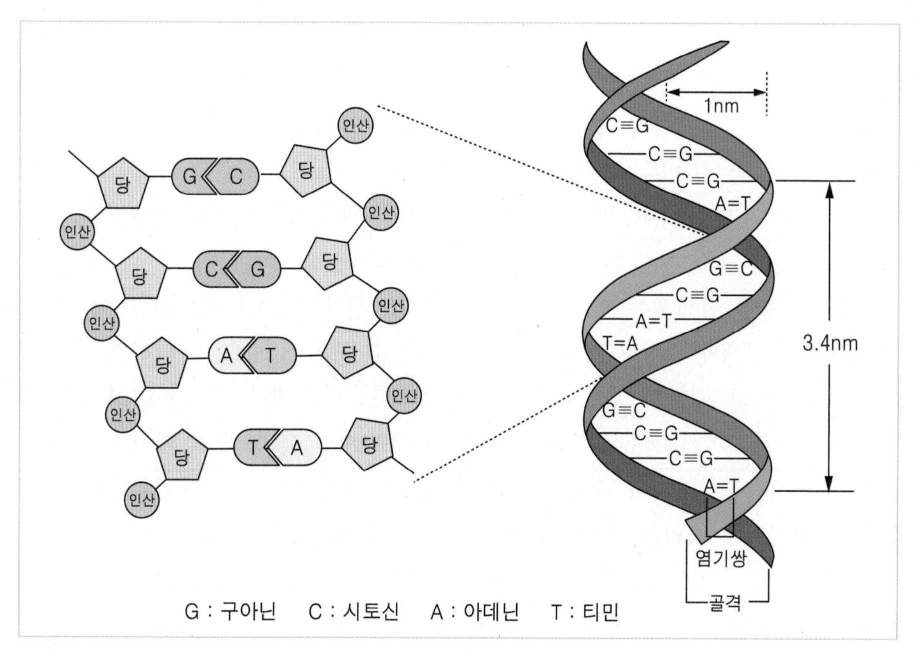

[그림 5-1] DNA의 구조(박순직 등, 2006)

밖에 엽록체, 인, 미토콘드리아, 리보솜, 골지체 세포벽, 세포막 등으로 구성되어 있다.

유전자는 핵 안에 있는데, 속에는 DNA(Deoxyribonucleic acid)가 있다. DNA는 염색체 내에 있는데, 이는 아미노산이 길게 연결된 펩티드 구조이다. 물론 염색체는 항상 볼 수 있는 것은 아니고 세포분열이 일어나는 약 한 시간 동안만 볼 수 있다. 세포 하나에서 DNA의 총 길이는 약 2m 정도이다.

유전자는 유전의 기본단위이며, 분자생물학자들은 이들 펩티드를 암호를 만드는 DNA 조각이라고 하였다. 『이기적 유전자』의 저자인 도킨스는 자연선택의 기본단위라 하여 진화를 담당한 복제자라고 하였다. 화학적으로 볼 때 이 DNA는 네 종류의 뉴클레오티드(nucletide)로 구성되며 이중나선으로 꼬여 있다. 이 네 종류는 흔히 염기라고도 하는데, A(아데닌), T(티민), G(구아민), C(시토신)의 네 가지이며, 이들은 3~4nm 간격으로 붙어 있다. 컴퓨터에 정보를 저장할 때 0과 1의 두 개의 숫자만을 이용하는 이진법을 사용하는 것처럼 세포의 유전정보는 ATGC라는 네 가지 염기로만 유전정보를 저장한다. 컴퓨터의 000100011100과 같은 형태의 정보저장처럼 DNA 내에 ATTCCGTACG와 같이 저장된다. 이 염기는 단백질을 구성하는 물질로 유전물질의 저장과 복원, 새로운 물질의 탄생은 단백질의 화학반응에서 비롯된다고 할 수 있다.

즉, 저장서열이 변하면 유전자가 변하고, 그 결과 새로운 품종이 작출될 수 있다. 세포 속의 유전자는 육안으로 볼 수 없지만 신품종은 그 크기나 무게, 품질이 다른 것을 알 수 있는데, 이렇게 겉으로 나타난 유전형질을 표현형이라고 한다. 유전자가 발현되어 밖으로 나타낸 것과 세포의 DNA를 합쳐서 게놈(genome)이라 하고, 이들은 앞에서 서술한 염색체에 숨겨져 있다.

사람의 경우 염색체는 46개인데, 23개씩으로 된 두 쌍으로 되어 있으며, 같은 형질은 같은 염색체 내에 서로 대립하여 존재한다. 도킨스(2002)에 의하면 이것은 방대한 건축물의 46권의 설계도와 같으며, 각 권을 염색체라 하고 현미경 상으로는 가느다란 실(이중나선구조)의 모습을 띤다. 유전자란 이 책의 각 페이지에 해당한다. 갈색 눈의 아버지와 파란색 눈의 어머니 사이에서 태어난 아이의 염색체에는 눈의 색깔을 지배하는 두 염색체가 특정 염색체(예 5번)에 있는데, 갈색이 우성이기 때문에 갈색의 눈을 갖고 태어나는 식이다. 이것을 대립유전자라고 말한다. 눈의 색깔에 관여하는 여러 인자가 있다면 더 복잡한 양상으로 표현된다.

2. 유전자원의 수집

어떠한 작물을 육종하기 위해서는 우선 유전자원(遺傳資源, heredity

〈표 5-1〉 장려품종 벼의 품종특성

품종명	육성경위	주요특성	적응지역
진부올벼(극조생종)	중산간지대에 적합품종육성 단간내내성 37A 아키유다카 교배 적응시험, 1992년 장려품종	반직립, 도복 강, 까락없음 일반벼보다 5~14일 조생, 입도열 중약, 목도열병 약, 밥맛 양호, 완전비율 높음, 극만기재배에 유리	고랭지, 동해안, 중북부 못자리 일수 40일 이내
남원벼(조생종)	내병성, 조생종 아키유다카 내도복다수성 삼남벼 교배 적응시험, 1990년 중산간지 및 남부고랭지의 장려품종	조생종, 등숙률 높음 쌀알은 심복백 거의 없이 맑고 둥글며, 중립, 오대벼보다 아밀로오스 함량 약간 높음. 밥맛 좋음. 도열병에 강, 기타 병충해에 약, 저온발아성 양호, 수발아 보통, 오대벼와 비슷	중산간지 및 고랭지 해발 250m 이하의 평야지 재배 부적합 못자리 일수 30일 이내
화성벼(중생종)	우리나라 최초의 약배양 기법으로 반수체 육종법에 의해 최단기간 내 육성보급된 양질 품종. 줄무늬잎마름병 저항성 애지 37호 단간양질 삼남벼 인공교배 적응시험, 1985년 장려품종 지정	직립성, 수광태세 좋음 줄무늬잎마름병에 강, 다른 병해충에는 약, 내냉성 강, 저온발아성 높음 전 생육기간에 걸쳐 적고 거의 없고, 성숙기의 숙색 양호	중부 평야지대, 남부 중간지대, 중서부 및 동남부 해안지대, 특히 남부지방의 만식 및 이모작 재배 적응성 높음
일품벼(중만생종)	단간 내도복 다수성 수원 295-SV3 밥맛 좋은 아니바와세 교배 적응시험, 1991년 장려품종	직립성, 초형 양호, 탈립이 잘 안 됨 포기당 이삭수 다소 적음 이삭당 벼알수 월등히 많아 등숙률 다소 떨어짐 도열병 중, 흰잎마름병, 바이러스병 및 벼멸구 약, 내냉성 비교적 강, 도복 강	중부 평야지대 및 남부 내륙중간지대 적기방제, 적정균형 시비 유의

resources)을 수집해야 한다. 수집 시 품종명, 수집지, 수집일 등을 기록하고 생육지의 환경을 기록하는데, 지형, 토성, 식생, 재배방법, 작부체계 등을 상세히 기록한다. 한편 수집식물에 관한 내용도 조사하는데, 예를 들면 품종의 유래, 형태, 표본추출방법, 생육밀도, 병충해 유무 등이다(박순직, 2002).

〈표 5-1〉에서는 장려품종 벼의 몇 가지 품종특성을 요약하였다. 즉, 극조생종인 진부올벼, 남원벼, 화성벼, 일품벼의 육성경위, 주요 특성, 적응지역 등에 대한 특성이 요약되어 있다. 이와 같이 자신이 유기육종을 하기 위해서는 그 품종에 대한 정보를 충분히 알고 있어야 하고, 이 품종을 이용하여 어떤 새로운 품종을 육종할 것인지 그 목표를 설정하는 것이 중요하다. 어떤 지역에 냉해가 심하면 냉해에 견디는 품종, 도열병이 잘 발생되는 지역에는 내도열성을 갖는 품종을 육종할 수 있을 것이다. 이를 위해서 그러한 특징을 갖는 여러 품종에 대한 정보를 수집하여 육종의 모본을 선정하는 것이 중요하다.

다음은 완두의 육종 예를 들어보기로 한다. 완두는 남부 유럽이 원산으로 우리나라에는 17세기에 도입되었으며 잡곡이나 떡의 속으로 이용되고 있다. 그 종류는 초형에 따라 왜성종(직립종)과 만성종, 꼬투리의 형태에 따라 경협종과 연협종, 종실색에 따라 백색종과 유색종으로 구분되기도 한다.

영남시험장에서는 조숙, 단경, 내도복, 다수성이면서 상품성 향상을 위한 1차

연도	1992	1993	1994	1995	1996	1997	1998	1999	2000	2001	2002	2003
세대	교배	F_1	F_2	F_3	F_4	F_5	F_6	F_7	F_8	F_9	F_{10}	F_{11}
YP358 × YP381 YP115 →		집단재배 (20개체) →	집단재배 (800) →	집단재배 (12) →	1 ② 3 4 5 →	1 2 ③ : 8 →	① 2 3 : 20 →	① 2 : 20 →	1 · ⑦ : 20 →	① 2 : 5 →	① 2 : 5 →	① 2 : 5
										청미완두(밀양16호)		
주요과정	인공교배	계통육성						생예	생본	지역적응시험		

[그림 5-2] 청미완두 육성계통도(영남시험장)

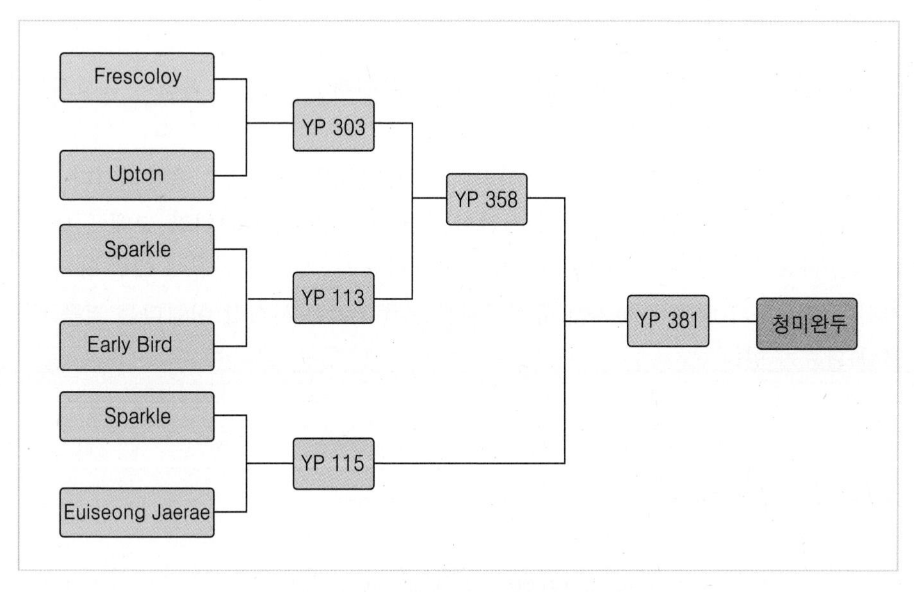

[그림 5-3] 청미완두 육성계보도(영남시험장)

수확비율이 높고 식미가 양호한 풋협용을 만들기로 하였다. 수집할 수 있는 유전자원으로 Frescoloy〔꼬투리 길이가 길고, 협당 입수가 7~8립(보통 완두는 6~7립임), 키가 큼, 만숙(국내에서는 너무 늦음)〕, Upton(키가 작고 조숙임), 스파클(국내 재배되었던 대표적인 품종, 다수, 내병성), 의성재래를 사용하였다.

위의 품종을 교배하여 2003년에 새로운 품종인 청미완두라는 품종을 육성하였는데, 이것은 조숙, 단경, 내복성, 다수의 특성을 갖게 되었고, 특히 완두꼬투리의 수량이 많고 종실의 당도가 높아 기호성이 높은 품종특성을 유지할 수 있었다.

완두는 콩과 마찬가지로 자식성 식물(自殖性 植物, autogamous plant)이다. 따라서 수꽃을 없애고 채취한 꽃가루를 암술주두에 문지른다. 수분능력은 온도나 수분에 영향을 받는다. 즉, 불리한 기상조건일 때는 부본의 꽃들을 페트리디시에 담아 25°C의 실내에서 4시간 동안 저장하면 오후에 꽃가루를 이용할 수 있다. 또 5°C 또는 3°C에 저장하면 수주일 동안 저장하면서 수분을 시킬 수 있다. 교배를 위해서는 교배모본을 포장에 파종하거나 또는 온실의 화분에서 기른 모본을 이용할 수 있다. 중요한 것은 양친 모두 동일시기에 개화하도록 하는 것이 필요하다. 일치하지 않으면 인공적으로 동시에 꽃이 피도록 유도한다. 이때 유도하는 방법은 파종시기 조절, 일장처리 등을 한다. 자세한 내용은 관련 서적(『육종실험의 길잡이』, 1996) 등을 참조하면 된다.

이러한 교배의 결과 청미완두라는 품종을 육성하였는데, 그 과정이 육성계통도에 잘 나타나 있다([그림 5-2] 참조).

이 품종의 육종은 1992년에 시작하여 2004년도에 품종으로 육종되었다. 교배, 적응시험을 거치는 데 12년의 시간이 소요되었다. 뿐만 아니라 교배에 대한 기술도 필요하고 제웅기술이나 재배식물의 개화생리, 작물의 유전에 대한 해박한 지식이 필요하기 때문에 농가가 유기종자를 육종하기는 사실상 어렵다는 것을 주목할 필요가 있다.

3. 유전자의 이해

품종(品種, variety, cultivar)이란 형질(형태, 생리, 생태)이 우수하고 균일하며 영속적으로 유지되는 개체의 집단을 말한다. 여기서 형질은 유전자형으로 그 특성을 나타낼 수 있는 인자이다. 유전자는 염색체상에 존재하고 2배체 세포($2n$)의 핵에는 상동염색체가 있어 각 형질을 지배하는 유전자를 두 개씩 가지며, 이들은 대립하고 있다 하여 대립형질이라 하고 유전자를 지칭할 때는 대립유전자(對立遺傳子, allele)라고 말한다(예 : *aa*, *aA AA*). 두 품종을 교잡하였을 때 이들 유전자의 상호작용으로 형질이 다른 품종이 만들어지게 된다.

〈표 5-2〉에서 나타낸 키큰 것(大)과 키작은 것(小)은 대립유전자이며 키큰 것은 *GG*라는 우성대립유전자가, 키작은 개체는 *gg*라는 열성대립유전자가 존재한다. 키큰 것과 키작은 두 품종을 교배하면 그 1대에는 우성인 키큰 개체만 생긴다. 다시 이 키큰 두 개체를 교배하면 그 자손(종자)은 키큰 것 3과 키작은 것

〈표 5-2〉 대립형질과 유전(완두의 예)

형질 · 세대 / 특성	대립형질		제1대 발현(F_1)	제2대 발현(F_2)	
	우성	열성		우성	열성
키	대(大)	소(小)	대	대(3개)	소(1개)
꽃색	보라	흰	보라	보라(3개)	흰(1개)
콩깍지모양	매끈	울퉁불퉁	매끈	매끈(3개)	울퉁불퉁(1개)

1(3 : 1)의 비율로 종자가 맺게 된다.

이것이 유명한 멘델의 제1법칙으로 분리법이라는 것이다. 이를 통해 유전형질은 개체 속에 쌍(2개)으로 존재한다는 것이 밝혀졌다.

이것은 이형접합체인 제1대에서는 대립유전자쌍이 분리되어 배우자로 나뉘기 때문에 이를 멘델의 제1법칙 또는 분리의 법칙(分離의 法則, law of segregation)이라고 한다.

멘델의 제2법칙은 독립의 법칙(獨立의 法則, law of independence)인데, 이는 서로 다른 염색체에 있는 비대립유전자는 독립적으로 분리하여 자유조합을 한다는 것이며, 이의 예는 가축의 경우에서도 잘 설명된다.

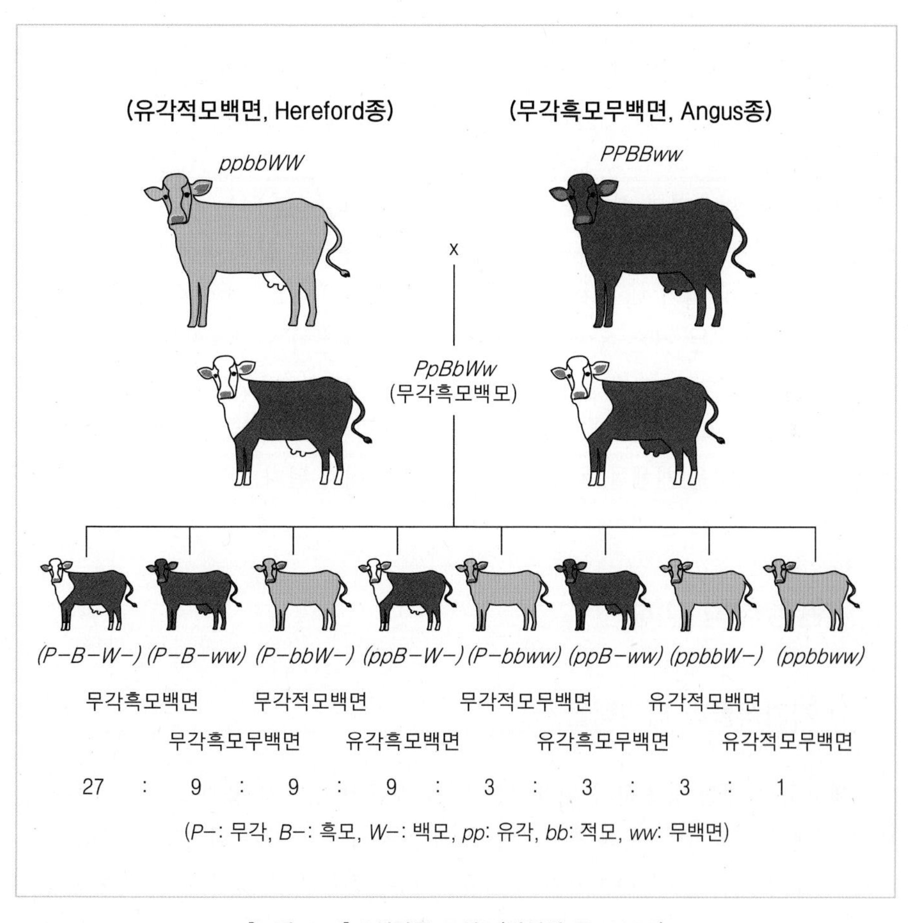

[그림 5-4] 3성잡종 모식도(박영일 등, 1999)

[그림 5-4]를 보면 유각적모백면의 헤어포드(*ppbbWW*)와 무각흑모무백면의 앵거스(*PPBBww*)를 교배하면 F_2에서는 27 : 9 : 9 : 9 : 3 : 3 : 3 : 1로 나타나며, 이 중 여섯 종은 원종에 없던 새로운 유전자가 만들어진다는 것을 보여 주고 있다.

5.3 육 종

새로운 육종을 하기 위해서는 그 재료라 할 수 있는 유전자원이 필요하다. 이 자원은 수천 년 동안 농가가 이용한 재래종과 야생에 존재하는 특징이 다른 품종이 기초가 된다.

예를 들어 검은벼와 흰벼를 교배했을 때 제1세대(아들 F)는 검은색의 벼가 출현되고, 그 다음 제2세대(손자세대)는 검은벼가 아홉 개, 갈색(적색과 흰색의 혼합)이 세 개, 흰색의 벼가 네 개의 비율로 나타나게 된다. 그 자손에서 각기 다른 색깔의 벼가 출현되는 것은 육안으로 볼 수 없지만 유전자가 상호작용을 하기 때문이다. 좀 더 구체적으로 우성유전자가 색소를 결정짓는 전구물질에 영향을 미치기 때문이다. 이렇게 부모에서 볼 수 없었던 색깔이 그 자손에서 발현되는 성질을 이용하여 새로운 개체를 육종해 낼 수 있는 토대가 된다.

1. 작물생식의 이해

1) 자가작물과 타가작물

새로운 품종을 육종하기 위해서는 먼저 작물이 어떻게 종자를 번식하는가에 대한 이해가 필요하다. 동물에서 암수가 있고 정자와 난자가 결합하여 새로운 개체를 만들어 내는 것과 마찬가지로 식물은 보통 화분이 암꽃의 주두로 이동하여 화분의 정세포와 배낭의 난세포가 융합하여 하나의 새로운 종자를 만들어 내는

데, 이렇게 암술과 수술이 있고 이곳에 있는 암배우자와 수배우자가 교잡하여 번식하는 경우 유성생식(有性生殖, sexual reproduction)을 한다고 말한다.

그런데 유성생식하는 것 중에는 하나의 꽃 속에 암술과 수술이 함께 있는 것을 자식성 식물이라고 말한다. 같은 개체의 식물체 또는 동일 화기(花器, flower organ) 내에서 수정이 이루어지기 때문에 옆에 있는 작물에서 꽃가루를 받아 수정될 확률은 극히 적다. 그 자식성 식물(自殖性植物, autogamous plant)의 타식성 비율은 4% 미만이고, 보리, 밀, 토마토는 1%, 수수는 10% 정도로 알려져 있다. 이러한 작물을 자가수정을 한다고 하며 자식성을 나타내는 채소는 토마토, 가지, 고추, 갓이 있다. 곡류는 벼, 밀, 보리, 귀리, 조가 이러한 특성을 나타낸다. 그러나 이들 중에서도 고추, 갓, 수수, 목화나 서양유채 등은 타식률(다른 꽃에서 꽃가루를 받아 수정하는 비율)이 높은 것으로 알려졌다.

한편 자가수정(自家受精, autogamy)을 하지 않고 타가수정을 하는 작물을 타식성 식물(他殖性 植物, allogamous plant)이라고 하며, 그 특성에 따라 분류하면 〈표 5-3〉과 같다.

이 타식성 작물은 다른 포기의 여러 수배우자에게서 꽃가루를 받아 수정하기 때문에 다양한 개체가 생산되어 새로운 품종을 육성하기 쉽다. 유전자 변이가 크기 때문에 원하는 특성을 골라낼 수 있기 때문이다.

실제 육종에서 자가수정하는 벼인 경우 개화 직전에 벼의 꽃 속에 있는 수술 여섯 개를 완전히 제거해야 그 품종의 특성을 유지할 수 있다. 그러나 타가수정하는 옥수수는 수꽃만 봉지를 씌워 수꽃의 꽃가루 이동을 막아야 잡종이 되는 것을 방지할 수 있다.

〈표 5-3〉 타식성 작물의 분류(박순직 등, 2002)

종 류	의 미	작물명
자웅이주	수정 시 다른 꽃의 화분을 이용하는 것	아스파라거스, 시금치
자웅동주이화웅화선숙	암술과 수술이 동일한 포기 속에 있지만 수술이 먼저 성숙하는 것	옥수수, 딸기, 오이, 수박
양성화웅예선숙	한 꽃 속에 암술과 수술이 있으나 수술이 먼저 성숙하는 것	양파, 마늘, 셀러리
양성화자가불화합성	한 꽃 속에 암술과 수술이 있으나 암수술의 유전자형이 같을 때 종자가 달리지 않는 것	호밀, 양배추, 무, 고구마, 메밀

벼에서 수술 여섯 개를 제거하기 위해서는 여러 가지 기구, 예를 들면 소형 핀셋, 가위, 해부침, 해부칼, 알코올 용기 등이 필요하다. 뿐만 아니라 근방의 암술은 건드리지 않으며 작은 수술만 제거할 수 있는 기술이 필요하다.

2) 무성생식

한편 암배우자(난세포)와 정세포(수배우자)가 결합하여 새로운 개체를 만드는 대신에 식물체의 일부가 성장하여 새로운 개체가 되는 번식방법을 영양번식(營養繁殖, vegetative propagation)이라 하고, 고구마나 감자, 마늘이 여기에 속하며, 유기농업작목 중에서 차지하는 비율이 낮기 때문에 그 설명은 생략한다.

2. 유전변이의 창출

목적하는 품종을 육종하기 위해서는 특징이 다른 많은 품종(유전변이)이 필요하다. 이때는 주위에서 흔히 볼 수 있는 재래품종을 이용할 수도 있고 또 인공교잡(人工交雜, artificial crossing)을 통하여 유전자를 다시 조합하여 새로운 품종을 만들 수도 있다. 인공교잡을 하기 위해서 개화를 조절하여 새로운 유전자를 찾아낼 수 있는데, 이때 개화시기를 다르게 하기 위한 방법으로는 온도, 파종기, 시비량 조절법, 광주기 이용법, 춘화현상 응용법, 접목이용법이 있다.

기존 품종의 이용은 이미 존재하는 품종을 육종재료로 이용하는 방법이고, 각종 처리는 필요한 변이를 직접 만드는 방법이다. 전자에 속하는 것은 도입육종법과 분리육종법이고, 후자는 교잡, 잡종, 배수성, 돌연변이육종법이 그것이다. 그리고 현재의 육종방법으로 많이 이용되고 있는 배수체육종법, 세포배양법, 세포융합법, 유전자 조작법은 기내육종법(器內育種法, in vitro breeding)으로 넣어 분류하나, 이것은 유전자 조작법이 포함되어 있으므로 여기서는 생략하기로 한다. 이러한 분류법에 따라 중요한 육종법 몇 가지만을 설명하도록 한다.

3. 육종방법

1) 도입육종

도입육종(導入育種, plant introduction)이란 다른 지방이나 외국에서 재배 중인 품종을 도입하여 적응시험을 거쳐 그 지역의 재배품종으로 하는 것이다. 목화, 양다래, 거봉, 추청벼 등은 대표적인 도입육종법의 예이다. 즉, 외국에서 육종한 것을 국내에서도 잘 적응하는가 실험한 후 농가가 이용할 수 있도록 한 것으로서 육종기간을 단축할 수 있다는 이점이 있다. 이때 거치는 과정은 검역에서 시작하여 격리포장에서의 실험, 지역적응시험, 증식 및 보급까지 약 5년 정도가 걸리는 것으로 보고 있다.

2) 분리육종

분리육종(分離育種, breeding by separation)은 보통 자식성 작물에서 사용하는 것으로 이론적 배경은 순계설이며, 오랫동안 그 지방에서 자생하는 것을 모태로 하여 육종하는 것이다. 환경적응성이 크다는 장점을 가지고 있다. 이 육종방법은 보통 4단계를 거친다(박순직 등, 2002). 이 육종법은 재배과정에서 스스로의 교잡에 의해 여러 가지 유전자를 포함하고 있으며 벼의 은방주 콩 중 장단백목, 풋고추는 순계선발에 의해 육종된 품종으로 알려져 있다. 분리육종기법 중에는 순계도태법, 계통분리법, 영양계분리법도 있다.

3) 교배육종

교배육종(交配育種, cross breeding)은 교잡육종이라고도 하는데, 재래종 집단에서 목표로 하는 유전자형을 구할 수 없을 때 인공교배를 통하여 새로운 변이를 창출해 내는 방법이다. 이때 이용하는 방법으로 계통육종(系統育種, pedigree method)과 집단육종이 있다. 계통육종의 대표품종으로 통일벼가 있고 집단육종 방법을 이용하여 작출한 대청벼가 있다. 계통육종은 인공교배를 통하여 제1대 잡종을 만들고, 그 후부터는 계통선발을 통하여 우량한 유전자를 찾아 고정하는 방법이며, 집단육종은 인공교잡과 집단재배를 통하여 집단의 유전자적 균일성이 어느 정도 높아진 다음 개체를 선발하여 육종하는 방법이다.

4) 잡종강세육종

서로 다른 품종 또는 계통 간에 교잡을 하였을 때 그 다음 세대(F_1)에서 양친보다 왕성한 생육현상을 보이는 현상을 잡종강세(雜種强勢, heterosis)라고 한다. 이러한 현상을 이용하고자 시도한 것이 잡종강세육종법이다. 옥수수, 배추 등과 같은 작물에서 좋은 성과를 나타내었다. 옥수수 수원19호 육종이 대표적인 예이다. 또 우장춘 박사가 육종한 원예1호도 이러한 특성을 이용하였다. 잡종강세는 초우성설, 우성유전자연관설, 유전자 작용의 상승효과설 등(조장환, 1999)에 의해 나타난다고 한다. 이 방법의 가장 큰 결점은 종자가격이 고가라는 점이며, 따라서 채종방법에 특별한 관심을 기울여야 한다. 채종을 위해 인공교배, 웅성불임성, 자가불화합성을 이용하는데, 각 작목마다 각기 다른 방법을 이용하여 채종한다. 예를 들어 오이나 수박은 인공교배를, 당근이나 상추, 고추는 웅성불임성을, 무나 배추는 자가불화합성을 이용한다.

5) 배수육종

배수육종(倍數育種, polyploid breeding)은 유전자좌에 유전자를 갖고 있는 염색체의 집합체라고 할 수 있는 게놈(genome)를 배가시켜 창출되는 배수체를 가지고 새로운 유전형질을 만들어 내는 육종법이다. 이때 배수체를 만들어 내기 위해서는 세포분열 중인 생장점에 콜히친 처리를 하거나 조직배양기술을 이용하여 배수성 세포를 만든다.

이러한 기법을 이용한 품종작출로 유명한 씨없는 수박, 사료작물(특히 이탈리안라이그래스와 퍼레니얼라이그래스), 화훼류와 벼의 화성, 화진, 화영 등을 들 수 있다(무명씨, 2005). 트리티케일(호밀×밀)이나 하쿠란(배수×양배추)도 이러한 기법이 동원되었다.

한편 이 방법은 경우에 따라서는 유전공학적 기법이 동원되어 교재에 따라 유전체조작육종의 범주에 넣기도 하기 때문에(田中, 2002) 유기농업의 종자로는 부적합하다 할 것이다.

6) 돌연변이육종

돌연변이육종(突然變異育種, mutation breeding)은 현존하는 품종에 화학물질을 처리하게 되면 특정형질이 변화되거나 이전에 나타나지 않았던 새로운 형질이 발현되는 것을 이용하여 새로운 품종을 만드는 기법이다. 이 방법은 비교적 간결한 처리를 통하여 새로운 개체를 만들어 낼 수 있다는 장점이 있는 반면 그 변이율이 낮고, 열성 돌연변이가 많다는 단점을 가지고 있다(무명씨, 2005). 이 기법은 영양번식을 하는 작물의 육종에 알맞다고 알려졌다. 그간 이 방법에 의해 육성된 것이 1,332종에 이른다(조장환, 1999). 작목 중에는 벼, 관상식물이 많고, 나라별로는 특히 중국에서 이러한 기법을 많이 이용한 것으로 발표되었다. 돌연변이육종에 이용되는 것으로 방사선인 엑스선, 감마선, 중성자, 베타선과 화학물질인 EMS, DES, NaN_3 등이 많이 사용된다.

7) 종속 간 교잡육종

연구자에 따라서 종속 간 교잡육종(種屬間交雜育種, inter-specific and generic hybridization method)을 배수육종법의 한 종류로 분류하는 경우도 있다(조장환, 1999). 이 방법의 요점은 종속 간의 유전자를 교잡하여 신품종을 육성하는 방법이다. 이 방법에는 계통육종법, 집단육종법, 여교잡육종법(戾交雜育種法, backcross method), 집결육종법이 있고, 일본에서는 밀의 내병성 품종육종 및 벼의 육종에서 이 방법을 이용한 바가 있다.

[그림 5-5] 토종의 보존과 번식(흙살림)

5.4 유기농가에 의한 품종육종

1. 농가에서의 품종육종의 한계

일본의 유기농가는 1895년부터 1915년까지 농가 사이에 종자교환회가 있어 각 농가가 모여 종자의 교환과 농업기술에 대한 토론도 하였으나, 그 후 유럽 등지에서 신종자육성법이 도입되어 원종포, 채종포와 같은 것이 제도적으로 마련되어 종자를 교환할 필요가 사라지게 되었다(金子美登, 2004). 그 후 일본의 유기농업연구회의 생산부회에서 수회에 걸쳐 종자교환회를 열었으나 그 효과는 미미하였다. 현재도 교환이 이루어진다고는 하나 실제 농가가 얼마나 많이 이용하는지는 확실치 않다. 농가 수준에서 새로운 종자의 육종은 현실적으로 상당히 어렵고, 이러한 종자육종의 어려움을 원예시험장의 무육종의 예를 들어 설명하기로 한다.

2. 원예시험장 박수형 박사의 증언

안녕하세요.

우선 상추 재배농가가 배추과 작물의 육종에 관심이 있다니 좀 당황스럽습니다. 상추라면 폐화수정이 되므로, 농가에서 한번 수정된 개체를 심어서 우수한 것을 그냥 골라내면 되는데, 십자화과 작물의 경우 자가불화합성이 있어서 일반인이 육종하기는 힘듭니다.

십자화과 작물은 타가수정작물이므로 자연상태에서는 이것 저것 임의적으로 교배가 일어나서, 원하는 특별한 형질이 있는 양친만을 따로 밀폐된 공간에 심어 개화시킨 후 수정해야 합니다. 만약 양친의 자가불화합 인자형이 같으면 종자가 전혀 생기지 않을 수도 있습니다. 이럴 경우 뇌수분을 해 주어야 하는데, 저희 교배 아주머니들 보면, 최소한 2년은 되어야 종자가 잘 달리더군요. 무의 경우는 3년 정도 걸립니다.

이밖에 고려해야 할 형질도 많고, 내병충성 등 생리적 지식도 있어야 하고, 유전적인 지식도 있어야 하고 … 캐나다로 이민가신 분인데 … 십자화과 작물은 관련 지식이 없는 분이 육종을 할 경우 쓸 만한 양친을 만드는 데 약 30년 가량이 소요되더군요.

제 경우는 훌륭한 선배도 있었고, 항상 조언을 해 주시는 교수님이 최소한 세 분, 교배를 도와주시는 분이 네다섯 분, 실험보조 한 분 … 이렇게 해서 현재 6년째 무육종을 수행해서 올해 간신히 사용 가능성이 있는 계통이 몇몇 개 나왔습니다.

이상이 제 경험입니다.

이러한 사실을 알고도 육종을 하시고 싶다면 6개월 가량 저희 연구소에 오셔서 육종과정을 보시고 난 후에 결정하셔도 될 것 같습니다.

그럼 안녕히 계세요.

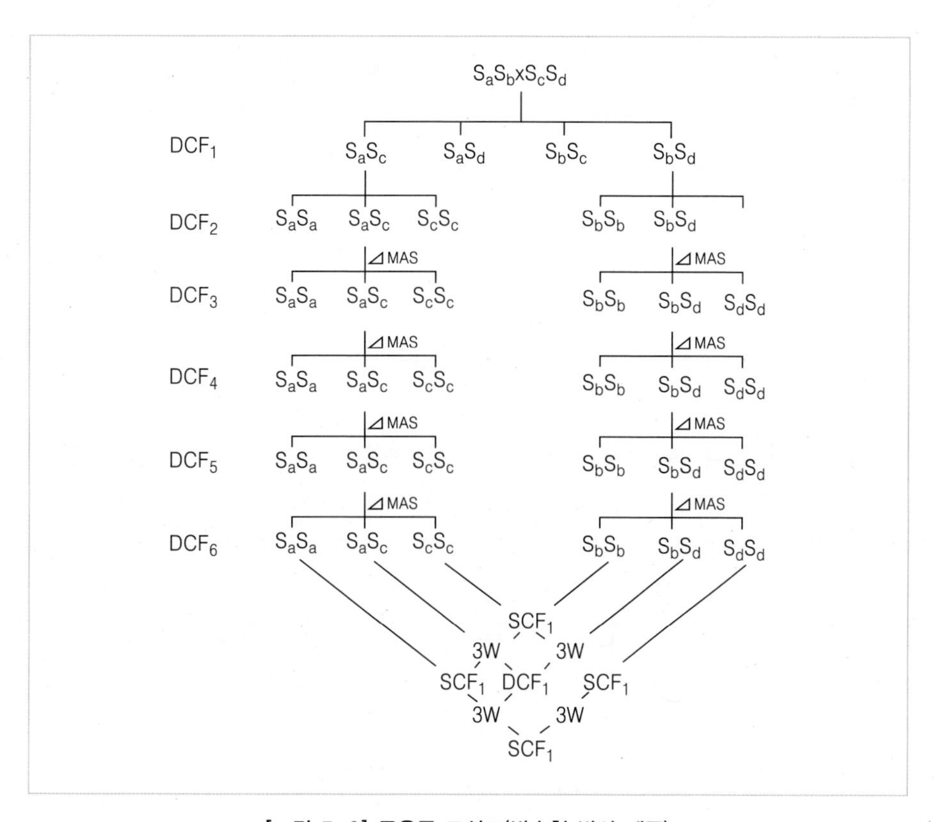

[그림 5-6] 무육종 모식도(박수형 박사 제공)

앞의 서신과 [그림 5-6]에서 알 수 있듯이 가축에서 암수를 교잡하여 임신시켜 번식시키는 것과는 다르다. 그 특징(유전자 조성이 다른)이 다른 개체수가 자연계에는 많고 만약 없으면 이것을 인위적으로 조작하여 희망하는 형질을 갖는 품종을 만들어 내야 하기 때문이다. 따라서 일반 농가가 유기종자를 육종하여 이용하거나 인근농장에 보급하는 것은 거의 불가능하다.

3. 유전자변형종자에 대한 유기농가의 견해

유기농업에서는 유전자변형종자(Genetically Modified Organism, GMO)로 육묘한 것을 사용할 수 없도록 강제하고 있다. 유전자변형농산물 예찬론자는 점증하는 세계 인구를 부양하기 위해서는 이에 부합하는 생산성이 높은 품종을 개발해야 한다고 주장한다. 즉, 세계 인구가 2025년에 78억 명이 되고 2050년에는 90억 명이 될 것으로 예상, 이를 위해서는 획기적인 육종방법이 필요하고, 그 한 방법으로서 유전자변형종자의 육종을 시도하는 것은 불가피하다는 것이다.

1) 유전자변형종자

지금까지 상품화가 이루어진 이러한 변형종자는 콩, 옥수수, 호박, 유채, 목화 등 15종 68품종에 이르며(작유체사단, 2004), 그 양으로 보았을 때 미국에서 생산되는(1999년 기준) 콩의 약 57%, 옥수수의 38%, 목화의 65%가 이러한 기법으로 생산되었다고 하며, 캐나다는 유채의 39~40%가 GMO라고 한다.

작목별로 볼 때 옥수수가 제초제 저항성, 해충 저항성, 웅성불임 등 18건으로 가장 많고, 두 번째를 차지하는 것은 유채 15품종으로 제초제와 지방산 조성 개량에 이러한 기법이 이용되었다. 또한 현재 포장시험 중인 작물의 생육특성별 적용 분야를 보면 작물의 제초제 저항성에 관한 내용이 800여 건으로, 전체 2,865건의 27.7%를 차지하고, 품질 향상이 26.5%, 해충 저항성이 24.2%, 기타는 병해 저항성을 높이기 위해 필요한 유전자를 작물에 주입시켰다(작유사체단, 2004).

〈표 5-4〉 상품화되고 있는 유전자재조합작물과 상품화된 국가 및 연대

농작물명	최초로 상품화한 국가	연대
보존성 향상 토마토 '프레버세이버'	미국(Calgene사)	1994
제초제 내성 콩	미국(Monsanto사)	1995
제초제 내성 채종	캐나다(AgrEvo사)	1995
제초제 내성 채종	캐나다(Monsanto사)	1995
바이러스성 호박	미국(Asgrow사)	1995
제초제 내성 옥수수	미국(Dekalb사)	1996
해충 저항성 옥수수	미국(CibaSeeds사)	1996
제초제 내성 면	미국(Calgene사)	1996
해충 저항성 면	미국, 호주(Monsanto사)	1996
변색 카네이션	호주(Florigene사)	1997
제초제 내성 아마	캐나다(Saskatchewan대학)	1998
보존성 향상 메론	미국(Agritope사)	1999
웅성불임 옥수수	미국(Aventis사)	2000
제초제 내성 벼	미국(Aventis사)	2000
제초제 내성 옥수수	미국(Dow AgroSciences사)	2002

2) 유전자변형작물의 조작원리

유기농업에서는 유전자변형작물이라고 하나, 학자에 따라 유전자재조합작물, 생명공학작물, 육종학에서는 염색체조작 육종작물, 생명공학적 육종작물 등 다양하게 부른다. 이 기법은 유전자가 DNA(디옥시리보핵산)에 들어 있다는 것에 기초한다. 이 DNA는 나선형으로 서로 마주보며 A, T, C, G라는 네 개의 염기를 가지고 있다. 그리고 DNA는 약 30억 개의 염기쌍이 있고 벼에만도 4억 개가 된다. 이 DNA는 세포의 염색체 속에 존재하며 규칙적으로 접혀져 있는 형태를 취하고 있다. 하나의 DNA는 한 개의 단백질을 합성하기 위한 정보를 가지고 있고, 이것은 수천 개의 염기쌍으로 구성되어 있다(田中, 2002).

유전자 조작의 과정을 간단히 설명하면 다음과 같다. 동식물에서 유용한 유전자를 발굴하여 유용한 유전자를 플라스미드 DNA를 결합시킨 다음, 다른 한쪽에서는 박테리아 플라스미드 DNA를 추출하여 앞의 플라스미드를 이식할 수 있

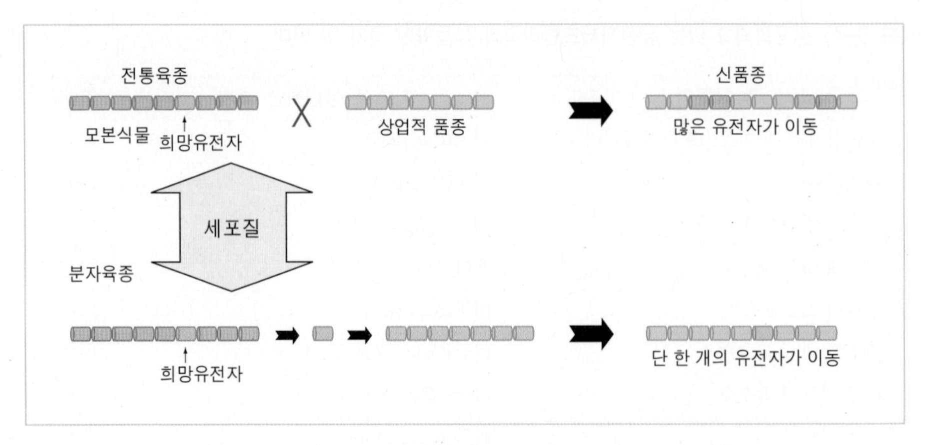

[그림 5-7] 전통육종법과 분자육종의 차이(김기용 박사 제공)

도록 유전자 부위를 절단한다. 다음 단계는 유용한 유전자를 끼워 넣어 이것을 아그로박테리아가 흡수하도록 하여 이것을 다시 식물세포에 이식한다. 유용한 유전자가 함유된 식물세포를 배양하여 유용한 유전자가 들어 있는 농작물을 작출할 수 있게 된다. 식물체에 유전자를 이식하는 방법은 Ti 플라스미드 이용법, 입자총, 미세주사법, 바이러스 이용법, 원형질체 이식법, 전기충격법, 리포좀 융합, 화분관법, 침지법, 미세 레이저법 등이 있다.

3) 유기농가의 GMO 반대입장

GMO가 생산성을 향상시켜 식량난을 해결하는 데 많은 도움을 줄 수 있다는 논리에 대하여 소비자들은 안전성 문제를 제기하고 있다(야스타 세츠코, 2000). 예를 들면 제초제에 저항성이 있는 유전자를 도입한 새로운 작물 속에 있는 선발된 마커 유전자는 기존의 다른 잡초에 전이될 수 있고, 항생제 저항성 유전자는 사람이나 다른 동물이 섭취했을 때 그 동물의 장내 미생물에 전이될 가능성을 염려하고 있다(작유체사단, 2004). 또한 이들에 의한 생태계 교란, GMO에 의한 유전적 오염을 우려하고 있다. 나아가 유기농업의 입장에서 가장 중요한 것은 다국적 기업이 종자개발을 하여 이로 인한 저개발 국가의 종자시장을 독점함으로써 지산지소(地産地消)라는 목표가 흔들리게 되면 자연, 천연과 같은 유기농업의 기본 입장과 대립되기 때문이다.

5.5 종자의 증식과 보급

유기농가가 신품종을 만들었다 하더라도 그 순도를 유지하고 채종하여 다른 농가에 보급하기 위해서는 채종포가 필요하다. 그 면적으로 벼는 20ha, 밭작물은 10ha가 필요하다. 왜냐하면 잡초의 유입을 방지하여 유전적인 오염을 피해야 하기 때문이다. 따라서 일반 작물포와는 격리된 곳에 채종포를 만들어야 한다. 사료작물인 경우 다음과 같은 격리거리가 필요하다. 두과는 자식성, 화본과는 타식성이므로 다른 작물의 포장선정에 참고가 될 것이다.

한편 일본에서는 한 유기농가가 두 품종씩만 육종하여 서로 교환하자는 제안도 있었다(大平專西, 2004). 그러나 앞의 무육종의 예에서 보는 것처럼 초보자가 전문적인 식견을 갖는 데 30년이 소요된다는 사실 때문에 유기농가가 육종하여 종자를 교환하자는 아이디어는 실현 가능성이 매우 낮다고 할 수 있다. 그러므로 종자은행에서 재래종자를 분양받아 적응시험을 해 보는 것도 한 방법이 될 수 있을 것이다. 그렇지 못한 경우 시중에서 판매되는 종자를 이용할 수밖에 없는 것이 현실이다. 그렇다고 하더라도 적어도 유기농가가 사용하는 종자는 GMO는 아니라는 확신을 가질 수 있는 종자를 사용하도록 해야 한다.

〈표 5-5〉 사료작물 채종포의 격리거리(m)

수분양식	사료작물	원원종포	원종포	채종포
충매화	알팔파, 레드 클로버	400	200	50
	화이트 클로버	400	400	-
	스위트 클로버	1,600	200	50
풍매화	옥수수	200	200	200
	목초류	400	200	100

5.6 가축의 육종

가축의 육종에 이용되는 유전적인 원리는 기본적으로 멘델의 법칙에 근거하지만 작물의 육종보다는 더 복잡하고 시간과 노력 또한 더 소요된다. 동물도 식물과 마찬가지로 유전의 핵심은 세포의 핵에 있고, 여기에 기본단위인 유전자가 있으며, 이들은 세포분열을 통하여 증식되면서 자손에 그 형질이 전달된다.

유전은 기본적으로 아비와 어미의 유전자가 염색체 내에 상존하게 되고, 이것이 자손 대대로 전달되는 것이며, 이 역시 유전자의 실체인 DNA 속에 존재한다.

1. 가축육종의 목표

유기축산에 이용할 품종을 육종한다고 할 때 분명한 목표가 있어야 한다. 교과서적으로 그 목표는 크게 세 가지로 나눌 수 있는데, 첫째는 두당 생산력을 향상시키는 데 두어야 한다. 예를 들면 젖소는 유량증가, 한우나 비육돈의 경우는 두당 생산량 향상에 두는 것이다.

두 번째 목표는 사료의 효율을 높이는 것이다. 즉, 축산물 생산비 중 60% 이상이 사료비이기 때문에 가축이 덜 먹고 더 많이 생산하는 유전형질을 갖도록 하는 것이다. 이런 목표로 성공적인 육종을 해 온 것이 산란계 육종이다. 즉, 같은 조건 하에서 사육된다 하더라도 계통에 따라 계란 무게당 소요되는 사료의 양이 달라지기 때문에 사료 소비량이 적은 품종으로 육종목표를 잡아야 한다.

세 번째는 축산물의 품질을 높이는 데 목표를 두어야 한다. 유지방의 함량을 높이거나 반대로 저하시키는 것, 돼지고기에서 지방의 함량을 낮추는 등의 목표가 그것이다. 소비자의 관심은 건강이기 때문에 이러한 목표를 달성할 수 있는 방향으로 육종목표를 맞추어야 한다. 기타 일반 작물에서 보듯이 내병성 품종의 육성에 초점을 맞추어야 한다.

이 모든 것은 경제형질이고 육종의 목표도 이런 방향에 기초해야 한다. 돼지의 경우 암돼지 1두당 새끼 수, 이유 시 체중, 성장률, 사료효율 등이, 젖소의 경우 산유량, 유성분, 번식능률 등이 중요한 경제형질이다.

2. 가축의 선발과 육종

현재 유전과 생명현상을 분자 수준에서 이해할 수 있기 때문에 여러 기술을 이용하여 가축의 유전자를 규명하고 이를 개량하기 위한 노력이 계속되어 왔다. 즉, 형질전환이라는 이름 하의 생명공학기술이 그것이다. 그리하여 저항성 유전자의 도입이나 모피색깔에 관련된 유전자, 인슐린을 생산할 수 있는 복제돼지의 생산 등에 관한 연구가 활발히 진행되어 왔다. 이러한 모든 기술은 기본적으로 미세주입, 락토바이러스 벡터, 배간세포 이용 등이 그것이다. 이론의 정립이나 새로운 기법이 속속 밝혀지고 개발되고 있지만 실용화의 길은 여전히 멀다.

가장 큰 이유는, 설령 축산물의 기능을 획기적으로 발현할 수 있는 유전자를 규명했다고 하더라고 이의 발현을 방해하거나 또는 제어하는 유전자도 있기 때문이다. 예를 들어 인간과 같은 장기를 생산할 수 있는 돼지를 유전공학적 방법으로 육종한다고 하더라도 이를 인간에 이식했을 때 거부반응이 일어날 수 있으며 이를 해결할 수 있는 방법은 현재까지 발표되지 않고 있다. 따라서 가축육종의 실용적인 방법으로 선발이 이용되고 있다.

선발은 개량목표로 하는 형질이 있는 개체를 가려서 이를 다음 새로운 개체 생산을 위한 모축으로 이용하는 것을 말한다. 선발의 목적은 기본적으로 유전자 빈도를 변화시키고자 하는 데 있다. 즉, 동일 축군에서 체고가 월등히 큰 것이 있으면 이를 선발하여 교배에 이용하는 것으로, 이렇게 선발된 가축은 기초축(基礎畜, foundation stock)으로 이용하는 것이다. 즉, 한우를 개량할 때 키가 큰 것을 목표로 한다고 할 경우 같은 축군 중에서 키 큰 개체를 선발, 이의 모축을 계속 교배시키면 그 후손 역시 체고가 큰 개체가 된다는 것이 선발에 의한 가축개량의 목적이다.

선발할 때 기준이 되는 것은 가축의 사육목적에 따라 달라질 수 있다. 보통 육우의 번식능률, 체형, 이유 시 체중, 사료효율, 도체품질 등이 개량목표이고, 따라서 이러한 형질에서 특출한 개체를 선발하여 교배를 하면 그 다음 세대에는 어미를 닮은 개체가 생산되어 가축을 개량할 수 있다는 것이다.

물론 이러한 선발에 의한 방법은 한 개체의 능력을 평가하는 데 많은 수의 축군이 필요하고 유지에 많은 비용이 든다는 단점을 가지고 있어 개인이 선발기법을 이용하여 가축육종을 한다는 것은 한계가 있다.

3. 가축육종을 위한 교배법

1) 근친교배법

이것은 혈연관계가 가까운 것끼리 교배하는 것으로 전형매간교배(全兄妹間交配, full-sib mating), 부낭간교배(父娘間交配) 등이다. 기타 숙질, 사촌, 조손 간 교배도 모두 근친교배에 속한다. 이것은 유전자를 고정하려고 할 때 이용할 수 있다. 가장 가까운 근친교배는 자가수정의 경우이다. 이것은 동형접합체를 증가시키고 이형접합체를 감소시키려는 것이나 생산능력의 저하를 가져올 수 있다.

2) 계통교배법

이것은 일종의 근친교배법으로 특정 개체의 능력이 우수할 때 이것을 이용하기 위한 교배법이다. 또 특정 개체가 이미 죽었거나 또는 나이가 많아 번식능력을 상실했을 때 이용할 수 있다. 앵거스, 헤어포드, 쇼트혼과 같은 육우품종을 육성하는 데 많이 이용하였던 방법이다.

3) 순종교배

순수교배라고도 하며 무작위교배, 근친교배, 품종 내 이계교배 등으로 나눌 수 있다. 무작위교배는 암수가 교배되는 확률이 동일한 것을 말하며, 근친교배는 혈연관계가 가까운 것들의 교배, 이계교배는 이와는 반대되는 교배를 말한다. 이 중 이계교배는 근친교배의 피해를 방지하기 위한 방법으로 이용된다.

4) 품종 간 교배 및 계통 간 교배

품종 간 교배란 같은 품종끼리 교배하는 것으로 랜드레이스와 대요크셔종의 교배를 들 수 있고, 계통 간 교배는 산란계에서 마니커 C계통과 D계통 간의 교배를 말하는데, 잡종교배라고도 한다. 이는 근친교배와 반대되는 개념이다.

5) 종간교배 및 속간교배

가장 대표적인 것이 암말과 수나귀 사이의 교배에 의해 생산되는 노새의 예이며, 속간교배는 속을 달리하는 것 사이의 교배를 말한다. 이 경우 때로는 생식능력이 없는 경우가 있다.

6) 누진교배

이것은 생식능력이 떨어지는 재래종을 개량하는 데 이용되는 방법으로, 재래종 암돼지와 개량종 수돼지와의 교배가 가장 대표적이다. 누진교배법의 예는 [그림 5-8]에서 보는 바와 같다.

재래종(♀) X 개량종(♂)
제1대 잡종(♀) X 개량종(♂)
제2대 잡종(♀) X 개량종(♂)
제3대 잡종(♀) X 개량종(♂)

[그림 5-8] 누진교배법(박영일 등, 1999)

〈표 5-6〉 누진교배를 이용할 때 다음 세대 자손의 유전적 조성의 변화(박영일 등, 1999)

세 대	자 손	
	개량종(%)	재래종(%)
1	50	50
2	75	25
3	87.5	12.5
4	93.75	6.25

4. 유기축산과 개량품종의 이용

위의 설명에서 보는 바와 같이 농가 수준에서 새로운 가축품종을 만들어 유기축산용 품종으로 사용한다는 것은 대단히 어려운 일이다. 물론 재래돼지, 재래닭 등에 개량품종의 유전인자를 도입하는 것은 가능한 일일 수 있다. 충남의 이연원 씨는 무항생제 양돈을 하며 유기적 방법으로 3대까지 개량품종을 이용하여 모돈을 사육하고, 그 다음 대의 자돈을 육성시켜 비육돈으로 출하한다고 한다. 오늘날의 인간이 만들어지기까지 약 100만 년의 세월이 소요되었고, 진화적 측면에서 이기적 유전자가 단지 3년 만에 도입될 수는 없는 일이나, 그러한 환경에서 3대 정도 이어가면 그 자손은 유기적 환경에 잘 견딜 것이라는 논리는 설득력이 있다고 보여진다. 그 예를 도표로 표시하면 [그림 5-9]와 같다.

이 그림에서 보는 바와 같이 3대째의 자손을 육성하여 비육돈으로 출하한다고 할 때 3년의 기간이 걸린다. 이 기간 동안 어떻게 농장을 잘 유지하고 경영할 수 있느냐가 관건이라 할 것이다.

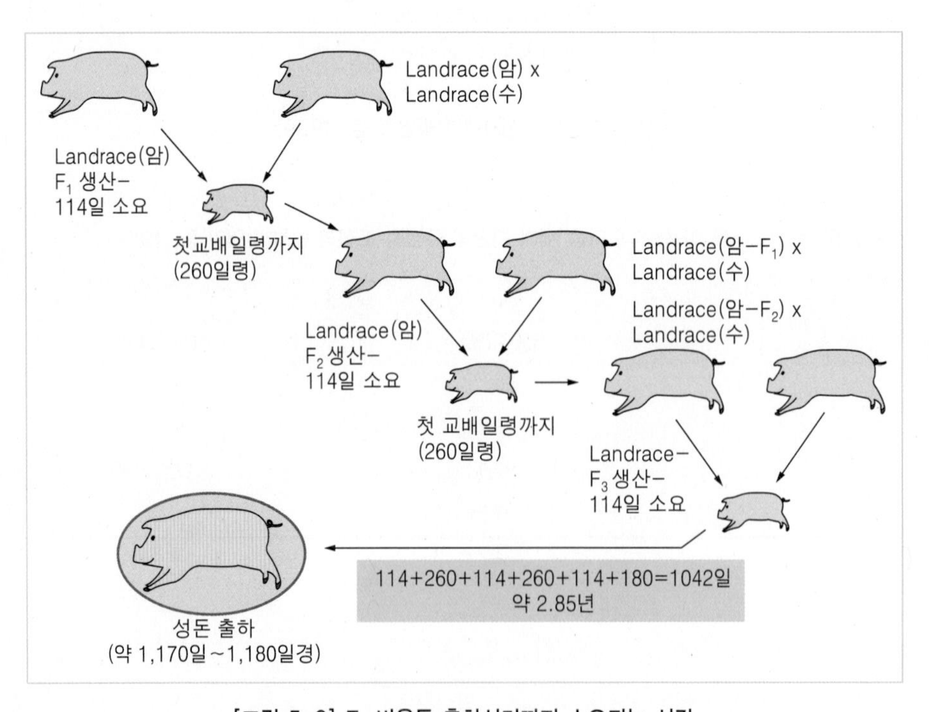

[그림 5-9] F_3 비육돈 출하시기까지 소요되는 시간

참고문헌

- 박수영(2006). 원예시험장. 개인면담.
- 박순직 등(2002). 『작물육종학』. 한국방송통신대학교출판부.
- 박순직 · 남영우(2002). 『농업유전학』. 한국방송통신대학교출판부.
- 박순직 · 류수노 · 장종수(2006). 『생물과학』. 한국방송통신대학교출판부.
- 박영일 · 김재홍 · 한재용(1999). 『가축육종학』. 한국방송통신대학교출판부.
- 박재복(2004). 『그림으로 알 수 있는 게놈 · 유전자 · DNA』. 동화기술.
- 야스타 세츠코 지음, 송민동 옮김(2000). 『먹어서는 안되는 유전자조작 식품』. 교보문고.
- 에드 섹스턴 지음, 이용철 옮김(2002). 『도킨스와 이기적인 유전자』. 이제이북스.
- 일본농예화학회 엮음, 박선희 옮김(2002). 『유전자재조합식품』. 한림원.
- 작물유전체기능연구사업단(2004). 『식탁위의 생명공학』. 푸른길.
- 조장환(1999). 『最新 植物育種學』. 先進文化社.
- 한국육종학회(1996). 『육종실험 길잡이』. 거목문화사.
- 金子美登(2004). 『有機農業の事典』. 三省堂.

제 6 장

유기원예

6.1 유기원예의 환경조건

작물 생육환경은 생물적인 것과 무생물적인 것으로 나눌 수 있다. 첫째, 무생물적인 요소로 대기, 광, 토양, 수분이 있고 이들의 상호작용이 무생물적 재배환경이다. 대기환경은 공기가 주가 되며 질소, 산소, 수소, 탄산가스, 아르곤 등의 기체분자들로 구성되어 있다. 공기는 일광이나 수분의 영향을 받아 여러 가지 기상현상을 나타낸다. 기온, 바람, 비와 눈, 구름 등이 하루의 일기나 계절의 변화에 영향을 미치며 일정한 패턴을 나타낸다. 토양에는 각종 무기물과 유기물이 있고 수분과 공기가 토양입자를 채우며 이들이 식물과 미생물에 영향을 미친다.

둘째, 생물적 구성요소로 생산자는 원예작물이다. 이들은 햇빛과 탄산가스를 이용하여 유기물을 생산하며 저장하는데, 이것이 바로 농산물이다. 작물이 잘 자라기 위해서는 이와 같이 무생물적인 것과 생물적인 것이 잘 결합하는 것이 필요하며, 따라서 이들은 서로 밀접한 관계를 갖게 된다. 생산성을 높이기 위해서는 수분, 유기물, 햇볕과 같은 것을 잘 조절해 주어야 할 뿐 아니라 이러한 환경에 잘 적응할 수 있는 알맞은 품종을 선택하고 자연적으로 병충해가 방제될 수 있는 기작을 찾는 것이 유기농가가 해야 할 일이다.

유기원예도 기본적으로 유기작물과 같은 원칙 하에 재배한다. 즉, 건강한 식물체로 육성하기 위한 조건은 몇 가지가 있다. 첫째, 식물체의 행복과 건강 일치(Happy equals health), 둘째, 식물체를 조심스럽게 다룸, 셋째, 건강한 토양 조성, 넷째, 병충해에 잘 견디는 품종 재배, 다섯째, 생산량에 맞는 양분의 보충이다. 여기서 세번 째의 건강한 토양이란 유기물, 수분, 산도가 적당한 것을 의미한다.

유기원예 농가가 염두에 두어야 할 사항은 생물다양성(生物多樣性, biological diversity)을 유지하는 일이다. 온실 중심의 유기농가가 이러한 개념이 거의 없이 유기물과 토양미생물에만 의존하는 것은 올바른 방법이 아니다. 이러한 생물다양성은 첫째, 단작(單作, monoculture)을 피하는 것이며, 둘째, 자연섭식자(自然攝食者, natural predators)를 찾고 이것을 최대한 이용하는 것이다. 예를 들면 조류는 가장 효과적인 섭식자 중 하나이다(Barbara, 1996).

1. 유기원예의 생육과 환경

1) 온도

작물의 생육에 직접적인 영향을 미치는 것은 온도이며, 이것은 기온, 지온, 수온이 결합되어 나타난 것으로 일별 · 계절별로 다른 양상을 나타낸다. 온도는 광합성, 호흡과 증산, 양분의 흡수에 영향을 미친다. 생육적온은 품종 및 생육단계에 따라 다르나 대부분 일정한 범위 안에서만 생존할 수 있다.

온도는 작물의 생화학 반응에 관여하고 나아가 양분흡수와 세포분열, 성장속도에 영향을 미치게 된다. 따라서 적온을 유지하는 것이 수량이나 품질향상에 도움을 준다. 채소의 생존온도범위는 0~50°C이며 정상적인 성장을 통한 적온은 이것보다 그 범위가 훨씬 좁다. 생육에 필요한 최저 및 최고 온도가 있고 또 적온이 있다. 이러한 온도는 물론 낮과 밤에 따라 다르고 지하부와 지상부의 온도도 차이가 나게 마련이다. 적당한 지온은 15~20°C이고 과수는 10°C 전후에서 뿌리의 활동이 시작된다.

재배되는 채소는 크게 호냉성과 호온성으로 분류할 수 있다. 호냉성(好冷性, psychrophilic)에 속하는 채소는 배추, 상추, 시금치, 무, 당근, 딸기이며, 과수는 사과나 배가 이에 속한다. 반면 호온성(好溫性, cool season)인 것은 열대나 아열대에서 기원한 것으로 고추, 토마토, 가지, 오이, 참외, 호박, 수박, 강낭콩 등이다. 호냉성은 20°C 전후, 호온성은 25°C 이상에서 잘 자라는 것들이다.

〈표 6-1〉은 주요 채소의 주야간 적온을 기술한 것이다. 낮에는 적당한 온도

〈표 6-1〉 주요 채소의 주야간 적온(교육부, 1997)

종류별	주간(°C)	야간(°C)	종류별	주간(°C)	야간(°C)
토마토	20~25	8~13	호박	20~25	10~15
가지	23~28	13~38	시금치	15~20	10~15
피망	25~30	15~20	무	15~20	15~10
오이	23~28	10~15	배추	13~18	10~15
수박	23~28	13~18	셀러리	13~18	8~13
멜론	25~30	18~23	쑥갓	15~20	10~15
참외	20~25	10~15	상추	15~20	10~15

하에서 광합성이 활발히 일어나고 밤에는 온도가 낮아야 호흡에 의한 광합성 산물의 손실이 적게 된다. 따라서 관리 시 이런 점에 초점을 두어야 한다.

지역에 적합한 유기채소 선정은 지역의 기후조건과 재배하려는 채소의 적온을 감안하여야 한다. 예를 들면 고랭지 지역에서 시설재배에 의한 호온성 작물을 재배하는 경우 긴 동절기의 낮은 온도 때문에 더 많은 에너지가 필요해 기름값에 큰 지출을 하게 되면 자연히 경영에 압박을 받게 된다. 대신 하절기에 딸기를 재배하려 할 때는 기후조건이 알맞기 때문에 적합한 작물이 된다.

(1) 춘화

채소재배와 온도의 관련 내용 중 가장 중요한 것은 저온에 의한 꽃눈의 분화이다. 이것은 생장점에서 꽃눈이 생기는 생리적 변화로 온도가 채소에 미치는 가장 큰 영향 중 하나이다. 이러한 현상을 흔히 춘화(春化, vernalization)라고 한다. 작물의 춘화는 종자춘화(種子春化, seed vernalization)와 녹색식물춘화(綠色植物春化, green plant vernalization)로 나눌 수 있다.

종자춘화를 하는 것으로 배추, 무, 순무 등이 있는데, 이들은 종자가 수분을 흡수하기 시작하는 단계부터 시작된다. 그렇기 때문에 이러한 채소를 봄에 재배할 경우 빨리 꽃이 피게 되어 상품가치를 잃게 된다. 반면 녹색식물춘화는 식물체가 유식물기를 거치면서 저온에 감응하는데, 당근, 양파, 꽃양배추, 양배추 등이 이런 부류에 속한다. 그러나 춘화는 온도뿐 아니라 일장에도 영향을 받아 단일이냐 장일이냐에 따라 꽃피는 시기가 달라지게 되는데, 딸기가 이런 부류에 속한다.

(2) 휴면

성숙한 종자나 식물체가 파종하여도 발아 또는 생장을 하지 않는데, 이를 휴면(休眠, dormancy)이라고 하며, 종자, 줄기나 덩이뿌리, 겨울눈의 휴면이 있다. 상추종자는 30°C 이상이 되면 발아하지 않는데, 이는 종자휴면의 대표적인 경우이다. 마늘, 양파도 고온 시 휴면한다. 저온에 일정 시간 동안 노출되어야 휴면이 타파되는 것으로는 딸기와 아스파라거스가 있다. 상추는 고온에서 개화가 촉진되고 양배추는 적절한 저온이 아니면 좋은 화구를 맺지 않는다.

(3) 암수

자웅동주 채소인 오이나 호박은 온도에 의해서 암수 꽃의 비율이 달라진다. 즉, 온도가 높고 일장이 길면 수꽃이 많아지고, 온도가 낮고 일장이 짧으면 암꽃이 많아진다. 여름철에 호박의 수꽃이 많아지는 것은 온도가 높고 일장이 길기 때문이다.

(4) 온도장해

온도장해는 크게 저온장해와 고온장해로 나눌 수 있다. 저온장해에는 다시 냉해와 동해가 있는데, 이것은 이미 앞에서 언급한 적온의 범위보다 낮거나 지극히 낮을 때 발생한다. 고온장해는 주로 호냉성 채소에 많이 나타난다. 이러한 장애는 첫째, 발아불량으로 상추나 시금치에서 온도가 25°C 이상 상승하면 발아가 잘 안 된다. 둘째, 결구가 잘 안 되는 현상으로 배추나 상추 등에서 나타난다. 셋째, 착화나 착과가 잘 안 되는 현상이며, 넷째, 추대가 일찍 되는 현상이다. 그리고 마지막으로 미착색으로 토마토와 같은 작물에서 착색이 잘 안 되고 향기가 감소하는 현상이 나타난다.

2) 광선

광(光)은 생명의 근원이며 지구상의 모든 생물은 기본적으로 태양광에 의존한다. 특히 녹색식물은 태양광을 이용하여 광합성을 하여 물질을 축적(성장)한다. 광선은 광원에서 발생되는 전자기파로 물리학적 차원에서 보면 입자이며 동시에 파동으로 움직인다. 파동의 피크와 피크 사이를 파장이라고 하며, 그 길이가 긴 것부터 순서대로 전파, 적외선, 가시광선, 자외선, X선, 감마선, 우주선으로 나뉜다. 녹색식물에게 필요한 것은 인간이 볼 수 있는 가시광선(可視光線, visible ray)이다. 이것은 390~780nm 사이의 광선이다.

가시광선은 육안으로 볼 때는 흰색으로 보이지만 스펙트럼을 통과하면 무지개 색깔을 나타내는데, 왼쪽부터 자 · 청 · 녹 · 황 · 주황 · 적색의 여섯 가지 색을 나타낸다. 적색 옆에는 근적외선이 있어 일곱 가지 색처럼 보인다. 보통은 자색 앞의 자외선과 적색 옆의 적외선을 포함하여 가시광선이라고 부른다.

한편 태양의 표면온도는 6,000°C인데, 지구에 도달하는 에너지는 전체 태양에너지의 22억분의 1에 지나지 않지만 이러한 에너지를 생산하려면 1초당 4억

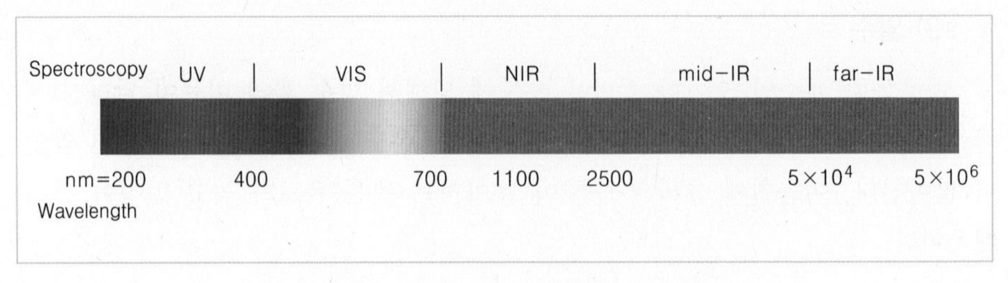

[그림 6-1] 전자기파와 가시광선의 스펙트럼

500만 톤의 석탄을 태워야 한다. 이때의 에너지는 280~3,000nm의 범위에서 연속된 파장으로 이루어진 광선이며 파장이 짧으면 에너지가 크나 생물은 이를 견디지 못하고 생육이 억제되거나 죽게 된다. 실제로 작물에 유효한 광선은 복사에너지이고 전체 햇볕의 50%에 해당한다. 적외선은 700nm 이상의 빛으로 열을 올리는 데 사용되고 광합성은 가시광선만이 이용되며, 태양 에너지의 7% 정도가 광합성에 이용되는 것으로 보고되고 있다(이효원, 1998)

(1) 광량

광은 유기채소의 성장에 가장 중요한 요인을 미치는 요소라 할 수 있다. 광합성은 기본적으로 공기 중의 이산화탄소와 뿌리에서 흡수한 물을 이용하여 엽록체 내에서 탄수화물을 합성하는 과정이다. 즉 온도, 이산화탄소, 수분이 적당하게 유지될 때, 광량이 증가할수록 광합성량이 증가한다.

광합성의 핵심은 이산화탄소(CO_2)의 탄소를 얼마만큼 고정하느냐이다. 합성된 탄소는 호흡을 통하여 소비하기 때문에 합성과 소비관계를 아는 것이 중요하다. 합성과 소비가 같은 시기를 광보상점(光補償点, light compensation point)이라 하고, 이때 광의 강도를 높이면 탄소의 동화가 활발하게 일어나지만 어느 한계에 이르면 더 이상 광합성이 이루어지지 않게 되는데, 이를 광포화점이라고 한다. 결국 유기채소에서의 핵심은 광의 강도를 높여 광포화점에 이르게 하는 데 있고, 이 광보상점과 포화점은 채소의 종류나 재배조건에 따라 달라진다. 대체로 열대작물은 높고 기타 작물은 낮다. 이산화탄소는 대기 중에 0.03%밖에 없기 때문에 인위적으로 그 농도를 높여 광합성량을 높이고자 시도하는데, 이를 탄산가스 시비(carbon dioxide enrichment)라고 한다.

〈표 6-2〉 광도와 채소의 동화특성(교육부, 1997)

채 소	광포화점(klx)	최대 동화도 ($mg\ CO_2/cm^2/h$)	광보상점(klx)	비 교
토마토	70	31.7	-	온도 : 240°C 전후 광원 : 백열등 동화상 용량 : 약25L
고추	30	15.8	1.5	
오이	55	24.0	4.0	
수박	80	21.0	2.0	
양배추	40	11.3	1.5~2.0	
배추	40	11.0	1.5	
강낭콩	25	12.0	2.0	
완두	40	12.8	2.0	
셀러리	45	13.0	1.5~2.0	
상추	25	5.7	1.5	
생강	20	2.3	2.0	
머위	20	2.2	-	

(2) 광질

태양광을 대별하면 자외선, 가시광선, 적외선으로 나눌 수 있는데, 광합성에 가장 중요한 영향을 미치는 것은 가시광선이며, 그중 적색광과 청색광이 가장 중요하다. 이에 대한 실험결과는 아래와 같다.

한편 채소는 특정파장이 착색에 영향을 미치는 성질을 이용하여 채소류의 품질향상을 꾀하고 있다. 예를 들면 가지는 360~380nm에서 착색이 잘 되는 반면, 자색 양배추는 690nm와 450nm에서, 붉은 순무는 725nm, 갓은 710nm에서 착색이 잘 되는 것으로 밝혀진 바 있다. 이를 위해서 어떤 특정한 색만을 발광하는 발광 다이오드(Light Emitting Diodes, LED)가 사용되기도 한다(문원 등, 2002).

(3) 일장

일장이란 낮시간을 말하며 위도에 따라 달라진다. 우리나라는 북반구의 34°~42°에 걸쳐 있고, 여름은 일장이 길고 가을과 봄은 중간, 겨울은 짧은 특징을 가지고 있다. 일장은 채소의 개화, 줄기비대, 휴면, 암꽃과 수꽃의 비율에 영향을 미친다.

[그림 6-2] 온실딸기 재배

[그림 6-3] 유기파 포장

〈표 6-3〉 클로렐라에 의한 각 파장의 이용효율(이와나미, 1978)

빛의 색	파장(㎛)	이용효율(%)
적색	510~690	95
황색	578	54
녹색	546	(44.4)
청색	436	(34.0)
증기기관	-	15~20

* ( ) 안의 수치는 녹색이나 청색을 쪼일 때 일부는 투과나 반사에 의해 손실되어 정확한 수치가 아니라는 것을 의미함.

일장에 반응하는 것은 잎이다. 이곳에서 플로리겐(florigen)이란 물질이 만들어지고, 이 물질이 생장점으로 이동하여 개화하며, 들깨의 경우 가을에 개화가 시작하는데, 이때 장일처리를 하든가 아니면 한밤중에 광 중단처리를 하여야 오랫동안 깻잎을 생산할 수 있게 된다. 이러한 관리는 생산성을 높일 수는 있으나

〈표 6-4〉 채소의 종류와 일장적응성

채소분류	종류	개화특성
장일성	시금치, 쑥갓, 딸기	봄의 일장 연장에 의한 개화
단일성	들깨, 차조기	가을 시작 시 개화
중일성	토마토, 고추, 가지, 오이, 호박	생장기간이 지나면 개화

맛과 영양은 떨어지는 경향이 있으므로 재고의 여지가 있다.

마늘, 양파, 쪽파는 일장이 긴 조건에서 비대가 되며, 그 한계일장은 품종의 조만에 따라 다르다. 한편 휴면도 일장에 의하여 유도된다. 아스파라거스, 토당귀 등은 일장이 짧은 조건에서 휴면에 들어가며, 대신 마늘과 양파는 장일조건(여름 고온)에서 휴면을 개시한다.

한편 호박은 장일(고온)조건에서 수꽃이 많고 단일(저온)조건에서 암꽃이 많이 핀다는 것은 이미 언급한 바 있다.

3) 토양

토양은 채소재배의 기초가 되는 터전이다. 생육에 필요한 수분과 양분을 공급하고 채소를 지탱하여 태양광의 이용을 용이하도록 해 준다. 또 각종 병충해에 대한 저항성을 높일 수 있는 영양소를 제공하는 역할을 하기 때문에 건강한 토양을 육성한다는 것은 유기채소 재배의 가장 기초가 되는 기술적 과제이다.

토양의 형성은 암석의 동결이나 융해, 온도변화에 의한 확장과 수축의 반복으로 파괴되어 세립화와 같은 기계적 풍화작용을 받는 것으로 시작된다. 여기에 이산화탄소가 용해된 약산성의 비로 인해 바위 중의 칼슘, 마그네슘, 나트륨, 칼륨, 알루미늄, 철 등이 용해되어 나와 용출된 실리콘, 알루미늄이나 철이 재결합하여 점토광물이 형성된다. 여기에 각종 생물이 생활하여 유기물이 쌓이고 그 결과 복합적인 토양의 모습을 띠게 된다(中野政詩 등, 1997).

어떤 농가가 소유하고 있는 경작지는 토양의 조건에 따라 그에 알맞은 작물을 재배할 때 소기의 수확량을 얻을 수 있기 때문에 자신의 토양이 어떤 토양인지 잘 알아두는 것이 필요하다.

〈표 6-5〉 토양의 종류와 적정채소

토양의 종류	형성위치	토양특징	적정채소
사질토	하천, 해안	보수력, 양분 적음	오이, 토마토, 고추, 무, 배추
충적토	강변	비옥, 양토, 깊은 토심	무우, 우엉, 마, 대파
홍적토	분지, 구릉지	산성, 부식소, 인산결핍	무, 배추, 수박, 참외
화산회토	제주도 토양	인산결핍	무, 감자, 당근, 양배추

〈표 6-5〉에서 보는 바와 같이 농장의 토양이 어떤 종류에 속하느냐에 따라 재배할 작목을 달리해야 한다. 사질토라면 토마토, 고추, 무를, 충적토라면 토심이 깊은 조건 하에서 좋은 성적을 낼 수 있는 작목인 우엉이나 대파 등을 재배하면 양질의 농산물을 생산할 수 있을 것이다.

또한 토성 중 토양반응에 따라 재배종류를 선택하여야 한다. 즉, 토양반응은 보통 산성, 중성, 알칼리성으로 나누는데, pH값이 7.0이면 중성, 6.0이면 산성 8.0이면 알칼리성으로 분류한다. 채소는 대체로 중성과 약산성에서 잘 자라지만 작물에 따라 반응이 다르며, 이를 정리하면 〈표 6-6〉과 같다.

〈표 6-6〉 채소의 생육에 적합한 토양의 pH 범위(교육부, 1997)

토양반응	채소의 종류
pH 6.0~6.8	아스파라거스, 비트, 셀러리, 머스크멜론, 양파, 완두, 시금치, 식용대황
pH 5.5~6.8	강낭콩, 콜리플라워, 브로콜리, 당근, 오이, 가지, 갓, 파슬리, 호박, 20일무, 딸기, 단옥수수, 토마토, 순무
pH 5.0~5.5	감자, 고구마, 수박

한편 유기토양에서는 토양생물(土壤生物, soil organism)의 중요성이 강조되고 있다. 미생물인 세균, 곰팡이류, 조류, 소동물인 선충류, 원생동물, 대동물인 쥐, 곤충, 지렁이도 중요한 역할을 하는 것으로 보고 있고, 이러한 동물들은 농약을 사용하지 않는 조건에서 서로 적당한 먹이사슬관계를 유지하면서 공생관계를 갖는다. 흔히 농약사용을 금지하고 화학비료 대신에 퇴비를 이용하게 되면 지렁이가 많이 생기고, 또 이를 포식하기 위한 두더지가 많이 서식하는 것을 볼 수 있다. 지렁이가 많으면 10a당 4톤의 분변토를 생산하여 토양을 건전하게 하고, 과다하게 증식되어도 두더지의 먹이가 되어 생태적 안정을 얻게 된다. 이러한 것은 유기농업적 관점에서 아주 자연스런 현상으로 본다.

2. 유기원예와 관련된 환경조건 및 조절방법

원예작물의 유기재배와 관련된 환경조건은 앞 절에서 설명한 온도, 광, 토양이 중심이 되며, 그 밖에 공기도 하나의 조건이 될 수 있다. 이들의 과다는 작물 생육에 막대한 지장을 주는데, 이를 표로 정리하면 〈표 6-7〉과 같다.

유기원예 재배에 관련된 환경조절의 방법은 일반 작물재배 시의 환경조절 방법과 크게 다르지 않다. 다만 유기농업이 지향하는 목표를 잘 지키는 것이 좋다. 이는 각 단체나 관련 기구에 따라 다르나 일본 유기농업연구회가 추구하는 것을 소개하면 다음과 같다(千野慶之 등, 2004).

① 안전하되 질좋은 식품을 생산 ② 환경 보호
③ 자연과 공생 ④ 지역자급과 순환
⑤ 지력배양 ⑥ 생물다양성 유지
⑦ 건전한 사양환경 보장 ⑧ 인권과 공정한 노동 보장
⑨ 생산자와 소비자 제휴 ⑩ 농업의 가치확대, 생명존중의 사회구축

이러한 측면에서 앞에서 제시한 여러 방법 중 특히 온도를 높이거나 광 조사시간을 연장시키기 위한 여러 가지 조치들, 즉 연료를 이용하여 온실 내의 온도

〈표 6-7〉 유기채소 재배와 관련된 환경 및 조절방법

조 건	조 건	피해상황	조절방법
수분	과다	수해(생육, 품질 저하)	배수시설, 토양개량
	과소	한해(잎과 열매 과소)	관수
온도	고온	발아, 결구불량, 추대, 품질저하	내서성 채소 재배, 적지선성, 차광재배
	저온	냉해, 동해(고사, 생장저조)	보온, 적지선정, 적기파종
광	과다	휴면, 수꽃비율 증가, 추대	광조사 중단, 단일처리
	과소	착색불량, 줄기신장	적정광량 조사
토양	산성	각종 생육장애, 병해유발	각종 석회 살포
	알칼리성	-	-
	유기물부족	완충능력 저하	유기물 증시, 깊이갈이

를 높이는 것, 야간에 장시간 인공조명을 사용하는 것에 대한 찬반이 있을 수 있다. 흔히 생각하는 경제적 논리라면 적정한 수단을 동원하여 최대의 수확량을 올리는 것이 정당한 방법일 수 있으나 유기농업적 사고는 수익창출과 함께 철학적인 사고가 밑바탕에 깔려 있기 때문에 환경조절을 위한 모든 방법이 유기적인가를 다시 한 번 고려할 필요가 있다고 하겠다.

1) 퇴비의 토양 중 역할

사전적 해설에 의하면 퇴비는 짚, 풀 따위를 섞어서 만든 거름이라고 풀이되어 있으나, 최근에는 폐기물도 썩히면 퇴비가 될 수 있는 것으로 넓게 해석하고 있다. 그러나 유기원예에서 이용하는 퇴비는 주로 버섯배지나 톱밥에 미생물을 발효시킨 것을 많이 이용하고 있다. 윤작의 원칙이 잘 지켜지지 않는 조건, 때로는 임대농으로 유기원예를 하는 현실에서 지나친 유기물 투입이 문제가 된다.

그러나 유기원예를 처음 시작하는 농토라면 토양에 적량의 퇴비를 투입하여 토양비옥도를 높여야 한다. 유기농업에서는 공장에서 발생하는 폐기물을 사용하지 못하도록 되어 있는데, 그 이유는 유해한 중금속이 농작물에 흡수되어 유해식품이 생산될 수 있기 때문이다. 야초와 유기볏짚을 이용하여 퇴비를 생산, 토양에 투입하면 유기퇴비가 되어 이롭다. 퇴비의 토양 내 유익한 작용은 크게 토양비옥도 향상, 오염방지, 기존 오염 저감, 지력회복, 병원균 사멸, 영농비용 절감효과 등이 있다. 미국 유기농업의 선구자인 하워드(1987)는 퇴비농업의 장점을 다음과 같이 정리하고 있다.

① 비옥도 향상
② 토양의 물리적 구조개선
③ 경운 용이
④ 강우 후 곧바로 농작업 가능
⑤ 토양의 보수력 향상
⑥ 토양침식 방지
⑦ 강우에 의한 토양답압 방지
⑧ 지렁이 번식 조장
⑨ 토양미생물 수 증가
⑩ 안전한 심경 가능
⑪ 경반형성 방지
⑫ 경운층과 그 밑의 기반층 간의 간격 무형성
⑬ 농기계에 의한 답압 방지
⑭ 토양통기 향상
⑮ 지표열 흡수
⑯ 건조에도 잘 적응
⑰ 강조조건 개선 가능성
⑱ 잎에 의한 수분증발 감소

⑲ 유기농법 소의 분뇨 개선 ⑳ 유기질 비료의 개선(하워드 법에 의한 퇴비)
㉑ 분뇨성분 보존 ㉒ 퇴비의 의한 잔효효과
㉓ (잡초방제의 의한) 토지정비 ㉔ (양질토에서) 잡초방제 유리
㉕ 잡초종자 유입 방지 ㉖ 흉작위험 감소
㉗ 작물의 병해 감소 ㉘ 충해 감소
㉙ 소독제 필요 반감 ㉚ 종자의 화학적 처리 불필요
㉛ 건강도모 ㉜ 가축건강 유지
㉝ 농산물 맛 향상 ㉞ 농산물 품질향상
㉟ 토양 중의 중독물질 중화

농촌진흥청 농업과학기술원(1999)에 의하면 채소에는 유기물이 2~3%가 적당한 것으로 처방하고 있다. 따라서 매년 토양시료를 채취하여 농업기술센터에 분석을 의뢰하고 처방을 받아 시용량을 결정하는 것이 좋다.

2) 토양유기물

토양유기물은 대단히 복잡하고 토양구성물질 중에서 가장 잘 이해되지 않는 부분이기도 하다. 토양 속의 유기물은 사막토에서 kg당 2g이며, 어떤 히스토솔(Histosol)에서는 kg당 800g에 이르는 것까지 다양하다. 경작지에서는 kg당 10~40g이 함유되어 있는데, 이것은 소위 부식(腐植, humus)이라고 하는 비교적 완강한 유기분자의 집합체로 되어 있다.

6.2 시설 및 노지재배

소비자는 건강에 좋은 웰빙 식품을 요구하고 있다. 이는 사회적 문제가 되고 있는 피부질환(예 : 아토피)이 동물성이나 오염된 식품에서 기인한다고 인식하기

때문이다. 또 다른 요구는 외관이 좋은 농산품이다. 한마디로 보기도 좋으면서 영양과 안전성이 담보된 농산물을 선호하고 있다.

1. 시설재배기술

시설원예에서 가장 중요한 것은 작물의 온도를 맞추기 위한 각종 온실의 이용이며, 온실은 크게 유리온실, 플라스틱 온실로 나눌 수 있다. 또 가온이나 발열방법에 따라 전기, 증기, 발효온실 등으로 분류할 수 있을 것이다. 이에 대해서는 제4장 3절에서 설명하였다.

[그림 6-4]는 유기토마토를 유기재배했을 때의 재배력이다. 연 2회 같은 온실에서 재배하는 농가를 기준으로 했을 때를 나타내고 있다.

여기에서 병충해 관리는 보통 미생물 제재로 품관원에서 인정한 친환경 제제를 사용한다. 1주일에 1회 정도 시용하나 효과에 대해서는 의문점을 갖는 경우가 많다. 연 2회 재배 시 친환경 제제를 사용하나 보통 가을이 되면서 날씨가 추워지고 따라서 보온관리에 치중하게 되어 병충해가 더 많이 발생하게 된다. 이때는 친환경 제제 살포횟수를 증가시킨다. 병충해 방제가 어려울 경우는 일찍 수확을 마친다.

관리	재배횟수 \ 월별	12	1	2	3	4	5	6	7	8	9	10	11
생육단계	제1회		파종(유모기)	육모+정식기		성숙(개화, 비대 성숙)							
	제2회				파종(유모)	육모, 정식		성숙(개화, 비대 성숙)					
수확판매	제1회							수확, 판매					
	제2회										수확, 판매		
병해충관리	제1회			친환경 제제 1주일 1회 살포									
	제2회					친환경 제제 살포(자주)+접목묘 사용							
토양관리	제1회			목질류 저질소 퇴비 사용									
	제2회					토양검정에 따라 유기퇴비량 조절							

[그림 6-4] 비닐하우스에서의 유기토마토 재배의 예

토양관리는 유기농가에서 많이 사용하는 유기퇴비(톱밥+깻묵+미생물)를 300평당 15톤 정도 시용한다. 물론 정식 전인 2월까지 퇴비시용을 마쳐야 한다. 그러나 계속해서 시용하면 토양 중 유기물이나 기타 양분이 과다하게 되어 더 이상 사용이 불가능하고, 어느 정도 시용할 것인가는 농업기술센터의 토양검정 결과에 따르는 것이 좋다. 유기토마토는 제2차 재배 시에 병충해에 대한 저항성이 약하기 때문에 접목묘를 써야 한다는 점을 유의해야 한다. 재배지를 윤환하지 않고 같은 포장에 2회 연작하는 경우 접목묘를 쓰지 않으면 병충해 피해 때문에 수확이 불가능하다. 따라서 임시방편으로 같은 땅에서 계속 재배하기보다는 원칙에

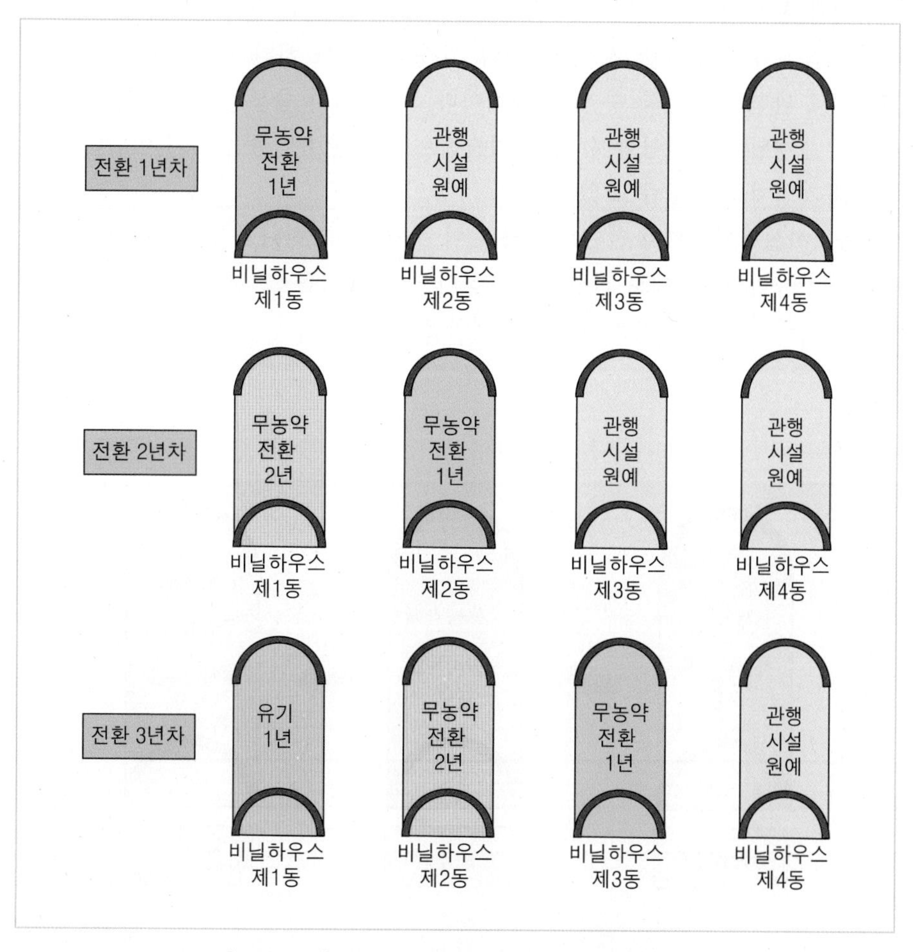

[그림 6-5] 부분별 전환에 의한 유기시설원예 방식

충실하여 경지를 바꾸어 돌려짓기하는 방식을 사용해야 할 것이다.

유기시설재배에서 한 가지 문제는 관행농에서 유기농으로의 전환이다. 부분별 전환방식(部分別轉換方式, conversion in stage)과 단계별 전환방식(段階別轉換方式, conversion in layers) 중 하나를 선택하여 하우스를 전환시킬 수 있다.

[그림 6-5]는 관행농가가 매년 한 동씩 유기시설원예로 바꾸는 방법이다. 즉, 부분별 전환방식을 채용한 것이다. 총 네 동의 비닐하우스가 있다고 할 때 첫해는 제1동, 다음 해는 제2동까지, 3년째는 제3동까지 유기전환을 하는 것을 말한다. 물론 이때 여력이 있으면 두 동씩 2년 만에 하고 그 옆에 또 한 동을 세워 매년 두 동씩 할 수 있다. 그리고 만약 여건이 여의치 않으면 다시 관행시설재배로 원위치할 수 있다.

[그림 6-6]은 단계별 전환방식이다. 무농약원예를 하다가 여건이 좋으면 유기원예로 완전히 전환할 수 있는 방식이다. 이것 역시 융통성이 있는데, 여건이 나쁘면 관행원예로 회귀할 수 있고 기술적으로 완전 유기농을 하기 어렵다면 무농약 유기원예에 머물 수도 있다.

유기시설원예에서의 전환은 이와 같이 두 가지 중 하나를 선택하여 관행시설원예에서 유기시설원예로 전환이 가능하다. 접근방식은 그 당시의 사회 · 경제적 여건에 따라 농가에 알맞은 방법을 선택하면 될 것이다.

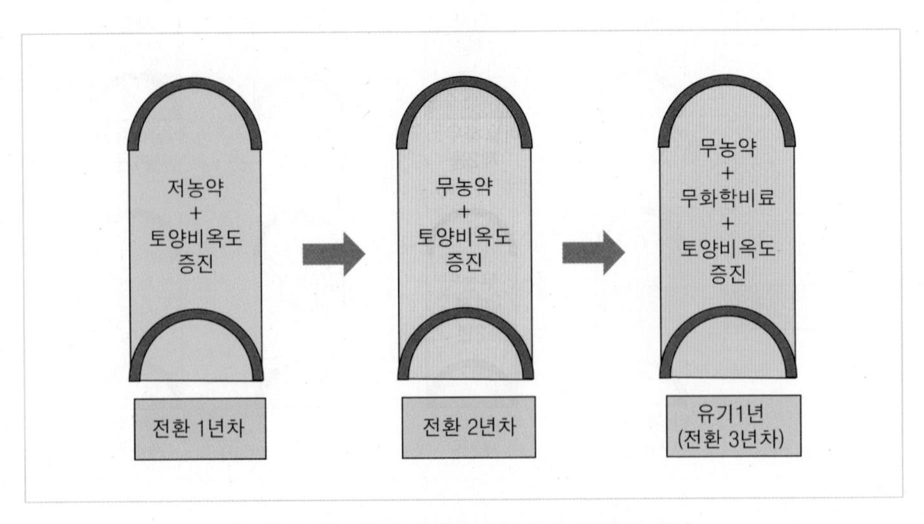

[그림 6-6] 단계별 전환에 의한 유기시설원예 방식

2. 노지재배기술

1) 노지재배와 제철채소

유기채소농가의 상당수가 비닐하우스 내에 작물을 재배하는데, 그 이유로는 첫째, 품질관리에 유리하고, 둘째, 병충해 방제에 효과적이며, 셋째, 연중 작물을 재배할 수 있어 연중 소득을 보장할 수 있기 때문이다. 그런데도 이러한 인공적 · 비유기적인 요소에 대항하여 제철채소를 고집하는 이들이 있는데, 현재 경기도 팔당생명살림의 노국환 씨를 중심으로 한 작목반들의 활동이 그 예이다. 이들은 오이, 고추(일반, 꽈리, 청양), 가지, 조선호박, 부추, 고구마, 피망, 단호박, 파, 실파, 쪽파, 당근, 시금치, 상추, 옥수수, 감자, 들깻잎, 아욱, 쑥갓, 엇갈이, 열무, 양상추, 양배추, 브로콜리, 강낭콩, 총각무, 양파, 무, 배추, 마늘, 돌미나리, 고사리, 쑥 등을 재배하여 생협을 통하여 공급하고 있다. 기타 과채류로 토마토, 방울토마토, 땅콩, 포도, 머루를 공급한다. 겨울철에는 농사를 짓지 않는 대신에 저장품인 당근, 무, 고구마, 무, 단호박 등을 판매하고, 말린 나물 종류들인 호박, 가지, 고구마순, 산나물, 시래기, 무청 등을 판매한다. 또 월동야채로 배추, 양배추를 공급하고, 가공품으로는 청국장, 콩나물, 두부, 된장을 판매한다. 소득은 농가당 700~1,500만 원 사이이며 농한기에는 체험마을 등을 이용하여 도시주민과의 교류를 통하여 수입의 일부를 충당하고 있다. 이러한 제철 노지재배에 대한 생각에 동조하여 전국여성민우회 생협, 춘천 생협 등에서 새롭게 동참하고 있다.

이러한 생각은 기본적으로 공자가 지적한 불시불식(不時不食)을 실천할 뿐 아니라 코덱스 기준이나 친환경농업육성법에서 강조하는 재생 불가능한 자원을 사용하지 않고, 또 피복도 비닐이 아닌 자연자재를 이용하는 등 유기농업의 원칙을 좀 더 철저히 실천하려는 노력의 일환으로 볼 수 있다. 이들의 생각은 다음의 글(노국환)에서도 잘 나타나 있다.

제철채소는? 제철의 의미를 되짚어볼 필요가 있습니다.

흔히 매스컴에서는 많이 나올 때를 그리고 맛이 있을 때를 제철이라고 합니다.

그런데 요즘은 하우스 재배가 늘어나는 추세로 대개 노지에서 자란 채소의 제철의 의미와는 상당한 차이가 있습니다.

제철채소는 가온 또는 재배 억제를 위한 차관이나 비가림을 하지 않고 노지에서 자랍니다. 한마디로 채소 속에 온갖 자연의 영향이 다 담겨져 있다고 보시면 됩니다.

영양상태는 하우스 작물에 비해 월등(식품영양분석에 의하면 3배 이상)합니다.

채소 고유의 향과 맛이 살아 있으며, 특히 과일의 경우 단맛 위주로 재배되는 시설채소에 비해 과일 특유의 맛이 있습니다.

씹는 느낌은 섬유질이 많아서 좀 거센 듯하지만 하우스 채소처럼 질깃질깃하지는 않습니다. 따라서 가공이나 생채 저장보관성이 좋습니다.

자연온도에 따라서 자라고 출하시기도 그에 따라서 계절별로 나올 수밖에 없습니다. 일기상황에 따라 파종 · 정식 · 수확의 모든 작업이 이루어져야 하기 때문에 제때 하지 않으면 물건을 못 쓰게 되는 경우가 허다합니다. 기상에 따른 병충해와 자연재해로 수확량이 대체로 감소합니다. 화학합성농사와 유기농의 차이만큼이나 시설농사와 제철농사의 차이 또한 큽니다. 산성비나 집중호우에 잘 견딜 수 있는 생육조건을 맞추기 위한 부단한 노력이 필요합니다.

농사기간을 맘대로 조절할 수가 없기에 농사일수(7개월)가 줄어들어 결국엔 농사를 통한 농가소득이 감소할 수밖에 없습니다.

제철농사의 생산과정은 자연기후에 모든 작업일정을 맞춤으로써 시설설치 유지에 드는 에너지 사용을 최소화하기 위한 노력이기도 합니다.

소비자는 맛도 영양도 부족한 채소를 먹어야 되고, 생산자는 그 요구에 맞추기 위해 여름날 찜통 같은 하우스에서 몸을 움직여야 되고 겨울엔 겨울대로 여유란 것을 가져보지도 못합니다. 또 땅은 쉼과 휴식도 취하지 못한 채 각종 염류로 찌들어 또 한 해를 맞이하게 됩니다.

올바른 먹거리 소비란 단순히 안전하고 맛있는 좋은 먹거리 이상의 의미입니다. 소비자는 외식 줄이기, 아이들 길거리 음식 줄이기, 맛있는 음식 만들기, 참고 기다리기 등 의식적으로 바꿔 나가야 할 일이 있고, 농민은 농촌을 생산지 이상의 삶의 공간이며, 소비자와 함께 할 수 있는 문화를 창출해 내는 공간으로 만들어 가는 일입니다. 철에 맞춰 일한다는 것은 옛날 농경문화의 자연스런 접근을 생각하게 되고, 또 새로운 문화의 발굴을 생각하게 됩니다.

2) 노지유기상추 재배

원예작물을 유기적으로 노지에서 재배하는 것은 〈표 6-8〉에서 보는 바와 같이 시비를 제외하고는 크게 다르지 않다. 즉 같은 방법으로 재배하되, 농약이나 화학비료 대신 각종 유기질 비료를 사용하는 것이 가장 큰 차이라고 할 수 있다. 다만 문제가 되는 것은 병충해 방제이며, 이 문제를 해결하기 위한 방법으로 노지가 아닌 간이 비닐하우스를 만들고 그 안에 망을 쳐서 나비나 나방의 침입을 방지하도록 하는 방법을 사용하고 있다. 상추뿐만 아니라 기타 쌈채소 재배에서도 이런 원칙이 적용된다.

물론 그렇다고 하더라도 충해를 100% 완벽하게 방제할 수는 없기 때문에 채취 및 포장 시 충해를 입은 것을 선별하여 질을 조절하는 방법을 사용하고 있다. 또 농약을 사용하지 않는 조건에서 병해 발생이 예측되지만, 이것은 근본적으로 토양을 건강하게 하면 가능한 것으로 보고 충실한 토양관리에 노력하여야 한다. 그리고 여기에서 토양관리는 단지 유기질 비료를 과도하게 투입하는 것을 의미하는 것이 아니고 윤작을 통한 자연적인 지력배양을 추구해야 한다. 비록 유기재배라 하더라도 유기재배의 일반원칙을 무시한 채 계속적인 유기물 투여와 각종 제제를 사용하는 방식은 첫째, 유기농업정신에 위배되고, 둘째, 지나친 제제투여로 경제성이 악화되어 채산성이 맞지 않게 될 것이다.

〈표 6-9〉에서 문제의 핵심은 화학비료로 사용한 양분을 어떻게 유기자원으로

〈표 6-8〉 관행상추와 유기상추 재배의 차이(노지재배의 경우)

항 목		관행상추 재배	유기상추 재배
파종	파종법	200공 플러그 트레이	162구 플러그 트레이
	육묘관리	25~30일 육묘	35일 육묘
정식	준비	묘경화(2~3일 전), 두둑형성	묘경화(4~5일 전), 두둑형성
	방법	가볍게 눌러줌, 흑색 멀칭	흑색 멀칭
시비량		〈표 6-9〉 참조	발효퇴비 1.5ton(300평당) 퇴비자재－유박 15%, 깻묵 5%, 쌀겨 5%, 무농약 버섯배지 70% EM균 or 유산균(액상), 균배양체 1% 추비－액비
수확		정식 후 30일부터	정식 후 30일부터

대체하느냐에 있다. 그리고 이때 농가가 많이 쓰는 방법은 퇴비자재라 하여 유박류와 균류를 배합하여 발효한 것을 쓰고 추비로는 액비를 사용하는 것으로 되어 있다. 여기서 채소는 모두 쌈채소로 소비되기 때문에 충분히 발효하여 기생충이 없는 것을 시용해야 할 것이다.

한편 〈표 6-10〉에서는 병충해 방제에 대한 기술은 없으나 다른 경우와 마찬가지로 키토산이나 담배추출액, 청초액비 등을 이용할 수 있다.

〈표 6-9〉 관행재배 잎상추 추천시비량(kg/10a)

비료명	총량	밑거름	웃거름			성분
			1회	2회	3회	
퇴비*	1,500	1,500	-	-	-	N-P-K/20.9-5.9-12.8 석회 200kg
요소*	45.4	27.4	6	6	6	
용과린*	29.9	29.5	-	-	-	
염화칼리*	21.3	12.3	3	3	3	
시비시기	-	정식 14일 전	본엽 6~7매	본엽 12매		

주* 유기비료로 사용하여야 유기상추로 인증받을 수 있음.

〈표 6-10〉 유기쌈채소류 재배방식 요약

채소종류	토양관리	해충방제	퇴비제조	잡초방제
신선초 등	재배 후 충분한 휴경기간	목초액+담배추출물(동계 10일 간격, 춘추 및 하절기 30분 1회 3분 분무)	볏짚+분뇨, 부엽토+석회+지렁이 분비물	인력제초
상추+쑥갓 등	태양열 소독(거름+로터리+비닐 밀봉 후 10일 방치)	청초액비	돈분+톱밥제조+맥반석	인력제초
상추	상동	키토산 육묘기 1회 800배, 정식기 2회, 활착 후 2회, 생육기 1~2회, 관수 후 1~2주 간격 살포	발효퇴비, 퇴비자재(깻묵 등)	인력제초

6.3 재배관리 및 재배기술

원예작물을 유기적으로 재배하는 기술은 원칙적으로 IFORM이나 코덱스 기준에서 제시한 방법을 준수하여 영농하는 것이다. 이 방법을 여러 가지로 표시할 수 있으나 원칙에 있어서는 대동소이하다. 일본의 우오즈미(魚住, 1999)는 유기농업의 기본을 크게 세 가지로 제시하고 있다. 첫째, 농약이나 화학비료를 사용하지 않는다. 둘째, 소농적 유축복합경영과 지역 내 유축복합경영을 한다. 셋째, 다품목재배와 윤작을 한다. 관행농업의 영농방식에서 이러한 원칙 몇 가지를 도입하여 영농한다면 훌륭한 유기원예작물 재배가 될 것이다.

1. 유기원예작물의 번식 · 파종 · 육묘

유기원예의 분야는 크게 채소, 과수, 화훼 분야로 나눌 수 있다. 이 중 채소나 과수재배 시 유기적 방법을 동원하는 것이 당연하나 화훼를 유기적으로 재배하는 문제는 생소하게 느낄 수 있을 것이다. 그러나 웰빙의 분위기를 타고 각 분야에서 유기적 방법으로 사는 방식을 추구하고 있기 때문에 화훼 분야라고 해서 예외일 수는 없다. 다만 여기에서는 편의상 몇 가지 채소의 경우를 예로 들어 설명하기로 한다.

1) 모 흙판

관행 원예작물에서는 농가가 많이 이용하는 것은 공장 육묘장에서 육성한 것을 구입하여 농장에 이식하는 방식이다. 이것은 보통 트레이라고 하는 작은 플라스틱 상자에 상토를 넣고 여기에 종자를 파종하여 일정 기간 육묘하는 방식을 이용한다. 여기서 상토는 첫째, 물리적 성질이 좋아야 하고(고상-액상-고상/10~15-65~70-20), 둘째, 화학적으로 안정되어야 하며(pH5.5~6.2), 셋째, 오염되지 않아야 한다(교육인적자원부, 2003). 이에 대한 자료가 국내에는 없으나 일본에서 유기벼 재배 시 모판 흙의 제조는 첫째, 유기물이나 잡초종자가 없는 산흙을 분쇄하여 체로 쳐서 큰 덩이를 제외시키고 건조하여 두며, 둘째, 피토모스를 혼합하여 토양의 산도를 4~5로 조정하고, 셋째, 미리 미강, 증제골분을 발효시켜 퇴비를 만들고 건조시켜 보존한 것을 이용한다(高松 修, 2004). 한편 IFOAM 기준에서는 묘상의 잡초종자 발아를 막기 위해, 부패균이나 원인균을 제거하기 위해 미리 흙을 태우는 방법도 권장하고 있다.

묘판상토의 적정 산도는 각 원예작물에 따라 다르며 피트모스를 이용하여 표와 같은 산도를 맞추어 주도록 한다. 일반적으로 원예용 상토로 쓰고 있는 유기

〈표 6-11〉 작물별 상토의 적정 산도범위(장유섭, 2006)

상토의 산도범위	작 물
pH 6.0~6.8	아스파라거스, 시금치, 셀러리, 멜론, 양파, 완두, 근대
pH 5.5~6.5	고추, 오이, 토마토, 상추, 배추, 브로콜리, 양배추
pH 5.0~5.5	수박, 감자, 고구마

〈표 6-12〉 유기성 상토재료의 화학성(장유섭, 2006)

재 료	산도	염류농도 (mS/cm)	T-C	T-N	P_2O_2(%)	K_2O(%)	CEC (me/100g)
피트모스	4.8	0.18	56.4	1.1	0.13	0.11	65~150
코코넛피트	5.5~6.5	0.2~0.4	-	-	0.01	0.78	60~120
왕겨	7.0	0.06	51.0	0.9	0.27	4.50	19.0
훈탄	7.2	0.25	419	0.7	0.46	5.23	9~12

〈표 6-13〉 무기성 상토재료의 화학성(장유섭, 2006)

재 료	산도	염류농도 (mS/cm)	P_2O_2(%)	T-N	EX.Cat(me/100g)			CEC
					K	Ca	Mg	
버미큐라이트	7.7	0.10	12	1.1	0.61	1.40	0.7	19~22
펄라이트	7.9	0.03	16	-	0.02	0.14	0.1	0.15
제올라이트	8.5	0.31	14	0.9	1.18	3.18	0.9	-
산적토	7.0	0.07	14	0.7	0.08	1.75	0.8	-

〈표 6-14〉 트레이를 이용한 공정육묘의 규격과 육묘일수(교육인적자원부, 2003)

작 물	트레이 규격(구)	육묘일수(일)	비 고
고 추	72~128	40~80	아주심기 모종
	200	30	한때심기 모종
토마토	50~72	50~70	아주심기 모종
	128~288	20~30	한때심기 모종
오 이	50	30~40	접목 모종
	50~72	25~30	무접목 모종
수 박	72	30~40	접목 모종
	72	30	무접종 모종
참 외	50~72	30~40	접목 모종
	72	30	무접종 모종
배 추	128~200	20~30	-
상 추	128~200	30~40	-
양배추	128~200		

성 및 무기성 재료의 화학성은 제시한 〈표 6-12〉와 〈표 6-13〉과 같다.

트레이에 묘를 기를 경우 한정된 용기 안에서 상당기간(20~80일, 〈표 6-14〉 참조) 뿌리를 내리고 생육에 필요한 양분을 흡수하기 때문에 대단히 중요하다. 특히 화학비료를 사용하지 않는 유기원예작물 재배에서는 육묘기간 중에 비료성분이 떨어질 경우 화학비료를 사용할 수 없기 때문에 세심한 관심과 대체비료의 개발 및 시용이 중요하다.

2) 종자

종자는 자가채종종자 사용이 원칙이며, 특히 최근 상업적으로 육종된 것은 유전자변형종자가 많기 때문에 이러한 것을 사용하지 않도록 해야 한다. 관행농에서 사용되는 공정용 종자는 보통 발아세 향상, 불량환경 적응성 개선을 위하여 여러 가지 물질을 코팅한 것을 사용한다. 코팅 자재 중 질산칼륨(KNO_3)을 사용한 것은 화학비료로 유기종자로는 적합하다 할 수 없다.

3) 육묘

육묘는 작물에 따라서 최저 20일에서 최고 80일까지의 기간이 필요하다. 트레이 상토는 본엽까지의 양분 정도만 공급할 수 있는 것으로 간주하고, 그 후에 적절한 물시비를 통하여 양분을 보충해 주는 것을 고안해야 한다. 육묘에서는 광, 온도, 수분관리가 초점이므로 각각의 작물에 알맞은 기준을 맞추도록 해야 한다. 이 과정 중에 토마토 묘는 물리적 자극을 통하여 모종을 작게 만들 수 있다. 그러나 이 방법에 의해 병의 발생이 확산되는 경우도 있으므로 주의가 필요하다.

2. 유기원예작물의 관리

작물윤작(作物輪作, crop rotation)에 대한 당위성이나 필요성, 유기농업에서의 중요성은 강조되고 있지만 우리나라 대부분의 유기농가는 윤작을 실시하지 않고 있다. 그 이유는 다음의 몇 가지로 요약할 수 있다. 첫째, 윤작기술의 부재이다. 관행적 방법에 익숙한 농가가 새로운 기술의 적용이나 탐구보다는 옛날 방식에 의존하여 영농을 하고 있다. 또한 각 작물에 대한 해박한 지식이 있어야 하는데, 현 농가 수준에서는 어렵다. 둘째, 농토면적의 협소 또는 임차 유기농을 하기 때문이다. 농가당 평균 경지면적은 1.5ha 정도이며, 도시 근교에서 유기농을 하는 농가는 임차하여 유기농을 하기 때문에 이러한 방식을 채용하지 않는다. 셋째, 판로문제이다. 다품종 소량생산으로는 판매가 쉽지 않고 각 지역마다 특정 작목이 특산지화되어 있기 때문에 이를 무시하고 독자적인 윤작체계를 개발하여 그 지역 특산물이 아닌 작물을 생산하여 판매하는 것은 현실적으로 어렵다. 이러한 여러 가지 이유가 있지만 특히 병충해 예방을 위해서, 그리고 질이 좋은 유기농산물을 위해서 윤작은 필수적이다. 원예작물에서 윤작 시 지켜야 할 원칙은 다음과 같다(Barbara, 1996).

① 가능하면 다양한 작물을 윤작체계에 포함시킨다(근채, 엽채, 덩굴작물).
② 같은 종의 작물은 간격을 길게 두고 윤작한다(3~6년 간격).
③ 토양개량작물을 윤작체계에 포함시킨다(두과와 호밀과 연맥).

④ 곡류 식재 전에 두과를 재배한다(질소고정 작물인 알팔파, 클로버, 완두).
⑤ 식물의 특성을 고려한다(전년 잔여양분을 좋아하는 근채류, 신선양분을 좋아하는 곡류 및 두류) 윤작작물을 선택한다.
⑥ 다음에 재배하는 작물에 혜택을 주는 것(상추, 양파, 호박)과 피해를 입히는 것(당근, 순무, 배추)을 잘 조합한다.
⑦ 다비작물(옥수수, 토마토, 배추) 후에는 소비작물(小肥作物, 근채, 엽채), 세 번째 해는 토양개량작물 순으로 배치한다.
⑧ 적정한 동계작물을 작부순서에 삽입한다(시금치, 마늘).
⑨ 아스파라거스 같은 다년생 재배 시는 피복작물을 바꾼다.
⑩ 적당한 윤작작물이 없으면 품종이라도 바꾼다.
⑪ 토양병인(土壤病因) 병해는 더 복잡한 윤작체계를 구성한다.
⑫ 윤작 작부체계의 성공과 실패를 철저히 기록한다.

3. 잡초방제

관행농업의 관점에서 잡초는 제거의 대상으로 본다. 그렇기 때문에 예로부터 "상농은 풀이 자라기 전에 뽑고, 중농은 풀이 난 뒤에 뽑으며, 하농은 풀이 나도 뽑지 않는다"라는 말까지 전해 온다. 즉 잡초는 수량저하, 품질저하, 농작업 방해 때문에 뽑아 없애야 한다는 생각이 일반적이었다.

그러나 유기농업에서는 잡초도 생태계의 일부일 뿐이며, 따라서 방제의 대상이 아닌 균형(均衡, balance)이라는 시각으로 본다(이효원, 2004). 잡초의 뿌리는 작물의 양분흡수를 돕고, 심층의 양분을 빨아올리며, 심층토를 섬유상화, 하층에 저수조를 이용하도록 조력하는 등의 이점이 있다고 한다.

밭에서 볼 수 있는 1년생 잡초는 명아주, 강아지풀, 바랭이, 쇠비름, 돌피, 별꽃, 냉이류 등이 있다. 잡초방제는 크게 제거와 비닐 또는 볏짚 등의 피복 중경제초가 있다. 그리고 윤작을 하는데, 소맥 등을 파종하고 비료를 주지 않으면 경작토의 질소를 흡수하고, 별꽃과 같은 잡초를 방제할 수 있다.

4. 유기원예작물의 병충해 방제, 수확, 저장관리

유기농에 의한 작물생산에 관한 연구서는 연구기관 각 부서에서 산발적으로 발간되었다. 『유기 · 자연농업 기술지도자료집』(농진청, 1999)에 의하면 유기채소 관리에 관한 몇 가지 연구결과가 간략히 소개되어 있는데, 이를 요약하면 다음과 같다.

즉, 유기원예에서 토양관리로는 유황훈증, 발효퇴비, 파쇄목퇴비, 우분퇴비, 발효퇴비+이탄, 돈분톱밥퇴비 등을 이용하였고, 병충해 관리로는 목초액, 현미식초, 천혜녹즙, 한방영양제, 키토산 등을 사용하였다. 유기원예에서 가장 문제가 되는 것은 병충해 관리이며, 근래에는 곰팡이를 이용한 미생물 살충제를 사용하기도 한다. 세균을 이용한 미생물 살충제도 있다. 한편 실제로 유기원예농가가 가장 많이 이용하는 것은 무기물 제제(기름, 규조토, 중탄산나트륨, 유황, 구리, 비누제제)이다. 기타 식물성 살충제(植物性 殺蟲劑, botanical pesticide)도 이용하고 있는데, 헬레보어, 제충국, 로테논, 리아아니아, 사바딜라, 님, 담배차, 오렌지류 추출 오일(윤성희, 2005)이 있다. 외국의 문헌이나 코덱스 기준에는 식물성 살충제를 이용할 수 있다고 나와 있으나, 우리나라 농가에는 아직도 생소한 해충방제제이다. 유기산이나 목초액도 유기농가의 병충해 방지용으로 이용된다 하나 이 중 목초액이 농가에 가장 많이 알려지고 실제로 사용하는 것이다.

이에 대한 내용은 이미 앞 장에서 다룬 바 있다. 현대적인 의미의 농약은 보르도액이나 비산연(砒酸鉛)유황합제, 석유유제 등이며, 이것들은 20세기 초에 사

[그림 6-7] 병충해 방제에 이용되는 식물

〈표 6-15〉 식물추출액 방제제와 그 효과(김여운, 2001)

재료	작물	효과
마르+어성초 진액 목초, 현미식초	벼	도열병 방제, 참새, 메뚜기 기피, 벼 체질 개선
쑥, 미나리, 별꽃 클로버 칡, 바닷말의 청초액비	밀감	창가병, 흑점병 이외의 병해 해충 전반
쑥, 미나리, 갓, 마늘, 죽순의 청초액비	벼	다수확과 맛 향상
고추+후주+마늘	감, 채소	노랑쐐기나방
마를+새초+쑥+어성초	채소 벼	목화진디물, 복숭아진딧물, 깍지벌레, 응애 뿌리응애, 야도충, 갈색반문병, 위축병
고추소주담굼 마늘소주담굼	채소	탄저병, 흰가루병 청벌레, 노린재, 흑성병 진딧물, 스립프스 등
파 섞어심기	수박 멜론 토마토	줄기쪼갬병, 위축병 온실가루이
허브(로만카모밀-차이브)	벼	노린재, 멸구
고사리	쌀. 팥	저장 중의 벌레 기피나 쥐 기피
밀감껍질	파	노균병, 녹병
커피 찌꺼기	파	뿌리혹선충
대나무추출액+마위목	채소 전반 가지 토마토, 무	내병성 강화, 나방류 기피 고사 직전의 포기가 기운차게 변함 균핵병, 흰가루병, 잡초발아 억제
새초+구연산	채소	생육촉진, 토양개량
왕겨목초	채소	흰가루병, 입고병, 자람이 강건해짐

용되었다. 근대 농업 이전에는 천연물에 의한 병충해 방제에 의존하였다. 김여운(2001)에 의하면 중국 민간 농약지에는 220종의 식물농약이 소개되었다고 한다. 현재 민간에서 농약 대신에 쓰는 각종 식물방제제는 〈표 6-15〉에 제시된 바와 같다. 그러나 이들에 대한 실증적 실험결과는 많지 않아 효과가 어느 정도인지는 정확히 알 수 없다.

1) 생산물의 선별 및 포장

유기농산물은 생산량이 적고 또 인증 마크를 붙여야 하기 때문에 인력으로 선별을 한다. 특히 품질과 외양을 동시에 요구하는 소비자들의 욕구를 충족시킬 수 있도록 해야 한다. 예를 들어 다소간의 충해를 입은 채소류는 다른 의미에서는 유기농산물임을 인정하는 간접적 광고이기도 하므로 완벽한 잎만을 포장하기보다는 약간 충해를 입은 흔적이 있는 것을 포장하는 것이 하나의 선전방법일 수도 있다.

선별이 끝난 것은 적절한 골판지, 그물망 등에 담은 다음 허가된 인증에 따라 적절한 인증표시를 붙여 출하시킨다. 이때 사용하는 용기는 가능하면 환경 부하가 적은 것을 이용한다. 예를 들어 플라스틱 제품을 사용하는 경우에도 분해 가능한 것을 쓴다든지 아니면 화학적인 처리가 덜 들어간 포장재(包裝材, packing material)를 사용하는 등 포장 하나에도 유기농가의 철학과 이상이 담긴 것을 사용한다.

2) 저장

최근의 수확 후 관리기술의 초점은 크게 콜드체인 시스템 도입, 선별과 포장의 자동화, 최소 가공 및 보존의 방향이라고 한다(문원 등, 2002). 저장방법은 단기 및 장기 저장이 있으나 농가는 단기저장을 하게 되나 경우에 따라서는 시장 과잉공급을 조절하기 위해서 저장기간을 연장하는 방법을 이용하기도 한다. 저장방법은 상온저장, 보온저장, 저온저장으로 나눌 수 있다. 상온저장은 보통저장이라고도 하며, 단열한 후 밤에는 찬공기 유입, 낮에는 더운 공기 유입을 막는 방법이고, 간이창고에서 할 수 있다. 보온저장은 동해를 받지 않도록 저장하는 방법으로 보통 도랑, 움, 지하 또는 반지하에서 저장하는 방법이다. 저온저장은 냉장기기를 이용하여 저장하는 것으로 수확 후 농산물의 대사 진행을 막는 방법이다. 저장에 알맞은 온도는, 아스파라거스, 비트, 브로콜리, 양배추, 배추, 당근, 셀러리, 마늘, 케일, 시금치 등 대부분의 엽채류는 0°C며, 과채류는 10~15°C 사이이다. 저장고 내 적정수분 범위는, 채소는 98~100%이고 과채류는 90~95%이다(교육부, 1997).

5. 판 매

보통 유기농산물은 계획생산된 것이기 때문에 유통회사를 통하여 판매하게 된다. 물론 인근의 판매점이나 5일장을 이용하거나 인접한 도시의 아파트 단지 등에서 직접 판매할 수 있으나 이 또한 실천하기 어려운 점이 있다. 지금까지의 연구결과에 의하면 소비자 직거래로 35.6%, 생산지 조직을 통해서 21.7%, 소비자 단체와의 연결로 18.2%, 전문 유통업체를 통해 24.5%가 판매된다고 한다(농림부, 2003). 또 다른 연구는 직거래는 5%에 지나지 않고 대형 소매가 60%에 이른다고도 한다(이종성, 2001).

미국에서는 Co-op, TOD(Tuscarora Organic Grower) 등의 회사가 유기농가를 대신하여 판매를 대행하고 있다. 예를 들어 뉴욕에서는 유기농 생산농가 직판 새벽시장을 운영하고 음식점, 도매시장에 판매를 대행하는 역할을 하고 있다. 2002년 조사에 의하면 13%가 소비자에게 직판되고, 35%는 도매상, 53%는 소매상에 의해 거래된다.

관행농산물이 판매가의 20%만 농민의 손에 돌아가는 데 비해 유기농산물은 판매가의 50%가 유기농가에 귀속된다(Fromartz, 2005). 이와 같은 사실은 지방마다 재래시장에 유기농 생산농가의 직판장을 설치하고, 소비자 단체와의 연결을 공고히 하며, 농협과 같은 준 정부조직의 유기농 판매 전담부서 설립이 필요하다는 점을 시사하고 있다.

참고문헌

- 교육부(1997). 『고등학교 채소』. 대한교과서주식회사.
- 교육인적자원부(2003). 『고등학교 원예기술 II』. 교학사.
- 김여운(2001). 『유기농업 기본과 원칙』. 유기농업협회.
- 농진청(1999). 『유기 · 자연농업 기술지도 자료집』. 농진청.
- 박효근 · 문원 · 이승구(2002). 『원예학』. 한국방송통신대학교출판부.
- 앨버트 G. 하워드, 최병칠 옮김(1987). 『농업성전』. 한국유기농업보급회.
- 윤성희(2005). 『유기농업 자재의 이론과 실제』. 흙살림 연구소.
- 이종성(2001). 「우리나라 친환경농산물의 생산실태와 소비자 의향」. 박사학위 논문.
- 이효원 등(1998). 『사료작물학』. 한국방송통신대학교출판부.
- 이효원(2004). 『생태유기농업』. 한국방송통신대학교출판부.
- 장유섭(2006). 「원예용 상토 특성과 제조시 유의사항」, 『디지털농업』(3월).
- 中野政詩 等(1997). 『土壤圈の 科學』. 朝倉書店.
- 千野慶之 · 高松修 · 多辺田政弘(2004). 『有機農業の事典』. 三省堂.
- Barbara W. Ellis, Fern Marshall Bradley(1996). *The organic gardener's hand book*, natural insect and disease control. Rodale Press.
- Fromartz Samuel(2005). *Organic, inc. Natural Foods and How They grew*. Harcourt.

제 7 장

유기수도작

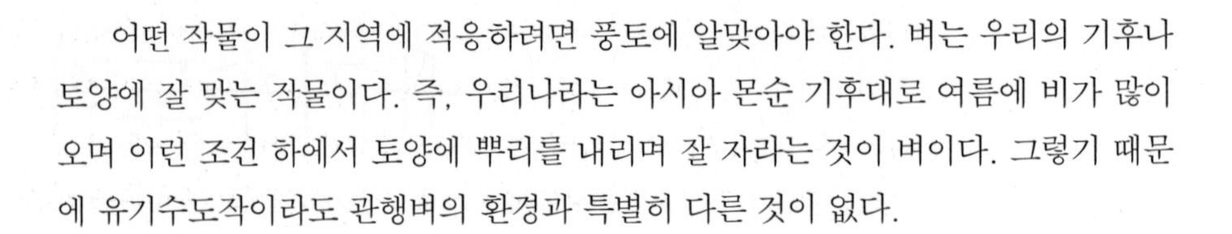

어떤 작물이 그 지역에 적응하려면 풍토에 알맞아야 한다. 벼는 우리의 기후나 토양에 잘 맞는 작물이다. 즉, 우리나라는 아시아 몬순 기후대로 여름에 비가 많이 오며 이런 조건 하에서 토양에 뿌리를 내리며 잘 자라는 것이 벼이다. 그렇기 때문에 유기수도작이라도 관행벼의 환경과 특별히 다른 것이 없다.

1. 수도작과 기상환경

1) 온도

벼의 생육온도는 10～40°C이나 생육단계에 따라 적온은 다르다. 또한 품종에 따라서 차이가 난다. 파종과 이앙이 가능한 온도는 일반계 품종에서 13°C이고, 묘 생육기간에는 13～22°C, 이앙 후 출수기까지는 32°C로 높을수록 좋고, 그 후 등숙기는 20～22°C, 등숙 말기에는 21～22°C가 좋다. 벼의 생육은 대기의 온도뿐만 아니라 수온의 영향도 받는데, 특히 유수형성기에서 수잉기까지는 거의 같고, 수잉기 이후에는 주로 대기의 영향을 받는다.

광합성 효율을 높이기 위해서는 주야간 온도차이가 나는 것이 좋다. 즉, 최적 광합성은 28°C에서 가장 활발하지만 호흡 역시 왕성하기 때문에 효율적인 광합성을 위해서는 주야간 온도차이가 큰 것이 유리하며, 특히 분얼기 및 등숙기에는 성장과 종자성숙을 위해서 더욱 더 그렇다(김충국, 2006). 벼의 생육단계별 최적 · 최저 · 최고 한계온도는 〈표 7-1〉에 제시되어 있다.

〈표 7-1〉에서 알 수 있는 것은 발아나 육묘기에 적온은 높으나 재배지 실제 온도는 훨씬 낮기 때문에 문제가 된다. 즉, 이 시기는 경우에 따라서는 발아 최저 온도인 10도보다 낮고 중부지방인 경우도 야간에는 문제가 될 수 있다. 따라서 육묘하여 이식하는 경우 또는 직파하는 경우에 이러한 적온이 잘 유지될 수 있는 조건이나 시기를 맞추는 것이 좋다.

벼의 생육과 온도에서 중요한 시기는 출수개화기이다. 이 시기는 20°C 이하

〈표 7-1〉 생육시기별 최적 · 최저 · 최고 한계온도(이종훈, 2001)

생육시기		온도별(°C)		
		최적	최저	최고
발아		30~32	10	45
육묘	출아	30~32	12~13	35
	녹화	25~30	10	35
	경화	20~25	10	35
활착기		25~28	12~13	35
분얼기		25~30	10~15	33
감수분얼기		30~32	17~19	38
개화		30~35	15	50
수정		30~33	17~20	35
등숙(40일 평균)		21~22	10~12	30

가 되면 영화의 불임비율이 높아져 쭉정이가 생길 수 있다. 특히 야간이 문제가 되는데, 주간에 온도가 올라가면 어느 정도 회복된다. 그렇다고 해서 인위적으로 갑작스런 저온을 방지할 수 없기 때문에 이에 잘 적응하는 품종을 선택하는 것이 최선이다. 다만 감수분열기에 기온이 저온한계 이하로 내려갈 경우 논물의 깊이는 15~20cm로 해 주는 것이 불임방지에 효과가 있다(이종훈, 2001).

벼는 그 기원이 열대지방이기 때문에 고온이 유지되고 일조량이 많으면 풍년이 든다. 보고에 의하면 지역에 따라 온도의 영향을 받는다고 하는데, 예를 들어 수원지역은 전 생육기간을 통하여 온도가 높은 것이 수량증수에 도움이 되었다고 한다.

2) 일조

작물의 생장은 기본적으로 광합성에 의한 물질의 축적이고 종실 역시 광합성의 산물이기 때문에 일조량이 많으면 수량은 증수된다. 육묘기, 분얼기, 유수형성기, 등숙기에 일조의 부족은 부실한 묘, 분얼수 감소, 출수지연, 영화수 감소 등으로 이어진다.

뿐만 아니라 빛의 세기 역시 벼의 생장에 영향을 미친다. 이와 같은 사실은

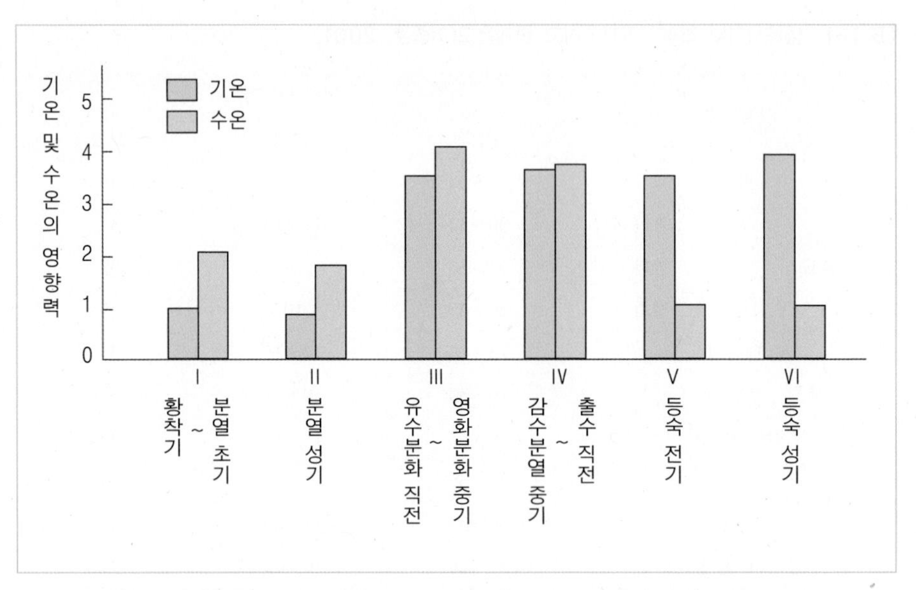

[그림 7-1] 벼 생육시기에 따른 기온과 수온이 수량에 미치는 영향(이종훈, 2001)

[그림 7-1]에 잘 나타나 있다. 즉, 온도가 33°C 이하에서는 광도가 높을수록 광합성량이 증가하는 것을 알 수 있다. 그러나 앞에서 지적한 대로 온도가 지나치게 높으면(38~48°C) 광합성량은 오히려 감소하는데, 이는 호흡에 의한 광합성 산물의 소비가 더 많기 때문이다. 이렇게 광합성 속도가 증가하다가 일정한 정도에서 더 이상 증가하지 않은 광도를 광포화점(光飽和点, light saturation point)이라고 부른다. 이러한 광합성은 온도뿐 아니라 이산화탄소의 영향을 받는다.

이러한 광포화도는 개체엽을 대상으로 한 조사이며, 실제 벼는 군락으로 성장하기 때문에 이러한 광포화는 포장조건에서는 일어나지 않는다. 맑은 날에 가장 높고, 구름이 낀 날은 1/2, 강우 시는 1/3 정도 밖에 안 된다.

3) 강우량

우리나라는 연강우량이 1,000mm 이상으로, 벼를 재배하는 데 이상적인 강우조건을 갖고 있다. 뿐만 아니라 천수답이 거의 없을 정도로 수리시설이 잘 되어 있기 때문에 강우량이 풍흉에 영향을 미치지 않는다. 또 벼는 목초나 콩과 같은 작물보다도 요수량이 적어 건물 1kg을 생산하는 데 211~300kg의 수분이 필요하기 때문에 큰 문제는 아니다.

또한 계절적으로 보아 4~5월에는 유묘기로 수분이 많이 필요하지 않으며, 성장이 왕성하게 진행되는 6~7월에는 우기로 충분한 수분이 공급될 수 있는 자연조건이다. 다만 9월 초부터 시작되는 태풍으로 인한 도복이 문제가 되는 경우가 종종 있다. 그러나 유기벼는 화학비료에 의존하는 것이 아니기 때문에 생장기간 동안 튼튼한 대로 성장시킨다면 큰 문제는 아니다.

2. 유기벼 토양환경

1) 3요소

유기벼재배가 일반벼재배와 다른 점은 화학비료 대신 유기질 비료를, 농약 대신 건전작물 육성과 생태적 방제로 대체한다는 점이다. 화학비료의 시용은 결국 벼의 생육에 필요한 영양소를 충족시켜 주는 데 있고, 유기질은 이러한 화학비료에 의한 영양분을 대체해야 한다. 그렇다면 유기벼와 관행벼의 차이는 무엇인가? 농약과 화학비료를 사용하지 않고 생산한 벼 이상의 의미를 갖고 있으며, 이에 대한 사상과 이론은 제1장에서 다룬 바가 있다.

화학비료와 농약을 사용하는 관행벼재배 시 수확량은 10a당 약 600kg이며, 이때 토양에서 탈취하는 질소는 현미, 이삭, 왕겨, 뿌리 등에 함유되어 있고, 각 부분에 질소를 곱하면 토양에서 탈취하는 양을 계산해 낼 수 있다. 또 현재의 많은 농가들이 하는 것처럼 콤바인으로 탈곡한 후 볏짚과 뿌리를 그대로 다시 논에 환원했을 때 20년 후의 질소수지는 [그림 7-2]에서 보는 바와 같다.

세이비(西尾, 1997)에 의하면 관행재배는 10a당 8kg의 화학비료에 1~2톤의 퇴비를 시용하는 것이 표준이며, 이를 매년 계속하면 10년째는 4.9kg의 질소를 모두 방출하게 된다고 한다. 화학비료와 퇴비에서 공급되는 질소는 모두 12.9(4.9+8)kg이 되어 부족분 6kg을 충족시켜 줄 수 있다. [그림 7-2]를 보면 볏짚과 왕겨를 전부 논에 환원시켰을 때 이들의 질소공급량은 9.3kg이지만 벼가 흡수할 수 있는 양은 4.7kg에 지나지 않고, 이는 현재 생산량의 1/2에 해당하는 10a당 250kg에 필요한 질소의 양이라는 것이다. 10a당 250kg은 실제로 화학비료를 사용하지 않고 순수 유기질 자원만 이용하여 비옥도를 유지했던 1900년대의 쌀생산량에 지나지 않는다.

따라서 현재와 같은 관행벼재배 생산량인 10a당 500kg를 유지하기 위해서는 10a당 부족한 질소 4.9kg을 유기질 비료에 의해서 충족시켜 주어야 된다. 앞의 그림에서는 왕겨까지 전부 논에 환원하는 것으로 계산하였으나 우리 농가에서는 실제로 왕겨가 환원되지 않기 때문에 이 점을 고려하면 퇴비로 넣는 볏짚에 의해 환원되는 질소량은 그만큼 줄어들 수밖에 없다.

이러한 부족한 유기물을 보충해 주는 방법으로 유기벼재배농가는 축분을 많이 이용하고 있다. 축분은 질소뿐만 아니라 인산도 포함되어 있고 경우에 따라서는 질소와 인산의 과용으로 수질을 오염시키고 있는 실정이다. 유기적으로 생산

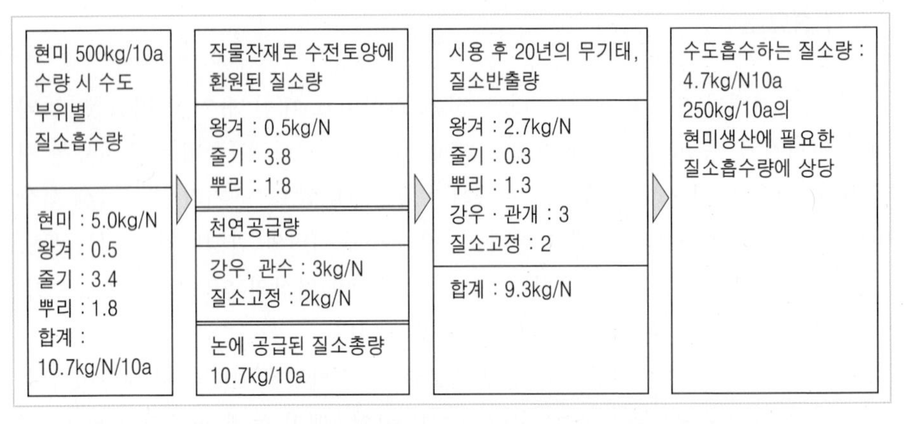

[그림 7-2] 10a당 현미 500kg의 수량을 나타내는 논에서 작물잔재를 전부 토양에 환원시켰을 경우의 질소수지의 추정(西尾, 1997)

[그림 7-3] 유기벼재배 시 토양비옥도 증진을 위한 녹비작물

된 축분도 문제지만 방사하는 가축(오리)이 배설하는 질소와 인이 문제가 되고 있기 때문에 이에 대한 과학적인 조사와 연구가 필요한 실정이다.

녹비작물 중에는 공중질소(대기의 약 80%)를 고정하여 토양에 질소를 공급할 수 있는 두과작물이 있다. 즉, 헤어리 베치나 자운영 등이 실제로 논에서 많이 이용될 수 있다. 기타 완두도 보리와 혼파하여 좋은 성적을 거둔 적이 있다. 이효원 등(2005)의 보고에 의하면 전체 두과작물이 흡수한 질소의 85~95%가 공중질소였고, 또 이것이 보리로 이동된 양은 ha당 69~94kg이었다고 한다.

그간의 연구에 의하면 10a당 헤어리 베치 1,500kg, 2,000kg, 2,500kg을 시용하였을 때 관행벼재배 시와 차이가 없었다고 하였다. 물론 인산과 칼리는 따로 시용한 경우이다. 자운영인 경우 그 수량이 10a당 2,500kg일 때는 질소비료를 주지 않아도 된다는 보고도 있다.

그러나 이런 연구들은 수년 정도의 기간에 이루어진 단편적인 결과일 뿐만 아니라 인산과 칼리의 문제, 미량광물질의 시용량도 고려해야 하기 때문에 앞으로 장기간에 걸친 연구를 바탕으로 한 적정 유기물 시비량을 정립해야 할 것이다(이효원, 2004).

2) 규산 및 미량 광물질 비료

규산은 암석의 50% 이상(현무암의 48~52%)을 차지하는 물질의 중요한 구성체이다. 벼도 상당 부분이 규산으로 구성되어 있다. 이는 〈표 7-2〉에 잘 나타나 있다.

특히 볏짚 전체 중 83%가 규산으로 구성되어 있다. 따라서 부족하게 되면 도복이나 병충해에 감염되기 쉽다. 또 우리나라 논토양의 평균 유효규산 함량은 kg당 72mg으로 적정 수준인 kg당 130~180mg보다 크게 낮고, 또 전체 논토양의 92%가 유효규산이 부족하므로 4년에 한 번씩 이른 봄에 시용하는 것이 좋다(농과원, 2005). 유기벼에 사용할 수 있는 규산질은 규산염, 벤토나이트, 규산나트륨이며, 농가는 이러한 비료를 사용하면 된다.

〈표 7-2〉 벼의 무기성분 흡수량

성분	함량(%)		10a당 흡수량(벼수량 6섬, kg)		
	현미	짚	현미	짚	계
질소	1.2	0.5	10.8	6.375	17.175
인산	0.6	0.2	5.4	2.55	7.95
칼리	0.4	1.5	3.6	19.215	22.725
석회	0.03	0.4	0.27	5.1	5.37
고토	0.2	0.2	1.8	2.55	4.35
유황	0.2	0.1	1.8	1.275	3.075
망간	0.01	0.1	0.09	1.275	1.365
아연	0.01	0.007	0.09	0.09	0.18
동	0.004	0.007	0.0375	0.09	0.1275
붕소	0.0006	0.001	0.00375	0.01125	0.015
규산	0.1	15.00	0.9	191.25	192.15

7.2 유기수도작의 재배기술

1. 볍씨준비와 종자처리

1) 유기벼재배방법과 품종

유기농업이 가격경쟁력의 차원을 넘어서 지구환경보호와 같은 더 높은 차원으로 승화시키는 신념의 농업임을 감안할 때 관행벼재배에 약간의 변형을 거친 형태는 진정한 의미의 유기농업이 아니다. 이러한 관점으로 볼 때 이앙재배보다는 직파나 담수표면파종이 더 환경친화적이라고 할 수 있다. 그러므로 품종의 선택은 어떤 재배방법을 선택하느냐에 따라 달라지며 농진청도 각기 다른 품종을 추천하고 있다.

건답직파재배는 문자 그대로 밭과 같이 건조한 상태에서 경운기 등을 이용하여 경운, 쇄토를 하고 여기에 종자를 파종한 후 복토하는 재배법이다. 종자가 발아하여 3엽기가 되면 관개를 실시하여 일반 논과 같은 담수상태를 유지한다. 모판준비, 이앙과 같은 작업이 생략되었으므로 생태적 농법(生態的 農法, ecological agriculture)이라 할 수 있다. 이러한 생육조건 하에서는 초기신장이 빠르면서 이삭이 큰 품종을 선택할 것을 권장하고 있다(농과원, 2007).

직파재배 중 또 다른 형태는 담수상태에서 직접 종자를 파종하는 것이다. 즉, 저온 시 발아가 잘 되고 발아 초기 신장이 잘 되는 품종을 추천하며, 따라서 중만생종은 적절치 않다고 하였다(농과원, 2007).

이앙재배는 관행벼재배농가에서 수행하며 본답에 이앙했을 때 정착이 잘 되는 이점이 있어 선호하고 있다. 그러나 직파방법에 비하여 이앙이라는 또 다른 에너지 소모적 과정이 추가되기 때문에 직파보다 준유기적인 방법이다.

각 지역에 따른 적응품종이 농진청에 의해 제시된 바 있으나 유기벼재배 시 문제는 병충해 방제이므로 이를 기준으로 한 품종은 〈표 7-5〉와 같다.

이 표에서는 도열병, 흰잎마름병, 줄무늬잎마름병에 저항성을 갖는 품종을 제시하였으므로 자신의 지역에서 잘 발생하는 병해에 강한 것을 재배하면 될 것이다.

〈표 7-3〉 건답직파재배 적응 품종

구분	품 종
조생종(5종)	오대벼, 진부벼, 상주벼, 삼백벼, 중화벼
중생종(4종)	화성벼, 서안벼, 화중벼, 내풍벼
중만생종(5종)	일품벼, 만금벼, 대안벼, 일미벼, 화삼벼

〈표 7-4〉 담수표면뿌림재배 적응 품종

구분	품 종
조생종(6종)	오대벼, 상주벼, 금오벼, 오봉벼, 신운봉벼, 조령벼
중생종(10종)	동해벼, 청명벼, 장안벼, 서안벼, 화중벼, 간척벼, 주안벼, 광안벼, 중안벼, 화안벼
중만생종(7종)	일품벼, 계화벼, 영남벼, 대야벼, 화남벼, 동진1호벼, 동안벼

〈표 7-5〉 내병성 품종(농진청, 2007)

구분	조생종	중 · 만생종
도열병 (15종)	진부올벼, 둔내벼, 진부벼, 대진벼, 향미벼2호, 그루벼, 상주찰벼, 새상주벼, 만안벼, 만추벼	다산벼, 남천벼, 대평벼, 안다벼, 한아름벼
흰잎마름병 (10종)	-	화영벼, 안중벼, 소비벼, 화안벼, 삼평벼, 해평벼, 석정벼, 만월벼, 삼덕벼, 영안벼
줄무늬잎마름병 (56종)	조령벼, 대진벼, 화동벼, 향미벼2호, 흑진주	화성벼, 팔공벼, 동해벼, 화진벼, 화영벼, 안종벼, 간척벼, 농안벼, 화중벼, 내풍벼, 금호벼1호, 금호벼2호, 서진벼, 영해벼, 화봉벼, 광안벼, 원황벼, 소비벼, 해평벼, 대평벼, 삼덕벼, 신선찰벼, 화선찰벼, 대립벼1호, 영안벼, 다산벼, 아름벼, 하아름벼, 삼남밭벼, 대청벼, 영남벼, 만금벼, 대양벼, 화남벼, 동안벼, 화명벼, 남강벼, 남평벼, 호안벼, 농호벼, 신동진벼, 수진벼, 주남벼, 향미벼1호, 아랑향찰벼, 동진찰벼, 흑향벼

2) 종자처리

유전자변형종자는 사용할 수 없으며 원칙적으로 유기적으로 재배된 종자를

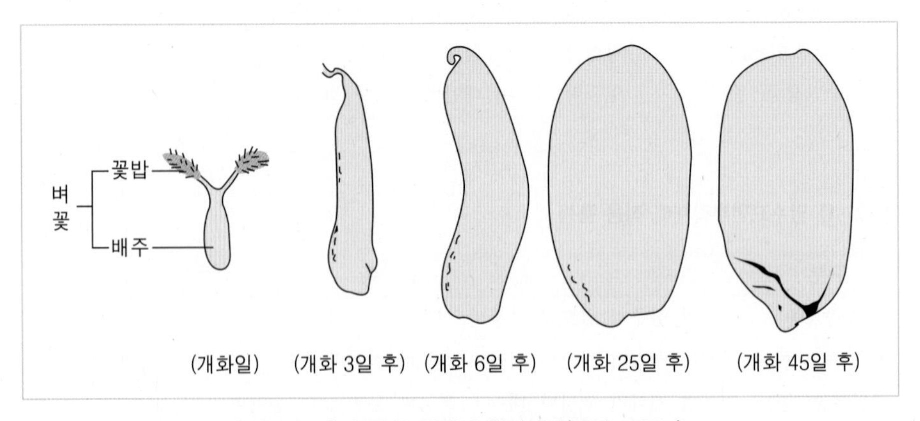

[그림 7-4] 수정 후 쌀알의 형성과정(星川, 1967)

사용해야 한다. 따라서 외부에서 구입한 것보다는 자가채종종자를 확보하는 것이 편리하다. 자가채종 시는 일반벼보다 10일 이전에 수확하는데, 이때가 되면 줄기의 1/3이 푸른색을 띠게 된다. 이때 기계수확보다는 낫으로 베어 건조시킨 후 손 타작하는 것을 권고하고 있다(강대인, 2005).

2. 유기벼재배기술

1) 유묘관리

유묘관리는 채종에서 시작되는데, 특히 유전자전환생물체(遺傳子轉換生物體, genetically conversioned organism) 여부를 확인해야 한다. 종자는 배(胚, embryo)가 건전하고 충실한 것이 좋은데, 구별방법은 크기가 같더라도 무게(비중)가 무거운 것을 고르는 것이다. 줄로 심은 것 가운데 두껍고 건강한 포기를 선택하여 탈곡 후 음건하면 수년 동안 사용해도 퇴화하지 않으며, 구입하는 것보다 자가채종한 것이 발아율이 우수하다(高松, 2000). 그러나 현재와 같이 농토면적이 넓고 노동력이 부족하며 기계화되어 있는 조건에서 인력을 이용한 종자 준비는 현실감이 없다 하겠다. 기계로 파종하기 위한 사전작업으로 종자의 까락을 제거해야 하며, 이런 작업을 통하면 전체 작업이 원활해지고 입모도 원활하다고 한다.

유기도작(有機稻作, organic rice cultivation)에 적합한 품종은 지역이나 토양조건에 따라 다르겠으나 농촌진흥청에서 건답직파용으로 추천한 조생종인 조령벼, 중생종인 화중벼, 농안벼, 주안벼, 안산벼, 광안벼, 만생종에 속하는 동안벼, 대산벼, 화명벼, 농호과 호안벼가 적합할 것으로 생각된다.

2) 종자선별

종자선별은 물 18L에 소금 4.5kg을 녹인 간수(비중 1.13)를 사용한다. 그러나 알맞은 비중은 환경에 따라 다르며 메벼 중 몽근벼는 1.13, 까락씨는 1.10, 찰벼의 몽근씨는 1.10, 까락씨는 1.08로 한다. 가정에서 비중계가 있으면 이것을 가지고 측정하고 그렇지 않으면 신선한 중란(中卵, middle size egg)을 소금물에

띄운다. 계란이 뜨는 상태에 따라 그 비중이 다르다([그림 7-5] 참조).

관행수도작에서는 종자전염병인 키다리병, 도열병, 모썩음병, 깨씨무늬병 등을 예방하기 위한 여러 가지 농약을 사용하여 종자소독을 하고 있으나 유기수도작에서는 농약사용이 불가능하므로 천연물을 이용한 소독을 한다. 몇몇 예를 요약하면 〈표 7-6〉과 같다.

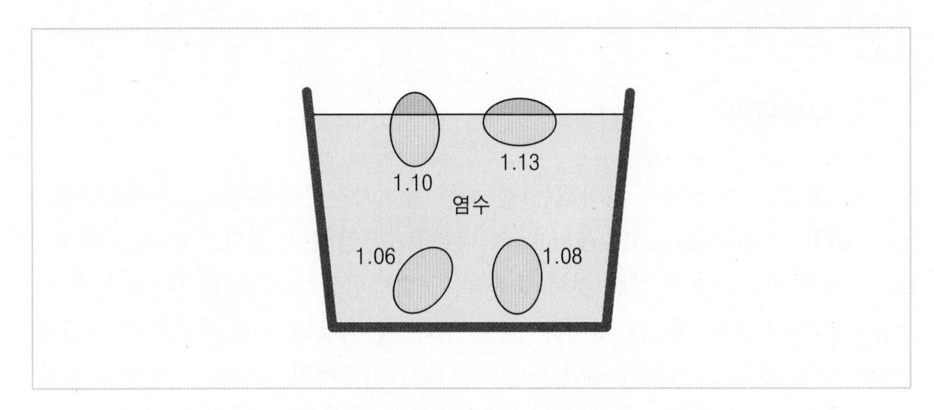

[그림 7-5] 소금물 비중과 계란의 부유상태(이종훈, 2001)

〈표 7-6〉 토착유기벼 재배에 이용되는 종자소독의 예

유기농법(한국)	유기농법(일본)	자연농법
① 맹물에 씨앗을 담가서 쭉정이를 건져내고 ② 4월 10일에 계란이 뜰 정도로 소금을 녹인 다음 그 염수에 2일간 냉침한다. ③ 4월 12일에 보리돌뜸씨 75g, 물 150L, 황설탕 250g 분량으로 희석 · 침종하여 2일간 담가둔다. ④ 이후 2일에 한 번씩 물갈이를 두 번 한다. ⑤ 4월 16일 최아처리에 들어가 반자루씩 담아 물기를 뺀 후 20~23°C 방에서 바닥에 고임목을 놓고 3단으로 쌓아 보온덮개를 덮은 후 2일간 최아시키면 눈이 트기 시작한다.	염수비중선발→온탕살균냉각→종자침적, 냉수로 14일 이상→발아 시 30°C 이하→5~10°C 냉장보관 10일→파종	염수비중선발→자연농법식 처리액(한방영양제, 현미식초, 천혜녹즙 약500배, 미네랄A액 1,000배)에 7시간 침지→파종

3. 육묘와 정지

유기벼재배에서는 시중에서 판매하는 상토를 사용하지 않고 농가에서 직접 상토를 만든다. 물론 직파하는 것이 이상적이며, 이때는 육묘용 상토를 따로 준비할 필요가 없다. 유기벼재배용 상토로는 황토, 규조토, 제오라이트, 왕겨 훈탄, 맥반석, 지렁이 분변토 등을 사용할 수 있다. 황토나 논흙에 마사 및 모래를 적당히 섞고 팽연 왕겨 또는 부숙 팽연 왕겨를 넣는다(농과원, 2005).

반면 강대인(2005)은 모판에 퇴비를 10평당 10kg을 시용하며, 이때 유기질 퇴비는 쌀겨-깻묵-어분을 6:3:1의 비율로 혼합하여 2개월 이상 숙성시킬 것을 권하고 있다. 육묘 시 상자당 60g 정도를 파종하고, 소위 수중육묘법(水中育苗法, pool raising seedling)을 이용한다.

기계이앙 시 못자리는 이앙의 조만 여부에 따라 육성묘 기간이 다르다. 유묘(clay)이앙은 육묘판에 파종 후 8~10일, 중묘는 30~35일에 이앙하여 본답관리에 들어간다. 유묘와 중묘의 차이는 아래의 〈표 7-7〉에서 보는 바와 같다.

〈표 7-7〉 유묘와 중묘의 차이점(박광호 등, 1998)

구 분	유 묘	중 묘
육묘과정	파종 출아 모내기 2일 8일	파종 출아 모내기 2일 33일
육모일수(일)	8~10	30~35
파종량(g/상자)	200~220	110~130
상자소요수(개/10a)	15	30
모내기 당시 모 키(cm)	5~8	15~18
모내기 당시 묘령(본엽수)	1.5~2.1	3.5~4.0
모내기 당시 종자(배유)에 남은 양분(%)	30~50	0

4. 모내기와 재배관리

유묘를 관리하는 과정에서 무농약재배의 경우 C, P, K 100g을 물 1L에 희석한 후 원액을 2배로 희석한 것 또는 C, P, K를 천보1호와 혼합한 것을 사용하여 건전한 유묘로 육성하기로 한다(강대인, 2005). 민간 유기벼재배에서는 성묘(중묘)로 키워 평당 65~70주로 이앙하는 것을 추천하고 있다. 기계이앙하거나 인력이앙을 할 수 있으며, 이때 가능하면 얕게 심는 것이 좋다. 이는 새 뿌리의 발육을 돕기 위해서이다.

5. 직파재배

무경운농법(無耕耘, no-till system)은 경운하지 않은 표토에 직접 종자를 파종하는 방법으로, 대규모의 단작체계에서도 토양황폐를 50~90% 감소시킬 수 있음을 보여 주었다(케프, 1994, 河野式平 역). 이러한 특성을 잘 이용하기 위해서는 경운, 써래, 이앙과 같은 에너지 소모농법보다는 작업과정의 일부를 생략할 수 있는 직파재배가 더 친환경적이며 에너지 절약적인 방법이라 할 수 있을 것이다.

무농약, 무경운, 무제초, 무비료와 같은 자연농법을 현대의 농법에 적용하는 것은 현실적으로 무리가 있지만, 이 중 경작작업을 축소하는 것이 보다 더 유기농업의 이념에 충실한 농법이라고 생각된다.

1) 유기농법으로서 직파재배의 이점

농과원(2005)의 발표에 의하면 직파재배함으로써 관행 이앙재배에 비하여 전체 노동시간에서 32~28%에 달하는 노동력 절감을 할 수 있으며, 그 중에서도 육묘 및 이앙에 따른 노동시간은 관행 이앙재배에 비하여 60~70%를 절약할 수 있는 것으로 조사되었다. 이는 고유가 및 고령화 문제를 안고 있는 농촌의 현실을 감안한다면 '유기벼재배는 직파재배로' 란 슬로건을 내걸고 이러한 방향으로 나아가야 할 것이다.

2) 직파재배의 핵심기술

직파(直播, direct seeding)란 종자를 직접 또는 발아시켜 논에 파종하는 방법이다. 파종 시 논의 상태는 물이 없는 건답직파와 물이 있는 담수직파로 나눌 수 있다. 건답직파 시 발아의 유무에 따른 파종시기 및 잡초발생 관계를 표시한 것이 [그림 7-5]이다. 이에 의하면 무발아종자는 4월 하순, 발아종자는 5월 중순에 파종하는 것으로 되어 있다. 건답직파재배에서 가장 문제가 되는 것은 잡초방제이며, 이를 위한 방법으로 농과원(2007)은 다음의 몇 가지를 권장하고 있다.

즉, 벼 수확이 끝난 후부터 논에 물을 대어 논바닥에 남아 있는 잡초의 발아가 될 수 있는 조건을 만들고, 건답직파 시 이들을 갈아엎고 정지 후 직파하는 방법이다. 두 번째는 몇 년을 주기로 이앙재배와 직파재배를 교대로 하는 것이다. 한편 잡초성 벼를 도정할 때 생기는 유색미는 선별하여 골라내기보다는 오히려 유기벼의 특징을 내세워 적극적인 홍보를 하는 판매전략도 필요하리라 생각된다.

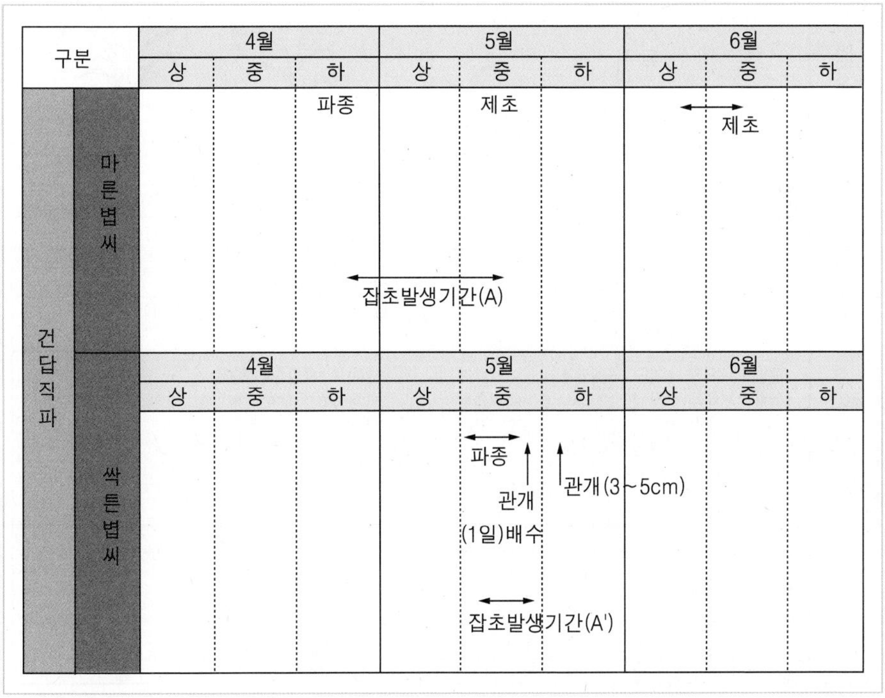

구분		4월			5월			6월		
		상	중	하	상	중	하	상	중	하
건답직파	마른볍씨			파종 잡초발생기간(A) ←	잡초발생기간(A)	제초 →		← 제초	→	
건답직파	싹튼볍씨					파종 관개 (1일)배수 잡초발생기간(A')	관개(3~5cm) 잡초발생기간(A')			

[그림 7-6] 건답직파재배 시 마른 볍씨와 싹튼 볍씨 파종에 따른 잡초발생 차이(농과원, 2007)

3) 이앙에서 수확까지 유기벼재배의 핵심기술

벼는 1년생 화본과 작물로 조만에 따라 130~180일 범위의 생육기간을 갖는다. 생육과정은 잎, 뿌리, 줄기가 왕성히 자라는 시기와 줄기 내에서 어린 이삭이 분화되어 발달하고 이것이 출수하며, 나아가서 개화와 수정을 거쳐 비로소 하나의 종실이 완성되는 두 시기로 대별할 수 있다. 앞의 줄기나 잎이 무성하게 자라는 시기를 영양생장기(營養生長期, vegetation growth period)라 하며, 유수분화(幼穗分化, young panicle initiation)에서 종실 형성까지의 기간을 생식생장기(生殖生長期, reproductive growth period)라고 한다. 좀 더 세밀히 말하면 영양생장기는 발아에서 분얼 말기까지, 생식생장기는 유수형성기부터 종실완성기까지를 말한다.

[그림 7-7]에서 알 수 있는 것은 관행벼재배에서의 화학비료, 농약 중심의 재

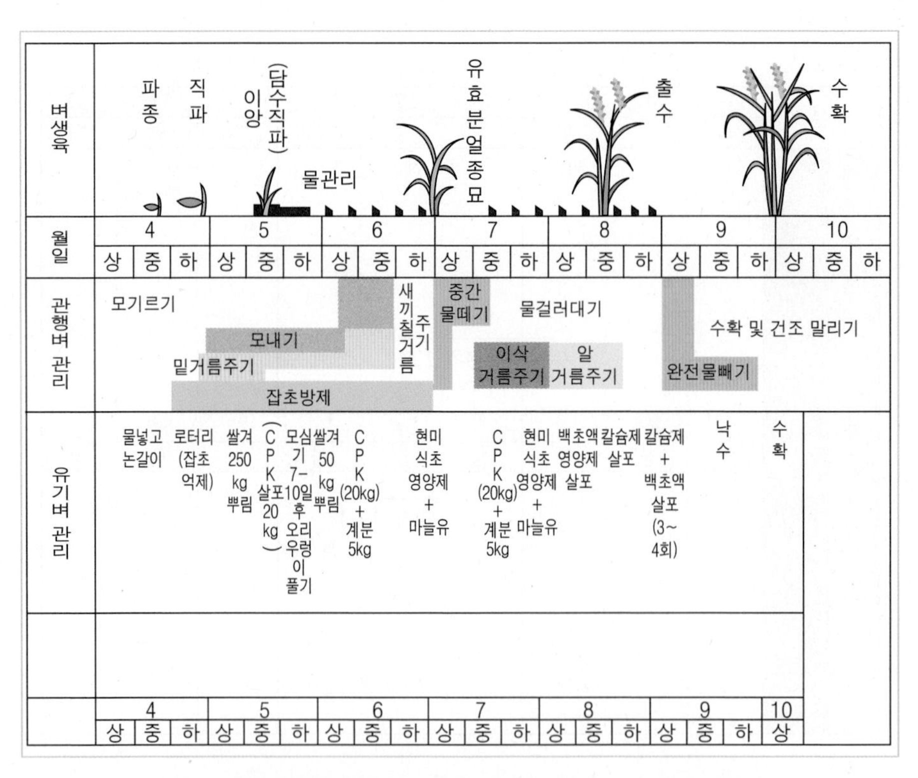

[그림 7-7] 관행벼와 유기벼의 재배력(교육부, 2002; 강대인, 2005)

배가 유기벼재배에서는 유기물, 효소 등으로 대체되었다는 것이다.

즉, 관행벼재배에서 10a당 N 11kg, P 4.5kg, K 5.7kg을 화학비료로 시용하였던 것을 유기벼재배에서는 천보효소 20kg, 쌀겨 200kg 또는 생계분 300kg(건초계분 100kg)을 살포 후 볏짚과 함께 경운하거나 또는 10a당 우분이나 돈분 400~500kg을 넣고 경운하여 겨울을 난다(강대인, 2005). 중거름으로 10a당 쌀겨, C-P-K 20kg과 계분 5kg을, 이삭거름으로 C-P-K와 계분 5kg을 시용하는 것으로 되어 있다. 알거름은 칼슘제를 살포하는 것으로 대신한다. 즉, 이것은 관행벼재배에서는 화학비료를 밑거름, 분얼비, 이삭거름, 알거름으로 나누어 주는 방식과 시용 패턴은 같다고 볼 수 있다.

병충해는 도열병, 바구미, 이화나방, 잎집무늬마름병, 혹명나방 등 다수가 발생하며, 관행벼재배는 모두 농약으로 방제한다. 유기벼의 병충해 방제는 생태적 방법에 의존하는 것이 원칙이다. 즉, 건강한 개체로 생육시켜 스스로 내성을 갖도록 하고, 또 자연계의 먹이사슬을 통한 자연방제가 방제법의 핵심이다.

그러나 우리나라와 같은 기후 및 재배형태에서는 건전한 개체 육성 및 생태적 방제만으로 병충해 방제가 불가능하기 때문에 각종 친환경 제제를 써서 방제하고 있다. 즉 마늘유, 현미식초 등이 그것이다. 해충퇴치에는 마늘유를, 병충해 방제에는 현미식초를 사용할 것을 권장하고 있다. [그림 7-7]에서 제시한 바와 같이 관행벼재배에서 불과 몇 번에 그치는 방제가 유기농에서는 7~8회로 증가하며, 그 밖에 일반 관리에서 살포하는 각종 영양제, 비료 등을 포함하면 12~13회 정도가 된다는 점을 주목해야 한다.

유기농업은 결국 화학적 · 인공적인 것을 자연적 · 천연적인 것으로 바꾸는 것이기 때문에 유기벼를 재배한다는 것은 상당한 노력이 필요한 지난하고 힘든 농법이라는 것을 알 수 있을 것이다.

6. 수 확

수확은 콤바인으로 하며, 수확기는 품종에 따라 다르다. 보통 출수 후 45일이나 조생종은 40~45일, 중생종은 45~50일, 만생종은 50~55일이 알맞다. 잎이나 줄기의 녹색도와 관계 없이 이삭의 벼알이 90% 이상 황색으로 변했을 때 수확하면 된다(김충국, 2006). 이와 같은 수확기를 준수하지 않으면 청미(미숙미),

동할미(완숙미)가 되므로 적기를 준수하는 것이 무엇보다도 중요하다. 볏짚은 다음 해에 벼가 이용할 영양분의 중요한 보급원이다. 유기물의 환원이라는 측면에서 양호한 자원이므로 다시 논에 되돌린다.

종자로 쓸 벼는 콤바인 대신 낫으로 베어 볏단으로 묶어 1~2주 말린 다음 탈곡하여 보관한다. 판매할 벼는 보통 순환식 건조기에서 수분이 15%가 될 때까지 건조한다. 이때 열풍온도는 40~50°C, 곡실온도는 35°C, 1시간당 수분감소율은 0.8% 정도가 바람직하다(김충국, 2006).

특히 유기농은 장기적으로 영농한 후 생태적으로 안정되었을 때의 수량이 중요한데, 이에 대한 국내 연구결과는 현재까지 보고되지 않고 있다. 〈표 7-8〉은 강양순(1999)의 발표결과이다. 이 표를 보면 화학비료를 관행의 50%만, 50%의 비료를 퇴비로 대체했을 때의 수량을 나타내고 있다. 관행수도작 및 오리농법 수도작에서 큰 차이가 없는(유의하지 않은) 것으로 보고하고 있다. 그러나 유기농업적 관점에서 보면 앞에서 지적한 바와 같이 공장형 퇴비의 투입, 비유기사료에 의한 오리사육에 대한 의문점을 제시할 수 있다. 따라서 완전 유기도작을 했을 때 과연 이러한 결과가 얻어질 것인가에 대한 의문이 제기될 수 있다.

〈표 7-10〉은 쌀과 보리 이모작 시의 수량이다. 이 표에서 특히 주목하는 것은 질소를 전혀 사용하지 않았을 때의 결과이다. 관행농법의 80%인 10a당 344kg(관행벼재배 425kg)의 수량을 나타냈다는 점에 주목할 필요가 있다. 즉, 정식 유기농법에 의해 화학비료 및 농약 없이 재배했을 때 대략 관행농법의 80%

〈표 7-8〉 오리 방사에 의한 쌀수량(1992~1994 작시, 1996~1998 농과원)

처리	화학비료 50%				퇴비(50% 감비분량)			
	1992	1993	1994	평균	1996	1997	1998	평균
오리방사	539	575	649	588	721	610	564	632
관 행	593	546	629	589	750	578	575	634

〈표 7-9〉 시중 유통 오리쌀의 품질 및 식미(1998, 한국제농지, 강양순, 1999)

처리	완전미율(%)	단백질(%)	식미치	유통가격(원/kg)
오리농법 쌀(3점)	93.5	7.3	67.4	2,792
일반 쌀(5점)	94.4	7.3	68.0	2,245

정도 수량이 예상되며, 예는 앞에서 언급한 70%보다는 높은 수준이다.

〈표 7-11〉은 왕우렁이농법의 수량과 경제성이다. 이 표 역시 10a당 우렁이농법은 527kg, 관행농법은 10a당 530kg을 나타내 거의 차이가 없고, 소득은 오히려 노력 및 제초에 소용되는 비용이 적기 때문에 우렁이농법이 우수한 것으로 되어 있다.

우리나라에서 소개된 자연농법의 수량, 소득에 관한 정보가 없기 때문에 일

〈표 7-10〉 보리 후작 벼 건답직파 시 질소 시비량별 쌀 수량(농과원, 2007)

구분	시비량(kg/10a)			
	0	8	16	24
이삭수(개/m²)	311	3385	352	395
등숙비율(%)	83	85	81	66
쌀수량(kg/10a)	344	42	436	375

* 품종 : 팔공벼, 시비량(P_2O_5-K_2O)

〈표 7-11〉 왕우렁이농법의 수량과 경제성(천 원/10a)

구분	수량 (kg/10a)	제초비용		조수입	경영비	소득	
		재료비	노력비			소득액	지수(%)
왕우렁이농법	527	25	1.6	910	38	582	102
관행농법	530	40	8.8	930	360	570	100

〈표 7-12〉 자연농법 수량조사결과(片野, 1990)

구분	현미중/m²	수수/m²	벼 · 볏짚비	볏짚중	현미중/벼중
자연농법 2년째	325g(78)	373	1.30	0.981	0.756
4년째	389g(94)	285	1.29	0.990	0.769
8년째	385g(93)	315	1.15	0.901	0.781
20년째	377g(91)	358	1.00	0.770	0.756
화학농법 밭	415g(100)	334	1.03	0.780	0.753

* 10a당 4.7kg 생산 시

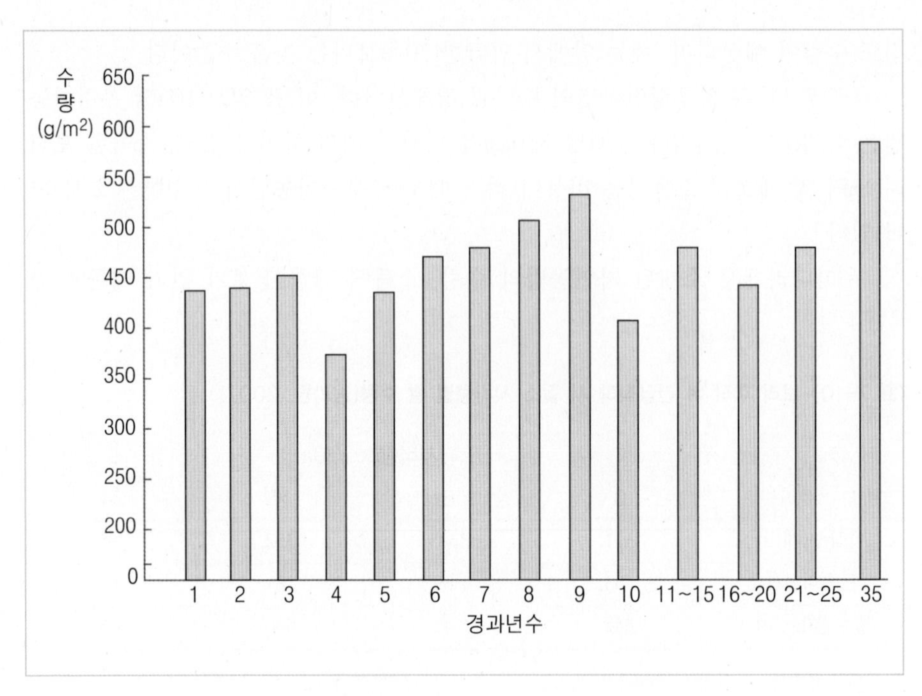

[그림 7-8] 자연농법에 의한 연도별 벼수량 변화(片野, 1990)

본의 연구결과를 소개하고자 한다. [그림 7-8]에서 보는 바와 같이 자연농법은 연도별 차이가 크게 다르다는 것을 알 수 있고 이것은 자연농법(유기농법)이 병충해에 쉽게 노출되어 이와 같은 결과가 얻어진 것으로 생각된다.

〈표 7-12〉는 밭에서의 결과로 관행농법과 연차별 자연농법 수량과의 비교이다. 자연농법의 수량평균은 화학농법 육도의 89%의 수량을 나타내고 있다.

우리나라의 유기벼재배는 잠재력을 가지고 있는 분야이다. 그러나 유기농법에 의한 유기벼재배에 대한 장기적인 연구가 필요하다. 또한 품종적응성, 병충해 발생, 잡초방제에 관한 종합적인 검토가 필요하다고 하겠다.

7.3 방제법

1. 병충해 방제법

유기농업에서 병충해나 잡초 방제는 기본적으로 코덱스에서 제시하는 방법에 기초한다. 이에 의하면 알맞은 작목과 품종의 선택, 적절한 윤작, 기계적인 경운, 울타리, 보금자리 등을 제공하여 해충 천적(天敵, natural enemy) 보호, 생태계 다양화, 침식을 막는 완충지대, 농경산림, 윤작작물 등을 사용, 포식생물이나 기생동물의 방사, 돌가루, 구비식물 성분으로 만든 생물활성제 사용, 멀칭이나 예취, 덫, 울타리, 빛, 소리 등 기계적인 수단 사용, 수증기 살균 등이 그것이다.

이러한 여러 방법의 추천에도 불구하고 적용 시 확실한 효과를 담보할 수 없는 것이 현실이다. 흔히 거론되는 내병성 품종 식재, 천적이용도 포장조건에서는 큰 효과가 없는 것 또한 사실이다. 즉 밀집되어 있고, 인구밀도가 높으며 주변 생태계와 단절된 상황에서 생물적 방법에 의한 병충해 방제효과를 기대하기 어렵다.

[그림 7-7]에서 보는 바와 같이 토착 유기벼재배농가에서는 마늘유, 현미식초, 백초액, 목초액 등이 병충해 방제용으로 사용되는 실정이다. 강대인(2005)에 의하면 유기벼재배 시 목초액은 살균 · 방충 · 제초제로 사용되는데, 영양제로는 500～1,000배, 병충해는 200～300배, 제초제는 50배 희석하여 산포하면 효과가 있다고 한다.

2. 잡초방제법

유기농업에서의 잡초방제는 관행농업에서 생각하는 것과 다르다는 점은 앞 장에서 언급했다. 완벽한 단작보다는 혼작, 생태계의 균형 및 먹이사슬에 의한 양분의 분배 등을 목표로 하기 때문에 정농(精農)이 미덕이 아니다. 따라서 풀의 씨를 말리는 완벽한 제초보다는 인력 또는 기계제초가 더 유기벼다운 제초라 할 것이다.

잡초방제에 대한 전반적인 원리나 방법은 이효원(2004)이 제시한 원칙에 따

[그림 7-9] 우렁이농법

[그림 7-10] 쌀겨농법

[그림 7-11] 오리농법

〈표 7-13〉 유기벼재배 시 잡초의 생태적 방제법

농법 기술적 특징	오리농법	우렁이농법	쌀겨농법
원리	오리의 사육으로 잡초 및 유해충 제거, 분의 배설에 의한 추비효과 기대	잡초 제거	햇볕차단, 쌀겨 속의 지방에 의한 잡초발아 억제
방법	30수/10a당 청동오리 방사	열대산 왕우렁이 방사 (3kg)/200평 투입	이앙 후 3~5일 안에 전면 100kg/10a
육묘 및 이앙	○	○	○
사료급여	○	×	×
방사	이앙 후 1주일	이앙 후 1주일	×
제초	×	×	×
특수용액 제제 살포	×	×	×
관리 동물판매	○	○	×
지력유지용 보충퇴구비 시용	○	○	○
생태적 문제	조류독감 우려	월동에 의한 생태계 교란 우려	잡초방제 효과에 대한 의구심

르면 될 것이다. 여기에서는 현재 유기벼재배 농가가 많이 사용하는 생태적 방제(生態的防除, ecological control)를 논하고자 한다.

위의 농법 중에서 가장 잘 알려져 있는 것은 오리농법이다. 핵심은 이앙 후 일주일 경에 부화 일주일된 새끼오리를 출수기까지 방사한 후 포획하는 것이다. 이 방법을 통하여 제초 및 충해 방제의 효과를 기대할 수 있으나 오리에 급여하는 사료가 유기사료가 아니라는 점, 논의 토양비옥도 향상을 위하여 퇴비를 과다 투여하는 점이 문제점으로 대두된다. 즉, 공장형 퇴비는 사용할 수 없기 때문에 토양비옥도 증진을 위한 과다 유기퇴비 투입, 오리에 대한 유기사료 급여가 문제가 된다. 이 방법은 방사하는 조류독감원으로 인식되어 최근 거의 적용되지 않고 있다.

우렁이농법은 잡초방제효과가 있으나 우렁이 중 일부는 월동이 가능하다는 주장이 제기되어 생태계 파괴에 대한 우려가 있다. 왕개구리나 외래 어종에 의한 국내 어종의 피해가 보고된 바 있어 정밀한 조사와 연구가 필요하다 할 것이다. 일본의 경우 동사하지 않고 월동하여 벼에 피해를 주고 있으며 계속해서 피해 한계선이 북상한다고 한다(최정식, 1999).

쌀겨농법을 적용할 때 주의할 점은 이슬이 말랐을 때 시용하고 살포면적이 넓으면 쌀겨를 펠릿(pellet)으로 만들어 시용하는 것이 효과적이다. 한 가지 주의할 점은 병충해 발생이 많은 경우에는 쌀겨 살포에 의해 더 악화될 수 있으므로 유의해야 한다(강대인, 2005).

참고문헌

- 강대인(2005). 『유기농 벼농사』. 들녘.
- 강양순(1999). 「오리농법」, 『유기 · 자연농법 기술지도자료집』. 농촌진흥청.
- 교육인적자원부(2002). 『고등학교 재배』. 교학사.
- 김충국(2006). 『친환경유기농업』. 한국방송통신대학교출판부.
- 농과원(2007). 『벼 유기재배 가이드』. 농과원.
- 박광호 등(1998). 『알기쉬운 벼재배기술』. 향문사.
- 李殷雄 等(1962). 『作物』. 語文閣.
- 이종훈(2001). 『도작과학』. 선진문화사.
- 이효원(2004). 『생태유기농업』. 한국방송통신대학교출판부.
- 이효원 등(2005). 「질소시용수준이 베치-보리 혼파사초의 질소고정 및 베치에서 보리로 질소이동에 미치는 영향」, 『韓草誌』 25(1);1-6.
- 최정식(1999). 「왕우렁이농법」, 『유기 · 자연농법 기술지도자료집』. 농촌진흥청.
- 高松 修(2000). 『有機稻作の基本技術』. 有機農業ハンドブック. 日本有機農業研究會.
- 西尾道德(1997). 『有機栽培の基礎知識』. 農文協.
- 星川淸親(1967). 『解部圖設イネの生長』. 農山漁村文化協會.
- 片野學(1990). 『自然農法のイネつくリ』. 農文協.
- Kelf Harverd H. 저, 河野武平河野一人 역(1999). *The Biodynamic Farm*. 紀伊國室書店.

제 8 장

유기축산

8.1 유기축산 일반

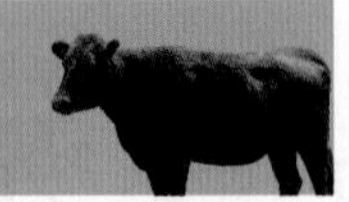

유기축산은 단지 가축에 유기사료를 공급하여 축산물을 생산하는 방식 이상이다. 즉, 코덱스 기준이 말하는 "유기농업은 생물다양성, 생물적 순환, 토양생물 활성을 포함하여, 농업 생태계의 건전성을 촉진시켜 품질을 높이기 위한 종합적 생산관리 시스템"에 충실하는 데 기여하는 기초가 되는 것이 유기축산이다. 또한 코덱스 기준의 제2장 해설과 정의에서 유기축산에 대하여 다음과 같이 기술하고 있다.

"유기적 가축사양의 기본은 토지와 식물, 가축의 조화를 어떻게 결합시켜 발전시키느냐에 있다. 동시에 가축의 생리학적 · 행동학적 요구를 존중하여야 한다. 이것은 유기적으로 재배된 양질의 사료급여, 적절한 사양밀도, 행동학적 요구에 대응한 가축사양의 시스템, 스트레스를 최소한으로 억제, 동물의 건강과 복지 증진, 질병의 예방, 화학적 치료의 동물약품 사용을 하지 않는 등의 동물관리방법을 이용함으로써 달성될 수 있다."

이 중에서 특히 유의할 것은 사료에 관한 설명이다. 즉, 급여사료는 100% 유기사료이어야 한다. 그러나 당국에 의한 유기규칙이 법제화되어 완전실시되기 전까지의 이행조치기간(移行措置其間, implementation period)은 건물기준으로 반추동물은 유기사료 85% 이상, 비반추동물은 80%까지 허용하고 있다.

관행축산의 사료 중 국내 자급사료가 25% 미만인 조건에서 유기재배를 통한 자급 및 이를 이용한 이윤창출의 가능성에 대한 의구심을 갖게 되는 것은 당연하다.

따라서 한국과 비슷한 일본의 유기축산을 비관적 시각으로 기술한 오오야마(大山, 2002)는 "유기축산을 하는 것은 소비자의 입장에서는 '생산물의 고부가가치화, 차별화' 라고 하는 판매전략상의 동기나 '환경보전이나 자원순환을 고려한 생산방법, 경영형태' 로 해서 유기축산에 대한 기대를 높이고 있다. 그러나 이러한 소비자, 생산자 측면의 기대에도 불구하고 이 이론에는 몇 가지의 모순이 존재하게 된다"고 지적한 바 있다.

즉, 코덱스 기준에는 식물에 대한 안전성에 대한 언급이 없고 유기축산물이 안전하다고 한다면, 반대로 관행축산물은 안전하지 않다는 인상을 줄 수도 있다는 것이다.

다른 한 가지는 유기축산물의 고부가가치화는 고품질에서 가능하다고 할 때 유기축산물이 고품질이냐는 의문을 제시한다. 즉, 지방이 적고 소위 지방교잡이 안 된 지방함량만 높은 축산물이 생산될 개연성이 높다. 이것은 마치 자연산 광어가 양식양어에 비해 양분조성(아미노산 등)이 나쁜 것과 마찬가지 결과를 나타낼 수 있다. 이미지만 좋고 실제는 그렇지 않은 차별화는 곤란한 경우가 생긴다. 뿐만 아니라 유기축산의 동기가 환경보전이나 동물복지를 향상시키는 데 있다고 하나 이것은 일반성을 갖지 못한다.

이러한 관점 이외에 생산자 측면에서 유기축산의 관점으로는 첫째, 사료포, 초지, 방목지가 있는 토지기반을 충분히 확보할 수 있을지의 여부가 있다. 즉 유기적 토지관리가 요구되기 때문에 가능하면 단지화되는 것이 요망된다.

둘째, 유기사료 생산 기술상의 문제가 있다. 이는 단순히 무농약 · 무화학비료 재배와 같은 뜻으로 받아들이고 있으나 좀 더 종합적이고 복합적인 영농기술이 요구된다. 즉, 윤작이나 혼작 등의 경종기술, 생물적 방제, 기계적 기술이 포함된다. 목초재배와 방목기술도 필수적인 것으로 우리나라에서도 선진적인 방목기술이 보급되어 있지 않음은 물론 농가는 이에 대한 개념이 전혀 없다.

셋째, 유기곡물의 확보문제이다. 현재 우리나라의 경지조건이나 규모, 토지가격을 고려하면 유기곡물의 생산경험이 없고, 생산된다 하더라도 그 가격이 고가일 것이다. 국내 자급 유기곡물이 없는 유기축산은 마치 낙농업이 아니라 착유업만 있다는 말과 같이 유기낙농업은 없고 유기착유업만 있다는 비판을 피할 수 없다.

넷째, 판매망의 확보문제이다. 유기축산물 생산이 원료 도달 및 생산에 더 많은 경비가 소요되고 따라서 그 생산물 가격은 관행축산물에 비해 수배에 달할 것이다. 이러한 특수한 축산물의 고객층을 안정적으로 확보하는 것이 필요하다.

1. 관행축산과 유기축산의 차이

축산학이란 가축을 사용하여 인간이 필요한 축산물을 얻기 위한 산업이다. 나아가서 축산물 생산뿐 아니라 가공 축력 이용, 최근에는 그 범위를 넓혀 애완동물이나 실험동물의 사육도 포함시킨다.

축산학을 구성하는 학문으로서는 크게 기초학문인 생리나 해부, 유전과 육종, 영양과 생화학을 들 수 있다. 그리고 가축의 생명을 유지하고 생산성을 높일 수 있는 사료의 생산과 가공 또한 축산학의 중요한 분야이다. 한편 가공이용을 위한 가공이용학이나 축산의 합리적 경영을 위한 축산경영학도 중요한 분야라고 할 수 있다. 기타 위생이나 수의학도 하나의 보조학문으로 거론할 수 있을 것이다(이효원 등, 2002).

유기축산(有機畜産, organic livestock)은 관행축산과 다음의 세 가지 면에서 다르다. 첫째는 유기사료를 공급해야 된다는 것과 둘째는 동물복지에 더 많은 관심을 갖는다는 것, 셋째는 축산물 처리에서 보다 까다로운 규정(위해요소중점관리기준, HACCP)을 충족시켜야 한다는 것으로 요약할 수 있을 것이다.

2. 유기축산준비

유기축산 산물은 앞에서 언급한 대로 단지 사료를 유기사료로 사양한다는 것만을 의미하지는 않는다. 즉, 사육환경을 동물복지의 차원에서 접근하며 부수적으로 생산된 분뇨와 퇴비는 다시 토양에 환원하여 물질순환이 이루어지도록 해야 한다는 것을 말한다.

이것은 유기축산의 기본을 첫째, 가축의 품종 및 계통을 고려하여 편안함과 복지를 제공할 수 있을 것, 둘째, 축군의 크기와 성에 관한 가축의 행동적 요구를 고려할 것, 셋째, 활동에 충분한 공간(서고 앉고 날갯짓하는 등)을 보장하려는 배려에서 온 것이다.

또한 중요한 사항으로 분뇨처리에 관한 것이 있다. 관행축산에서는 법에 의해 처리하도록 되어 있고 퇴비화, 액비처리, 정화처리가 기본이다. 그러나 유기축산에서는 자원화하는 것을 목적으로 한다. 물론 유기축산에서도 오수 · 분뇨 및 축산폐수 처리에 관한 법률을 준수하는 것이지만, 토양에 환원되어 다른 유기농산물 생산용 비료로 사용되어야 하며, 따라서 모든 유기농산물의 생산은 유기축산에서부터 시작되어야 한다는 점에 관심을 가져야 한다. 이를 위해서는 퇴비화와 액비화를 시켜야 하며 시용에 있어서도 적량을 살포하여 수자원 및 토양을 오염시키지 않도록 해야 한다.

즉, 유기축산은 가축사육을 통하여 필요한 유기비료(분뇨)를 공급받고 이것

〈표 8-1〉 유기축산과 관행축산 간의 분야별 성격 구분(농림부, 2005)

구분	분야	관행축산	유기축산
시설 및 환경	축사면적	• 밀집사육 가능	• 축종별 사육밀도 기준 준수
	축사바닥	• 틈바닥, 시멘트 바닥, 깔짚 등 다량(규정 없음)	• 시멘트 구조 등의 바닥 허용 안 됨
	분뇨관리 및 처리	• 정화 · 자원화 방법 • 축사면적에 준한 처리시설 마련 규정(축산관련법 및 오분법에 준함).	• 자원화를 근간으로한 처리방법 • 축산 관련 오분법에 준함(동일) • 분뇨 분리처리 • 제한사육 불가능
	축사시설	• 제한사육 가능	• 자유로운 행동 표출 및 운동이 가능해야 함 • 군사원칙 • 가금의 경우 횟대, 산란상자 마련 자유급여 시설 마련
	방목지 및 운동장 시설	• 규정사항 없음	• 돼지, 양계 규정사항 없음 단, 소의 경우 축사면적의 3배
가축 관리	전환기간	• 해당사항 없음	• 축종별 전환기간 준수
	가축번식	• 규정사항없음	• 종축을 사용한 자연교배 권장 • 인공수정 허용 • 수정란 이식, 호르몬 유지 허용 안 됨 • 유전공학기법 허용 안 됨
	사료 및 영양	• 비유기사료 급여 허용 - 항생제용 - 성장촉진제 허용 - 호르몬제 허용	• 유기사료 급여 기준 • GMO 허용 안 됨 • 성장촉진제 허용 안 됨 • 항생제 허용 안 됨 • 호르몬제 허용 안 됨 • 합성, 유전자 조작 변형 물질 허용 안 됨 • 국제식품위원회나 농림부장관이 허용한 물질 사용
	질병관리	• 구충제 사용 허용 • 예방백신 사용 허용 • 성장촉진제, 호르몬제 사용 허용	• 구충제 사용 허용 • 예방백신 사용 허용 • 민방요법을 이용한 환축치료 권장 • 정기적 약품투여 허용 안 됨

구분	분야	관행축산	유기축산
가축관리	질병관리		(환축의 경우에만 약품 투여 허용. 단, 약품 투약 기간의 2배가 지나야 유기축산물로 인정) • 성장촉진제, 호르몬제 허용 안 됨(단, 치료목적의 호르몬 사용 허용)
	사양관리	• 밀집사육 허용 • 격리사육 허용 • 케이지 사육 허용	• 물리적 거세 허용 • 단미, 단이, 부리자르기, 뿔자르기 등 불허 • 밀집사육 허용 안 됨 • 군사원칙. 단, 임신말기, 포유기간 예외 • 케이지 사육 허용 안 됨. 단, 자돈의 경우 25kg까지 케이지 사육 허용 • 산란계의 경우 인공광 최대사용 기준(최대 14시간)

을 다시 유기농작물의 생산에 이용하자는 것이 기본적인 골격이다. 즉, 이 과정을 통하여 유기축산-유기농산물, 인간이용의 관계로 순환하여 농장 내에서 유기물이 돌아가며, 그 생산물마저도 그 지역에서 생산하여 그 지역에서 소비하는 것이 원칙이다. 농장 내에서의 재활용을 최적화시켜 가축과 환경과의 유기적인 순환을 유지하면서 토양, 수자원 등 환경의 오염을 최소화하는 것이 그 핵심이다. 우리나라 유기농업이 안고 있는 가장 큰 문제는 필요한 유기자원을 어떻게 확보

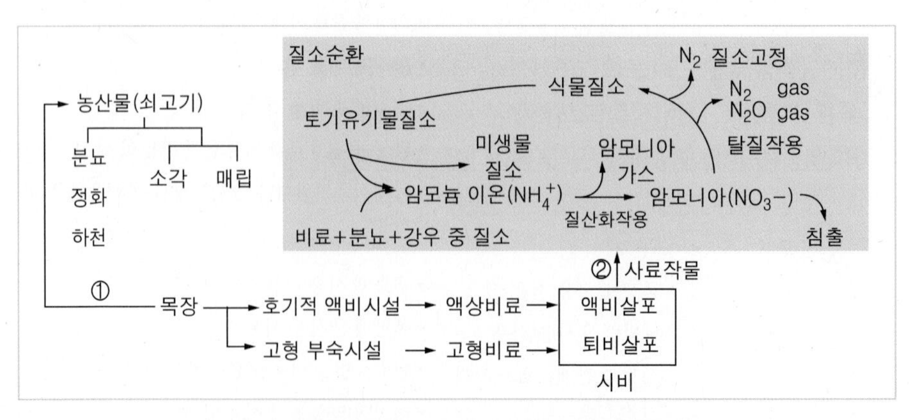

[그림 8-1] 유기농업체계에서 질소의 순환 모델(권동태, 2005)

하느냐이고, 이것은 기본적으로 유기축산을 통해 부수적으로 생산된 분뇨를 이용하는 것이 가장 합리적이다. 고가의 유기농 제제를 투입하여 경제적인 이익이 보장되는 유기작물 생산은 사실상 거의 불가능하기 때문에 유기축산이 모든 유기농업의 출발점이 되어야 한다는 점은 너무도 명백하다 할 것이다.

유기농장의 이러한 측면에서 질소(단백질)순환(窒素循環, nitrogen circulation)은 [그림 8-1]에서 보는 것과 같다. 즉, 축사에서 유기퇴비 속의 질소는 유기사료를 생산하는 포장에 투입되어 유기농작물 생산에 사용된다. 여기서 얻은 유기사료는 다시 유기축산을 위한 사료로 사용되고, 생산된 유기농산물은 인근 도시로 이동된 뒤 식품으로 이용되어 물질순환은 계속된다.

3. 유기축산인증 현황

유기축산인증(有機畜産認證,organic livestock certification) 현황은 〈표 8-2〉에서 보는 바와 같이 산란계나 육계에서 가장 많다. 그 이유는 닭이 유기사료의 요구량이 적어 사료비 부담이 적고 빨리 생산할 수 있을 뿐 아니라 그간 토종닭이나 유정란과 같은 방식의 준 유기닭 사육이 일반화되었기 때문으로 보인다. 젖소나 한우의 인증건수가 많은 것은 유기조사료의 조달이 비교적 쉽고 특히 이런 측면에서 한우는 인증건수가 10건, 젖소는 5건이다. 돼지는 전적으로 수입 유기사료에 의존해야 하기 때문에 그만큼 더 어렵다는 것을 적은 인증건수가 반증하고 있다. 그러나 무항생제 양돈사육은 점차 증가되는 추세이다.

〈표 8-2〉 유기축산인증 현황(2007)

연도	한 · 육우	젖소	돼지	산란계	육계	산양 사슴	계
2005	3	3	2	7	5	-	20
2006	7	2	3	11	6	3	32
2007	10	5	5	21	8	3	51
무항생제 축산	25	1	16	136	43	3	227

4. 인증기준

유기축산물 인증기준이 〈표 8-3〉에 제시되어 있다. 먼저 경영관리는 가축복지를 고려해야 한다는 점이다. 그렇기 때문에 공장형 축산과 달리 방사하고 가축을 하나의 생명을 가진 생명체로서 존중하여야 한다는 것을 강조하고 있다. 항생제는 원칙적으로 쓸 수 없으나 우리나라의 유기축산인증기준에서는 치료 시에는 제한적으로 사용할 수 있도록 규정하고 있다. 농가가 유기축산물임을 인증받기 위해서는 인증기관의 심사위원에게 검사를 받아야 하는데, 제일 먼저 하는 것이 서류심사이고, 이때 필요한 것은 모두 기록하여 보관, 제시하여야 한다. 기록해야 할 사항은 입식, 번식, 질병발생, 약품사용, 사료생산과 급여이다.

축사 및 사육조건은 가축복지(家畜福祉, livestock welfare)를 충족시켜 주어야 한다는 점이다. 충분한 활동면적, 쾌적하고 위생적인 환경, 신선한 사료와 음수 제공이 그 핵심이고, 구체적으로 소는 개체관리, 번식돈은 군사(群飼, group feeding), 오리 등은 시내, 연못 등으로의 접근, 가금은 충분한 활동공간(케이지 사육금지), 산란계는 인공광 사용 가능이 그 핵심이 된다.

자급사료 기반도 중요한 기준의 하나인데, 초식동물은 사료포 확보, 화학비료 및 농약 금지, 공장형 퇴비 사용 금지가 주요 내용이다. 입식 및 번식방법(繁殖方法, breeding method)은 자연교배 권장, 호르몬 및 유전공학기법 사용 불가, 부화 직후 가축이 유기사육 대상이다.

사료 및 영양관리의 주요 내용은 유기축산에서는 100% 유기사료만으로 급여하되, 그렇다고 해서 반추동물에서 사일리지만을 사료원으로 급여해서는 안 된다고 규정하고 있다. 유기사료 생산이 용이하지 않은 우리의 조건을 감안하여, 비반추가축은 가능한 한 조사료를 급여하도록 권장하고 있다. 기타 유전자변형농산물 유래 사료 급여 불허가 주요 골자이다. 기타 합성화합물, 포유동물 유래사료(골분 등), 비단백태질소화합물(非蛋白態窒素化合物, NPN), 항생제의 사용은 할 수 없도록 규정하고 있다. 기타 호르몬제, 성장촉진제, 제각, 단미, 침지, 절단을 불허한다. 단 예방백신은 허용할 수 있다. 치료를 위한 항생제를 쓸 경우 적어도 휴약기간의 2배의 기간이 지난 뒤에 유기축산물로 인증받을 수 있다. 마지막으로 가축분뇨처리는 토양과 유지적인 관계를 잘 유지하도록 하여 오염을 방지하도록 규정하고 있다.

무항생제축산물(無抗生劑畜産物, non-antibiotic livestock production) 기준은

〈표 8-3〉 유기축산물 인증기준

심사사항	구비요건	
	유기축산물	무항생제 축산물
경영관리	1. 자유롭게 방사 2. 가축관리는 스트레스 최소화를 통해 질병예방과 건강유지 3. 제한적으로 치료제 사용 4. 경영 관련 자료 1년 이상 기록 보관 (가) 가축 입식 및 번식 내용 (나) 질병발생 및 예방관리 계획 (다) 약품사용 및 질병관리 내용 (라) 사료 생산 및 급여 내용 (마) 생산량 · 출하량, 도축 · 가공업체 내용	1. 경영관련 자료 1년 이상 기록 보관 (가) 가축 입식 및 번식 내용 (나) 질병발생 및 예방관리 계획 (다) 약품사용 및 질병관리 내용 (라) 사료 생산 및 급여 내용 (마) 생산량 · 출하량, 도축 · 가공업체 내용 (바) 가축분뇨의 자원화 이용 내용
축사 및 사육조건	1. 오염 우려 없는 지역 2. 축사 조건 (가) 사료 및 음수 접근 용이 (나) 적절한 단열 · 환기시설 (다) 편안함과 복지, 행동적 요구를 충족시켜줄 만한 공간 (라) 쾌적하고 위생적인 환경 3. 축종에 따른 적절한 사육 조건 (가) 번식돈 : 군사 사육(임신 말기, 포유기 제외) (나) 가금류 : 깔짚이 채워진 건축공간 (다) 물오리류 : 기후조건에 따라 연못 · 호수에 접근 가능 4. 일반 가축과 동일 축사 내 사육 금지	1. 오염 우려 없는 지역 2. 축사 조건 (가) 사료 및 음수 접근 용이 (나) 적절한 단열 · 환기시설 (다) 편안함과 복지, 행동적 요구를 충족시켜줄 만한 공간 (라) 쾌적하고 위생적인 환경 3. 일반 가축과 동일 축사 내 사육 금지
자급사료기반	1. 초식가축용 목초지 또는 사료작물재배지 확보 2. 유기적으로 재배 · 생산된 조사료 급여 인정 3. 가축분뇨 퇴 · 액비는 완전히 부숙 후 사용	

<table>
<tr><th rowspan="2">심사사항</th><th colspan="2">구비요건</th></tr>
<tr><th>유기축산물</th><th>무항생제 축산물</th></tr>
<tr><td>가축의 입식 및 번식 방법</td><td>1. 자연교배 권장, 인공수정 허용
2. 수정란 이식 기법이나 번식 호르몬 사용 불가
3. 원칙적으로 이유, 부화 직후 가축 이용 단, 원유 생산용 가축은 성축 입식
4. 품종별 특성 유지, 내병성 품종 유지</td><td>1. 자연교배 권장, 인공수정 허용
2. 수정란 이식 기법은 허용되나 번식 호르몬은 사용 불가
3. 원칙적으로 이유, 부화 직후 가축 이용 단, 원유 생산용 가축은 성축 입식</td></tr>
<tr><td>사료 및 영양관리</td><td>1. 100% 유기사료 급여
2. 반추가축에게 사일리지만 급여 금지
3. 비반추가축에 가능한 조사료 급여 권장
4. 유전자변형농산물 유래 사료 사용 불가
5. 사료 첨가 불가 물질
(가) 대사기능 촉진 위한 합성화합물
(나) 포유동물 유래 사료(반추동물)
(다) 항생제 · 합성항균제 · 성장촉진제 · 구충제 · 항콕시듐제 및 호르몬제
(라) 인위적 합성 및 유전자 조작으로 제조 · 변형된 물질</td><td>1. 무항생제 사료 급여
2. 사료 첨가 불가 물질
(가) 항생제 · 합성항균제 · 성장촉진제 · 구충제 · 항콕시듐제 및 호르몬제
(나) 포유동물 유래 사료(반추동물)</td></tr>
<tr><td>동물복지 및 질병관리</td><td>1. 질병이 없는 상태에서 동물용의약품 투여 금지
2. 예방 백신 사용 가능
3. 질병 치료 시 휴약기간 2배가 지나야 함
4. 성장 촉진제, 호르몬제 금지
5. 제각, 단미, 침치, 절단 금지</td><td>1. 질병이 없는 상태에서 동물용의약품 투여 금지
2. 예방 백신 사용 가능
3. 질병 치료 시 휴약기간 2배가 지나야 함
4. 성장 촉진제, 호르몬제 금지</td></tr>
<tr><td>운송 · 도축 · 가공 과정의 품질관리</td><td>1. 생축의 스트레스 최소화
2. HACCP* 인증 도축장에서 실시
3. 생축의 저장 · 수송 시 청결 유지
4. 동물용의약품은 10분의 1 이하 잔류
5. 합성첨가물 사용 불가
6. 재생 가능 유기포장재 이용</td><td>1. 생축의 스트레스 최소화
2. HACCP* 인증 도축장에서 실시
3. 생축의 저장 · 수송 시 청결 유지
4. 동물용의약품은 10분의 1 이하 잔류
5. 합성첨가물 사용 불가
6. 재생 가능 유기포장재 이용</td></tr>
<tr><td>가축분뇨 처리</td><td>1. 토양과 유기적 순환계 유지
2. 가축분뇨 퇴 · 액비는 장마철 사용 금지
3. 운동장에서 분뇨가 외부로 배출되지 않도록 유지 · 관리</td><td>1. 토양과 유기적 순환계 유지
2. 가축분뇨 퇴 · 액비는 장마철 사용 금지</td></tr>
</table>

* HACCP : Hazard Analysis Critical Control Point(위해요소중점관리제도)

〈표 8-4〉 유기축산물 전환기간

축종	생산물	최소 사육기간
한·육우	식육	입식 후 출하 시까지(최소 12개월 이상)
	송아지 식육	6개월령 미만의 송아지 입식 후에 6개월
젖소	시유	착유우는 90일, 미경산우는 6개월
산양	식육	입식 후 출하 시까지(최소 5개월)
	시유	착유양은 90일, 미경산양은 6개월
돼지	식육	입식 후 출하 시까지 최소 5개월 이상
육계	식육	입식 후 출하 시까지(최소 3주 이상)
산란계	알	입식 후 3개월
오리	식육	입식 후 출하 시까지(최소 6주 이상)
	알	입식 후 3개월
메추리	알	입식 후 3개월
사슴	식육	입식 후 출하 시까지(최소 12개월)
	녹용	녹용 성장기간 4개월

유기축산물 기준과 달리 유기사료가 아닌 일반사료를 이용할 수 있으며, 각종 약품사용이 금지되어 있으나, 유기축산기준에서 불허하던 제각, 단미, 침지를 할 수 있다는 것이 특징이다. 기타는 유기축산물 인증기준에 준한다.

유기축산물 전환기간(有機畜産物 轉換期間, organic animal product conversion period)을 요약·정리하면 〈표 8-4〉에서 보는 바와 같다. 내용의 핵심은 가축은 태아부터 유기사료를 급여한 것이 아니라 출산 후 일정 기간 동안 유기사료를 급여하고 그 후에 생산된 축산물은 유기축산물로 간주한다는 것이 그 핵심이다. 예를 들면 한육우가 유기육(有機肉, organic meat)으로 인증받기 위해서는, 입식하여 유기사료와 유기적 사양조건을 충족시켜 적어도 1년 이상을 사육한 후 도축하였을 때 유기육으로 인정된다는 것이다. 고기와 우유, 계란이 주요 축산물이고 각 축종에 대한 전환기간이 이 표에 제시되어 있다. 특이한 사항은 사슴녹용의 경우 4개월의 녹용 성장기간 후에 채취한 것은 유기녹용(有機鹿茸, organic young antler of deer horn)으로 인정한다는 것이다.

5. 인증방법 및 인증절차

먼저 인증기관에 '신청—심사—결과통보—생산 및 출하과정 조사—시판품 조사'의 과정을 거친다. 인증 시에는 서류, 토양 · 용수 · 사료 및 생산물 검사를 하고 아울러 품질관리 등을 심사하여 인증기준에 적합한 경우 승인된다. 인증 신청은 농관원과 민간 인증기관에 신청하며 농관원 이외에 여러 기관에 신청할 수 있다(연암대학 등 10개소 이상).

인증심사의 절차 및 방법은 앞에서 설명한 대로, 인증기관은 심사에 필요한 관련자료를 검토하고 인증을 위한 심사를 한다. 인증에 필요한 신청서를 제출해야 하는데, 그 서류로는 첫째, 친환경농산물 인증신청서, 둘째, 인증품 생산계획서(축산물), 셋째, 유기축산물 일반 원칙 구비요건에 적합한 경영자료 등이 있다. 관련자료로는 첫째, 인증 요청 가축의 유해잔류물질 검사성적서, 둘째, 가축 입식 등 구입사항과 번식내용, 셋째, 질병발생 및 예방관리 계획, 넷째, 퇴비와 액비의 살포량 및 시용일자 등 토양관리상황, 다섯째, 사료의 구입 및 급여 내용, 여섯째, 격리기간을 포함한 특정목적을 위하여 투여되는 처치, 동물약품, 첨가제, 예방접종 등 약품사용 및 질병관리 내용에 관한 자료들이 있다.

이때 몇 가지 사항은 직접 검사를 하는데, 이때에 필요한 항목으로는 토양검사, 사료검사, 유해잔류물질검사 등이 있다.

[그림 8-2] 친환경축산물(유기농, 무항생제) 인증 로고

6. 인증서 교부

위와 같은 여러 서류심사 및 현장검사를 통하여 적합한 판정이 내려지면 적합한 인증서를 교부한다. 축산물의 인증은 유기축산물과 무항생제 축산물로 나누며, 농가는 인증서를 첨부하여 시장에 판매한다.

7. 유기축산경영

1) 국내의 결과

〈표 8-5〉와 〈표 8-6〉은 농협 안성목장에서 2003~2005년의 3년 동안 유기축산 시범사업 후 나온 보고서의 일부이다. 유기축산물 생산기반을 마련하고 나아가서 경제성 분석의 실증자료를 제공하고자 수행된 것을 근거로 하고 있다. 2005

〈표 8-5〉 유기축산과 관행축산 수익성 비교(두/원)

축종	구분	규모		
		소(30)	중(50)	대(60↑)
한우	유기	335,324	863,644	720,789
	관행	279,092	489,174	441,120
유우	유기	934,964	1,451,977	2,330,151
	관행	700,465	1,138,351	1,366,279
양돈	유기	106,933	166,149	168,640
	관행	33,838	47,901	55,771

〈표 8-6〉 유기산란양계와 관행산란양계의 수익성 비교

사양별	수익(천 원/년)	유기산란양계 예상수익	
		규모별	예상수익(천 원/년)
일반(2만 수)	36,600	보통(5,000수)	15,990
유기(2천 수)	-23,234	중(1만 수)	40,360
		대(2만 수)	104,820

년도 또는 2004년도의 축산물 가격에 따랐으므로 시중가격의 변동, 판매용이 등에 따라 수익성은 차이가 날 것이다. 따라서 이 표를 사용할 때 이 점을 유의해야 할 것이다.

그러나 실제로 유기농후사료 중심의 유기축산은 다음의 세 가지 측면에서 문제가 있다. 첫째, 유기농후사료의 가격이다. 즉, 우리나라에서 각종 유기곡류를 생산하여 유기축산의 사료로 이용하는 것은 현실적으로 불가능하여 외국에서 도입해야 하는데, 외국의 유기곡류 생산량이 한계가 있고 이들에 대한 경합이 심하기 때문에 국내 유기축산은 국제 유기농산물 가격에 그 존폐가 좌우된다는 것이다. 이와 같은 사실은 농협 안성 시범목장에서 유기사료가 관행농후사료의 4배 정도를 예상하고 있다는 점에서 잘 나타난다.

둘째, 동물복지 차원이다. 밀폐된 공간에서 행해지는 가축사육은 이것이 비록 규정에는 맞는 것이라 하더라도 자연스런 사육법이 아니다. 야외에서 방목형으로 사육하는 것이 좋다. 따라서 현재 우리나라의 유기축산을 관행축산의 아류로 생각하며 추진하는 것은 바람직하지 않다.

셋째, 물질순환의 기본을 바탕에 두지 않고 보세가공업적 축산을 기초로 한다는 것에 문제가 있다. 유기축산은 유축농업(有畜農業)이 바람직하다. 즉, 생산된 분뇨를 같은 농장의 다른 작목의 유기비료원으로 사용하여 작물을 생산하고 다시 가축의 사료로 또는 유기작물을 생산하여 판매하는 형식이 되어야 할 것이다.

〈표 8-7〉 초지 ha당 산유량 비교(농진청, 2004) (kg/ha)

항 목	유기낙농(A)	일반낙농(B)	B-A
조사농가 수	335	3,980	
조사연도	1990~1997	1990~1997	
전체 조사농가 평균	6,883	9,352	+2,469
6,000kg 이하 농가 평균	4,3652	5,288	+926
6,000kg 이상 농가 평균	8,723	11,069	+2,346

〈표 8-8〉 유기육우와 일반육우의 생산성 비교(농진청, 2004)

항목	유기육우	일반육우
두당 일당 증체량(kg)	0.84	0.86
초지 ha당(kg)	1,481	1,921

[그림 8-3] 유기축산(육우, 양계)

2) 외국의 결과

한편 외국의 유기낙농은 〈표 8-7〉에 제시된 바와 같다. 유기낙농가는 관행낙농가보다 약 2,400kg 적게 생산하는 것으로 나타났다. 유기비육의 경우도 두당 일당 증체량(日當增體量, daily gain)은 비슷하나 ha당 생산량은 일반비육우가 더 많은 것으로 나타났다.

유기양계의 경우는 〈표 8-9〉에 제시하였다. 이 표의 결과에 따르면 산란수도 적으나 사료는 요구율이 관행 2.0인 데 비하여 유기양계는 3.5이다. 한편 산란수는 연간 적어도 50개 이상의 차이가 있는 것으로 나타나고 있다.

〈표 8-9〉 유기양계와 일반양계의 생산성 비교(농진청, 2005)

평가항목	사육방법		자료출처
	유기사육	일반사육	
수당 연간 산란수	139	285	영국(1989~1992)
	248	305	네덜란드(1995)
	265	265	스위스(1997)
	270~282	290	유럽(1996)
산란계 폐상률(%)	0.22~0.35	0.14	유럽(1996)
육계 일당 증체율(gm)	34~36	50	영국 및 유럽(1996)
육계 사료요구율	3.5	2.0	영국 및 유럽(1996)
육계 폐사 및 등외율(%)	10~12	8~10	영국 및 유럽(1996)

위에서 제시한 데이터는 많은 것을 시사하는 것으로 유기사료의 대부분을 수입하는 우리나라에서 유기축산의 가능성이 가장 높은 분야는 농후사료 요구량이 비교적 적은 유기양계(有機養鷄, organic poultry production) 분야라는 것을 시사하는 자료이기도 하다.

〈표 8-10〉과 〈표 8-11〉은 유기육계의 경우이다. 사육일수는 일반육계가 45일인 데 비하여 유기육계는 70일로 거의 2배나 더 소요된다는 것을 알 수 있다. 그 밖에 사료가격도 약 2배, 수당 사료비는 무려 3배 정도 더 소요된다.

한편 생산에서 도축까지의 생산비용을 나타낸 〈표 8-11〉에서는 유기육계의 경우가 수당 약 1.34파운드가 더 소요된다는 것을 보여 주고 있다. 우리나라는 이미 토종닭에서 이러한 유사 유기육계를 사육한다고 할 수 있으므로 유기사료를 공급한다면 유기육계 사육의 가능성은 충분하다고 할 수 있을 것이다.

〈표 8-10〉 영국 유기육계 농가의 수익성 평가결과(농진청, 2004)

항목	육계사육방법	
	유기육계	일반육계
사육일수	70	45
사료가격(원/톤)	600,000	382,000
수당 사료비(원)	5,290	1,670
수당 관리비(원)	20	80
수당 계육 판매가(원)	8,550	2,870
수당 순이익(원)	1,100	80

〈표 8-11〉 관행양계와 유기양계의 생산비용(농진청, 2004)

항목	관행양계(파운드/수당)	유기양계(파운드/수당)
병아리 가격	0.24	0.24
병아리에서 2kg까지 사료(0~6주) (관행 1kg 15p, 유기 5kg, 가격 25p)	0.57	1.25
축사 및 노동비	0.70	1.10
도축, 세척	1.00	1.50
계	2.51	3.85

8. 주요 가축의 사양

1) 주요 품종의 특성

유기축산의 기본은 가축이며, 따라서 가축에 대한 일반 사양을 잘 이해하는 것이 무엇보다도 중요하다. 가축사양은 품종, 번식, 사료급여, 관리 등으로 구분할 수 있으며, 따라서 이런 부분에 대한 해박한 지식은 유기축산의 기초라 할 수 있다. 유기축산물 인증기준에는 유기육, 계란, 우유, 녹용으로 분류하고 있다. 따라서 이러한 가축의 생리, 영양을 잘 이해하고, 나아가 동물복지에 대한 지식이 있어야 사양관리가 가능하다.

우리나라에서 사육되는 젖소의 품종은 거의 100%가 홀스타인이다. 따라서 유기젖을 생산하려면 홀스타인 종은 알아야 한다. 그러나 산지에서 방목 중심의 유기젖 생산을 목적으로 한다면 산지에 강한 건지나 저지 같은 품종을 주목할 필요가 있다. 이들 두 품종은 특히 지방의 함량이 높기 때문에 유기 버터 생산을 목적으로 한다면 이러한 품종의 도입을 고려해야 할 것이다.

우리의 지형과 사료사정을 감안하면 유기축산의 가능성이 가장 높은 것이 산

〈표 8-12〉 홀스타인 및 한우의 특징

품종명	원산지	체격(kg)	능력(kg/y)	임신기간	산지적응성	유기유우 적합성
홀스타인	네덜란드, 북부독일	암 600 수 1,000	6,000~40,000 (3.5%유)	285	낮음	고
한우	한국	암 500 수 650	-	285	높음	-

〈표 8-13〉 산양

품종	원산지	체격(성)	젖 생산량(kg/y)	유기축산 적합성
자넨	스위스	암 50~60	500~1,000	상
토겐부르그	스위스	암 54kg 이상	1,500	상
한국 재래종	한국	45~50kg	-	상

〈표 8-14〉 닭의 품종

품 종	원산지	용도	크기, 색깔	유기축산 적합성
백색레그혼	이탈리아	난용	2.0kg(암), 57g, 백색란	상
횡반플리머스록	미국	난육겸용	3.6kg, 갈색란	상
뉴햄프셔	미국	난육겸용	3.9kg(수) 60g	상
카키벨리	영국	난육겸용	3kg 75g	상

양이다. 특히 한국 재래종은 이미 유기적 방법으로 사육되고 있고 관행방법을 약간 변형하면 유기염소로 전환하는 데 큰 어려움이 없다. 유생산을 목적으로 하면 자넨이나 토겐부르그 종이 좋은데, 이들은 산야초의 이용성이 높아 야산을 이용한 방목으로 유기사료문제를 해결할 수 있다.

닭의 품종은 계란생산을 목적으로 하는 것과 계육생산을 목적으로 하는 것 두 가지가 있는데, 닭은 체구가 작기 때문에 수입된 유기사료를 이용하더라도 어느 정도의 경제성이 있다고 본다. 토종닭은 유기양계에 가깝기 때문에 적절한 사양개선을 통해 유기양계로 인증받을 수 있을 것이다.

2) 번식

〈표 8-15〉는 여러 가축의 임신기간(姙娠期間, pregnancy period)을 제시하였다. 축산농가는 자신의 농장에서 자축을 생산하여 사육하기 때문에 번식에 관심을 가져야 한다. 닭의 번식기간을 21일로 하였는데, 정확히는 부화기간이다. 오리는 가금에 속하나 난각이 두껍기 때문에 부화에 1주일이 더 소요된다.

가축의 임신은 기본적으로 발정과 배란, 수컷의 정액 중 정자가 난자 내에 진입함으로써 시작된다. 이러한 발정과 임신은 여러 가지 호르몬(hormone)의 작용을 통하여 이루어진다.

호르몬은 조직 속의 반응을 조절하나 새로운 반응을 야기하지 않고, 에너지를 발생하지 않으며 미량으로 표적세포에 작용하는 특이성과 선택성이 있다. 또 효과가 비교적 느리고 그 분비율은 외부자극, 기상변화, 사료 등에 의해서 영향을 받는다.

호르몬은 분비되는 곳이 어디냐에 따라 뇌하수체에서 분비되는 것(FSH, LH, LTH, GH, TTH, ACTH, 옥시토신), 성선에서 분비되는 것(웅성호르몬, 난포호르몬,

〈표 8-15〉 가축의 임신기간(일)

품종	말	소	면양	산양	돼지	토끼	개	닭	오리
범위	330~340	270~290	144~158	146~155	112~118	28~32	58~65	19~24	24~32
평균	330	280	150	152	114	30	62	21	28

〈표 8-16〉 호르몬의 종류와 생리작용

분비위치 뇌하수체호르몬	작 용	분비위치 성선호르몬	작 용
난포자극(FSH)	난포발육촉진	웅성호르몬(Androgen)	정자생산
	정자생산촉진	난포호르몬(Estrogen)	발정호르몬
황체형성(LH)	배란장소황체형성		
	테스토스테론 분비촉진	황체호르몬(Progesterone)	자궁유선발달
황체자극(LTH)	최유, 황체유지	기타호르몬	
성장(GH)	성장촉진	PGMSG	임마혈청성 성선자극호르몬
갑상선자극(TTH)	기초대사촉진	HCG	융모성 성선자극호르몬
부신피질(ACTH)	대사활동촉진	LP	태반성 락토겐
옥시토신	태아분만, 젖생산		

〈표 8-17〉 각 가축별 발정주기(일)

구분	소	말	면양	산양	돼지	토끼
범위	14~30	15~40	15~20	12~24	18~24	일정한 주기 없음
평균	20	21	17	19	19	

황체호르몬), 태반에서 분비되는 것(PGMSG, HCG, PL) 등으로 나눈다.

그러나 번식의 실제에 있어서는 적절한 시기에 교미를 시켜야 하고 그러한 관점에서 발정주기(發情週期, proestrus)를 정확히 아는 것은 대단히 중요하다. 재발정은 소에서 20일 후, 면양에서는 17일로 가장 짧다. 첫 발정에서 물론 임신이 되면 상관없지만 수정이 되지 않으면 재발정을 기다려 다시 교미시켜야 한다.

9. 소화기관과 사료

가축은 크게 단위동물, 비반추 초식동물, 반추동물로 분류할 수 있다. 물론 닭은 단위동물(單胃動物, monogastric animal)이나 근위와 선위 등을 가지고 있어 다른 단위동물과는 약간 다른 특성을 가지고 있다. 사료의 특성에 따라 물론 급여하는 사료도 다르며, 유기축산과 관련해서는 조사료를 이용할 수 있는 가축이 사료의 자급이라는 측면에서 더 유리하다 할 수 있다. 앞에서 언급한 대로 돼지는 사료의 농후사료 요구량이 많아 문제이며, 그런 의미에서 산양이나 염소, 닭이 유기축산의 가능성이 높다.

사료는 영양가치에 따라 농후사료, 조사료, 보충사료로 나눈다. 농후사료는

〈표 8-18〉 소화기관과 가축

항목 \ 소화기관별	단위	비반추	반추
가축명	돼지, 닭	말, 토끼	소, 면양 · 산양
소화기 특징	1개의 위	단위이나 섬유질 사료 이용	반추, 벌집, 겹주름위, 진위
주사료	농후사료	조사료	조사료

〈표 8-19〉 자축의 관리

항목 \ 가축명	젖소	한우	산양	돼지	산란계	육계
포유방법	인공포유 초유급여	자연포유	인공포유 초유급여	자연포유	인공육추 (모계육추)	인공육추 (모계육추)
포유기간	40일	6~7개월	3개월	30~40일	가온	가온
이유 시 체중 (kg)	50~60	88	18~20	12		
포유기 사료	인공유	양질건초	양질건초	보조사료	육추사료	육추사료
육성기 관리	이표	경륜, 이표 · 제각*	이표 · 제각*	전이 · 이표	각대, 익대	각대, 익대
기타 관리	-	-	-	거세 · 침지*		

주* 유기가축사양에서는 허용되지 않은 관리임.

곡류를 중심으로 한 사료로, 대부분 외국에서 수입하여 이용하고 있다. 조사료는 산지나 산야초 사료작물 재배로 조달할 수 있다. 현재 유기축산의 가장 큰 문제는 사료이고, 따라서 저렴하게 사료를 생산 및 공급할 수 있는 조건이 유기축산의 관건이라는 점을 고려할 때 유기조사료의 생산은 무엇보다도 중요하다 할 것이다.

유기축산은 항생제나 기타 항균제 등을 쓰지 않기 때문에 자축기의 생존율을 높이는 것이 무엇보다도 중요하다. 〈표 8-19〉는 가축의 자축관리의 핵심을 제시하였다. 유기축산물 인증기준에서는 제각, 단미, 침지 등을 허용하지 않고, 무항생제 축산물 인증기준에서는 이를 허용한다.

8.2 유기축산의 사료 생산 및 급여

1. 유기축산사료의 조성, 종류 및 특징

유기축산을 하기 위해서는 유기사료(有機飼料, organic feed)의 확보가 필수적이다. 사료는 기본적으로 유기적 기준에 따라 재배된 사료를 써야 한다. 그리고 어떤 것은 사용할 수 없는데, 예를 들면 육골분, 항생제, 호르몬제, 성장촉진제와 같은 화학물질로 이에 대해서는 이미 앞에서 설명한 바와 같다.

문제는 어떻게 유기사료를 급여하느냐이다. 조사료나 일부 곡류는 자급할 수 있기 때문에 조사료의 이용성이 높은 축종의 선택이 중요하다. 초식가축이 그 예이다.

1) 초식가축의 유기조사료 생산 소요면적

초식가축(草食家畜, herbivores)은 그 생리 특성상 조사료를 섭취하도록 되어 있다. 따라서 유기초식가축 사육의 관건은 조사료를 저렴한 비용으로 생산할 수 있는가에 달려 있다. 초식가축이 어느 정도의 풀을 채식할 수 있는가는 상태에

〈표 8-20〉 유기축산사료의 조성, 종류

<table>
<tr><th colspan="2">유기배합사료 제조용 단미사료</th><th colspan="2">유기배합사료 제조용 보조사료</th></tr>
<tr><td rowspan="3">식물성</td><td rowspan="3">곡물류 : 옥수수 · 보리 · 밀
강피류 : 곡쇄류 · 밀기울 · 말분
단백질류 : 대두박. 들깻묵 · 채종박 · 면실박 등
해조류 : 해조분
유지류 : 옥수수기름 등
섬유질류 : 목초 · 산야초 · 나뭇잎 등
제약부산물 : 농림부장관이 지정하는 제약부산물
식품가공부산물 : 두류 가공부산물 · 당밀 및 과실류 가공부산물
근괴류 : 고구마감자 · 돼지감자 · 타피오카 · 무등</td><td>올리고당류</td><td>갈락토올리고당, 플락토올리고당, 이소말토올리고당, 대두올리고당, 만노스올리고당 및 그밖의올리고당</td></tr>
<tr><td>효소제</td><td>아밀라아제, 알카리성 프로테아제 등 그밖의 효소제와 그 복합체</td></tr>
<tr><td>생균제</td><td>엔테로콕카스페시엄, 바실러스코아글란스, 효모제 및 그밖의 생균제</td></tr>
<tr><td>동물성</td><td>단백질류 : 어분, 육골분 반추가축사용금지
무기물류 : 골분 · 어골회 및 패분
유지류 : 우지 및 돈지(반추가축에 사용하는 경우는 제외함)</td><td>아미노산제</td><td>아민초산, DL-알라닌, 염산L-라이신 및 L-트레오닌과 그 혼합물</td></tr>
<tr><td rowspan="2">광물성</td><td rowspan="2">식염류 : 암염 및 천일염
인산염류 및 칼슘염류, 광물질첨가물 : 나트륨 · 염소 · 마그네슘 · 유황 · 가리 등
혼합광물질 : 2종 이상의 광물질을 혼합 또는 화합한 것으로서 사료에 첨가하는 형태로 제조한 것에 한함</td><td>비타민제 (프로비타민제 포함)</td><td>비타민A, 프로비타민A, 비타민B_1, 등과 그 유사체 및 혼합물</td></tr>
<tr><td>기타</td><td>보존제, 항응고제, 결착제, 유화제, 항산화제, 항곰팡이제, 향미제, 규산염제, 착색제, 추출제, 완충제</td></tr>
<tr><td>기타</td><td>농산물품질관리원장이 정하는물질</td><td>기타</td><td>농산물품질관리원장이 정하는 물질</td></tr>
</table>

〈표 8-21〉 조사료의 종류별 섭취 가능량

구 분	섭취 가능량	
	체중비 기준(%)	체중 400kg 기준(kg)
생초	10~15	40~60
건초	2~3	8~12
사일리지	5~6	20~24
볏짚	1~1.5	4~6

따라 다르다. 그 기준은 대체로 〈표 8-21〉과 같다.

즉, 생초는 체중의 10~15%, 건초는 2~3%, 사일리지는 5~6%, 볏짚은 1~1.5% 정도이다. 유기조사료 생산에 소요되는 면적은 가축수를 알면 섭취 가능량으로 역산하면 될 것이다.

그러나 초식가축이라 하더라도 어느 정도의 농후사료를 공급해야 생산성을 올릴 수 있기 때문에 대량 조사료와 농후사료를 70 : 30 또는 60 : 40 정도의 비율로 한다. 그리고 보다 정확한 계산은 필요한 가소화 영양소 총량(可消化營養素總量, total digestible nutrients, TDN)으로 한다. 〈표 8-22〉는 우리 나라에서 많이 생산되는 사초의 TDN 함량이고 〈표 8-23〉은 사료벼의 TDN 함량이다. 이들은 모

〈표 8-22〉 주요 사료작물의 건물 및 양분함량과 이용적기

주요작물	생산량(kg/ha)		TDN*(%)	이용적기	이용형태
	생초수량	건물수량			
옥수수	62, 640	20, 090	71.61	황숙기	담근먹이
수수류	90, 350	21, 460	60.27	개화기-유숙기	청예, 담근먹이, 건초
호밀	37, 240	12, 490	64.17	〃	청예, 담근먹이, 건초
귀리	40, 540	9, 760	65.03	〃	청예, 담근먹이, 건초
이탈리안 라이그래스	65, 230	16, 310	70.04	출수기-개화기	청예, 건초
유채	52, 400	7, 334	77.61	개화기	청예

주* TDN : 건물기준

〈표 8-23〉 일본 사료용 벼품종별 TDN 함량

품종명	출수기(월.일)		수량(kg/10a)		TDN 함량(%)
	이식재배	건답직파	이식재배	건답직파	
일본청(추청)	8.15	8.13	1, 597	1, 622	61.1
중국 146호	8.15	8.7	1, 741	1, 733	60.9
중국 147호	8.29	8.23	1, 891	1, 995	58.5
호시유타카	8.31	8.29	1, 855	1, 831	58.6
아케노호시	8.20	8.16	1, 660	1, 694	60.0

〈표 8-24〉 10두 사육 시 축종별 유기조사료포 소요면적

항목 / 작부체계별	축종	관행사료포 총생산량 (ton)	유기사료포 총생산량 (ton)	1두당 TDN 요구량 (kg)	급여 손실량 (%)	10두당 소요 유기조 사료포(ha)
유기수도작(볏짚) +보리	한우[1]	5.85+6.40 =12.25	12.25×0.8 =9.8	2.88+(2.88×0.25) =3.60	2.88	1.34
사료용 벼+호밀	유우[2]	6.79+5.6 =12.39	12.39×0.8 =9.9	6.81+(6.81×0.25) =8.51	6.81	3.42
목초지	한우[3]	5.0	5.0×0.8 =4.0	2.88+(2.88×0.25) =3.60	2.88	3.29
고구마줄기+호밀	염소[4]	6.5+5.6 =12.1	12.1×0.8 =9.68	0.30+(0.30×0.25) =0.38	0.30	0.14

주 1) 체중 350kg, 0.4kg 증체하는 한우에 조사료 70%, 농후사료 30% 급여 시의 유기조사료 소요면적. 유기조사료는 관행조사료의 80%(홍성규 등, 2003)를 생산하며 급여 중 손실을 25%로 계산
2) 젖소 체중 650kg, 3.5% 유지율로 조사료 70%와 농후사료 30% 급여하는 것을 기준. 생산량 및 손실량은 1)항과 동일
3) 1)항과 동일
4) 체중 20kg의 염소로 조사료 90%와 농후사료 10% 급여하는 것을 기준

두 밭에서 재배되며, 유기볏짚의 생산은 그리 많지 않다.

한편 쌀 생산 대신에 벼를 이용한 조사료 생산도 연구되고 있는데, 이때의 수량과 가소화 영양소 함량도 제시하였다. 이러한 자료를 바탕으로 한 축종별 유기축산에 필요한 유기조사료포 소요면적은 〈표 8-24〉와 같이 환산하였다. 이는 조익환(2003)의 자료를 이용한 것으로 가축의 크기나 성장단계, 생산능력에 따라 영양소 요구량이 달라지므로 필요에 따라 계산할 수 있을 것이다.

즉, 350kg 체중에 1일 증체 0.4kg을 하는 한우 10두에 필요한 유기조사료포는 1.34ha이며, 이것은 수도작과 보리를 재배하여 해결할 수 있고, 사료용 벼와 호밀을 재배하여 착유 중 젖소 10두를 사육하는 데는 3.42ha, 한우 10두를 유기적으로 사육하는 데 필요한 목초지는 3.29ha, 염소는 0.14ha가 필요하다는 것이다.

물론 이것은 조사료로 공급하는 데 필요한 사료포이고 유기곡물사료포 소요면적은 따로 계산해야 된다.

2) 유기곡물 사료포 소요면적

〈표 8-25〉는 TDN이 68%인 보리를 사용하여 한우의 경우 필요 TDN의 30%, 육우의 경우 필요 TDN의 30%, 염소의 경우 필요 TDN의 10%를 충족시켜 준다고 가정하고, 보리를 유기재배하여 그 곡류로 사육할 때를 가상한 것이다. 이때 생산량도 관행재배의 80%를 수량이라고 가상하였다. 이 경우 유기한우 10두를 사육하기 위해서는 1.65ha, 유우 10두는 3.91ha, 염소는 0.06ha가 필요한 것으로 추정되었다. 즉, 한우 10두를 유기적으로 사육하는 데 필요한 포장은 조사료와 곡류사료 생산을 위해 2.99ha(약 9,000평), 유우는 7.33ha(약 22,000평), 염소는 0.2ha(약 600평)가 소요된다는 계산이 된다.

위의 추정에서 알 수 있듯이 우선 사료생산에 많은 토지가 소요되기 때문에 지가가 저렴한 곳에서만 유기축산을 시도할 수 있다는 점이다. 현재 일부 시도되고 있는 유기낙농은 조사료나 농후사료를 전부 도입 유기사료에 의존하는 것으로 계획되어 있다. 그러나 이것은 양분의 지역순환이라는 유기농업의 대원칙에 어긋나며, 자칫 유기낙농(有機酪農, dairy farming)이 아닌 유기낙농착유업(有機酪農, organic dairy farm milking)으로 전락할 가능성이 높다.

〈표 8-25〉 10두 사육 시 축종별 유기보리포장 소요면적

항목 축종	관행보리 생산량 (kg)	유기보리 생산량(kg) (관행의 80%)	유기보리TDN 생산량(kg) (68%TDN)	두당 소요 TDN (kg)	10두소요 유기보리 포장면적(ha)
한우	3,500	2,800	1,904	0.86	1.65
유우	3,500	2,800	1,904	2.04	3.91
염소	3,500	2,800	1,904	0.03	0.06

2. 유기축산사료의 배합, 조리, 가공방법

1) 조리 및 가공

가축의 이용성을 높이고 배합에 편리하도록 하는 것이 사료가공의 목적이다.

유해물질을 없애고 보존성을 높이기 위해서 조리나 가공을 한다. 이를 위해서 사료를 물리적 또는 화학적으로 처리하여야 한다. 이렇게 사료를 조리 및 가공했을 때의 효과를 요약하면 다음과 같다.

① 사료의 기호성 증진
② 입자도 조절 및 사료형태의 변경
③ 소화율 증가 및 영양소 이용률 향상
④ 사료의 보존성 증가
⑤ 특정 영양소의 증가 또는 감소
⑥ 중독물질 또는 유해인자의 제거
⑦ 저장과 취급방법의 향상
⑧ 사료 중 불필요한 부분의 분리 또는 제거

사료를 가공처리했을 때 위 효과 중 한 가지 또는 복합적인 효과가 나타난다. 그러나 사료의 가공은 식품과는 달리 경제적으로 유리하지 않으면 시행할 수 없다. 현재 사료에서 사용되고 있는 각종 사료 가공방법은 다음과 같다.

(1) 농후사료의 가공

농후사료의 가공방법은 다음의 다섯 가지가 있다. 첫째, 분쇄(粉碎, grinding)로 곡류를 갈아 작은 입자로 만드는 것을 말한다. 이 방법을 사용하면 종피 안의 녹말이 노출되어 소화액과의 작용이 왕성해지고 저작이 용이하여 타액과 잘 섞이므로 소화율이 향상된다. 이때 너무 미세하게 분쇄하면 오히려 소화율이 저하되므로 성글게 분쇄하는 것이 좋다. 조사료의 분쇄는 비용이 증가하고, 소화율 및 유지율이 감소한다.

둘째, 펠리팅(pelleting)으로 사료를 분쇄한 다음 다시 펠릿기에 일정하게 성형한 것을 말한다. 소화율 증가, 독성물질 비활성화, 섭취량 증가, 허실이 적고 작업 시 공해방지의 효과가 있으나 반대로 비용 증가, 가열에 의한 비타민 파괴 등의 결점도 있다.

셋째, 박편처리(薄片處理, flaking)로 곡류를 증기로 처리하거나 증기 없이 열과 높은 압력을 가하여 납작하게 누른 것을 말하며, 반추동물에 효과가 있다. 이에는 쿠킹, 마이크로나이징 등이 있으며, 섭취량, 일당증체량, 사료효율이 개선

된다.

넷째, 볶기(roasting)로, 이는 옥수수에 국한되어 이용된다. 유해물질 사멸, 저장성 향상 등이 장점이나 가공비가 든다.

다섯째, 압출(壓出, extrusion)로 원료사료가 압출, 충전된 과정에서 가압하여 일정한 배출구로 압출되는 과정을 말한다. 이때 팽장이 일어나고 그 결과 소화율과 생물학적 이용성을 높일 수 있다. 또한 성장 저해요인을 파괴하고 보호단백질(保護蛋白質, protected protein)이나 인조육 단백질을 생산할 수 있다. 그 효과는 펠리팅과 유사하다. 비슷한 처리로 익스펜딩이 있다.

(2) 조사료의 가공

조사료의 가공방법은 다음의 세 가지가 있다. 첫째, 절단으로 일정한 길이로 짧게 잘라 급여하는데, 이렇게 되면 줄기와 잎을 골라 먹지 못하게 된다. 너무 짧게 절단하여 급여하면 유지율 감소를 야기한다.

둘째, 사일리지(silage)로 젖산균을 발효시켜 저장성을 높여 고초기에 다즙사료를 공급할 수 있다. 여름에 과다하게 생산되는 목초의 저장이 대표적이고 우리나라에서는 옥수수 사일리지를 제조하여 겨울철에 급여한다.

셋째, 알칼리 처리로 가성소다 처리, 암모니아 흡착, 석회 처리, 과산화수소 처리 등이 있다. 소화증진의 효과가 있다.

2) 배합

유기축산에서 유기사료를 어떻게 조달할 것이냐의 문제는 유기축산의 성패를 좌우한다 해도 과언이 아니다. 유기배합사료는 국내에서 배합하기보다는 외국 배합사료를 직접 수입 · 공급하는 것이 효과적이므로 이를 위해서는 장기적이고 안정적인 수입선을 확보해야 한다. 유기농업을 한다고 하더라도 기존 배합사료의 4배 혹은 5배 이상의 가격으로 수입하면 수지를 맞출 수 없다. 따라서 농후사료 급여는 최소로 하고 유기조사료 급여를 높이는 사양형태를 취하지 않으면 안 된다. 물론 가장 바람직한 방향은 유기조사료와 곡물을 직접 생산하여 급여하는 것이다. 이때 고려해야 할 점은 유기축산사료는 성장촉진제, 생리활성증진제, 항생제 등을 사용할 수 없고, 비화학적인 물질이라 할 수 있는 약초, 생균물질, 발효물질 등을 적극적으로 개발해서 사용해야 한다는 것이다.

여러 가지를 종합한다면 우리나라에서 유기축산에 적합한 가축은 사료자급도를 높일 수 있는 가축이 될 것이며, 그런 의미에서 초식가축과 체중이 적은 가축으로 젖소나 한우, 유산양, 염소, 닭과 같은 것으로 한정할 수밖에 없다. 이 중에서 유기젖소에 대한 자가배합사료 계산의 예를 제시하고자 한다.

(1) 채식가능량

방목하는 경우는 방목가축의 채식량을 가늠할 수 있어야 하며 이것을 이용하여 채식가능량을 계산하고 나아가서 보충하는 농후사료의 부피를 판단할 수 있는 지표가 되기 때문에 매우 중요하다. 젖소의 최대 건물섭취량은 〈표 8-26〉에서 보는 바와 같다.

〈표 8-26〉 젖소의 1일 최대 건물섭취량〔체중에 대한 백분율(%)〕

체중(kg) / 일당유생산량(kg)	400	500	600	700	800
10	2.5	2.3	2.1	2.0	1.9
15	2.9	2.6	2.3	2.2	2.0
20	3.3	2.9	2.6	2.4	2.2
25	3.6	3.2	2.8	2.6	2.4
30	4.0	3.5	3.1	2.8	2.6
35	4.4	3.8	3.3	3.0	2.8
40	-	4.1	3.6	3.2	3.0
45	-	4.4	3.8	3.5	3.2

* 일당 유생산량 = 유지율 4% 기준
* Week Of Lactation(WOL) is 5-week
* NRC(2001)

(2) 영양소 요구량

1일 유생산량이 27kg(유지율 3.5%), 체중이 650kg인 소가 하루에 요구하는 영양소 요구량(營養素要求量, nutrients requirement)을 계산하면 〈표 8-27〉에서 보는 바와 같다. 여기서 영양소 요구량은 얼마나 많이 활동하는가에 따라 다르다. 그 양은 대개 유지요구량의 5~10%로 계산한다. 또한 성장하는 젖소의 경우는

〈표 8-27〉 체중 650kg인 유기젖소의 영양소 요구량(두당/1일)

항 목	정미 에너지(NEI)	조단백(kg)	칼슘(kg)	인(kg)
유지요구량(체중 650kg)	11.14	0.861	0.0260	0.0150
운동요구량 (5%)	0.52			
유생산요구량(27kg, 3.5%)	18.63	2.214	0.0702	0.0472
합계	30.29	3.075	0.0962	0.0622

〈표 8-28〉 원료사료의 영양소 함량

원료의 종류	영양소 함량(건물기준)				건물함량
	정미 에너지	조단백질	칼슘	인	
	mcal/kg	%	%	%	%
알팔파(개화 초기)	1.30	17.2	1.25	0.23	90
옥수수 사일리지	1.53	8.0	0.27	0.20	30
옥수수(알곡 · 분쇄)	2.03	10.0	0.03	0.31	8
대두박 46% 조단백	1.86	51.8	0.36	0.75	89
제2인산칼슘	-	-	23.70	18.84	96

성장요구량도 추가로 계산해 주어야 하는데, 그 요구량은 유지요구량의 10%로 계산한다. 표에서는 추가로 계산하지 않았다.

유지 및 운동, 27kg의 유생산을 위한 총 정미 에너지, 조단백질과 칼슘 및 인에 대한 영양소 요구량이 30.29kg, 3.075kg, 0.0962kg 및 0.0622kg이 되는 것으로 계산되었고, 이것을 만족시켜 주기 위해 알팔파, 옥수수 사일리지를 우선 공급한다고 가정한다.

(3) 사료배합률 작성

사료배합 시 사용되는 단미사료의 종류와 양은 각 원료사료의 확보에 따라 결정되나 여기서는 알팔파 건초와 옥수수 사일리지, 옥수수(분쇄된 것), 대두박, 제2인산칼슘 등 다섯 가지 원료사료를 사용한 사료계산법을 설명한다. 물론 현실적으로 우리 나라에서 유기사료로 생산이 가능한 건초, 보리가 있다면 이들로 대체하여 계산할 수도 있다.

〈표 8-29〉 조사료의 영양소 공급량

항 목	정미에너지 (NEl, mcal)	조단백(kg)	칼슘(kg)	인(kg)
총 요구량	30.29	3.075	0.0962	0.0622
조사료에 의해 공급되는 양	18.93	1.592	0.0939	0.0278
농후사료에 의해 추가로 공급될 양	11.36	1.483	0.0023	0.0344

이 표에 의하면 알팔파 건초와 옥수수 사일리지로 보충하고, 그래도 모자라는 양분을 농후사료인 알곡 옥수수와 대두박으로 보충할 때 이들 사료로 충족시켜주어야 할 영양소는 정미 에너지 11.36kg, 조단백질 1.484kg, 칼슘 0.0023kg, 인 0.0344kg이 된다.

이때 모자라는 성분을 알곡 옥수수와 대두박으로 충족시켜 줄 때 다음과 같은 식을 만들어 푼다.

〈표 8-30〉 체중 650kg인 유기 산유우를 위한 사료배합표

항 목	건물기준					풍건 또는 급여 시 기준			
	급여량 (kg)	에너지 (NEl, mcal)	조단백 (kg)	칼슘 (g)	인 (g)	건물 함량 (%)	급여량 (kg)	총사료 배합비 (%)	농후 사료 배합율
알팔파 건초	6.000	7.80	1.032	75.0	13.8	90	6.67[1]	20.1[2]	
옥수수 사일리지	7.000	11.13	0.560	18.9	14.0	35	20.00	60.2	
조사료 소계	13.000	18.93	1.592	93.9	27.8		26.67	80.3	
옥수수	3.611	7.330	0.361	1.08	11.2	89	4.06	12.3	62.2[3]
대두박	2.166	4.029	1.122	7.80	16.2	89	2.43	7.3	37.2
제2인산칼슘	0.037	–	–	8.77	7.0	96	0.04	0.1	0.6
농후사료 소계	5.814	11.36	1.483	17.65	34.4		6.53	19.7	100.0
사료합계	18.814	30.29	3.075	165.55	62.2		33.20	100.0	
사료의 조성(건물)		1.61[4]	1.63%	0.88%	0.33%				

주 1) 6.000÷90%=6.67
주 2) (6.67÷33.20)×100 = 20.1
주 3) (4.06÷6.53)×100 = 62.2
주 4) 30.29÷18.814 = 1.61(mcal/kg)

옥수수를 X로 대두박을 Y로 놓고

2.03X+1.86Y=11.36 …… ①

0.10X+0.518Y=1.483 …… ②

①, ②식을 풀면 옥수수는 3.611kg이 되고 대두박은 2.166kg이 된다.

〈표 8-30〉과 같은 사료배합표(飼料配合表, feed formula)에 의거 자가배합기를 이용하여 골고루 혼합하여 급여하면 된다. 위의 예에서 보는 바와 같이 유기축산농가는 자신의 농장에서 유기사료를 생산하고 또 생산능력에 맞게 배합할 수 있는 능력이 있어야 한다. 관행축산과 같이 사료회사에 의존하게 되면 수입단가에 따라 경영이 압박을 받고 유기농업이 추구하는 물질의 지역순환원리에도 맞지 않으므로 자가자급 유기사료에 의한 유기축산을 할 수 있도록 노력해야 한다.

8.3 유기축산의 질병 예방 및 관리

1. 가축위생

1) 가축위생의 의미

가축의 생명과 건강을 해치는 생물학적 및 이화학적 요인들을 제거하기 위해서는 수의병리를 비롯한 수의미생물, 기생충, 약리, 화학 등에 대한 기초지식이 있어야 한다. 한편 유기축산에서는 각종 호르몬제나 화학약품 등을 사용하지 않기 때문에 전통적 수의학과는 여러 면에서 다르다. 따라서 기존의 수의학이 발병한 가축의 치료에 초점을 맞추었다면 유기축산에서는 예방에 치중한다. 따라서 관행축산을 하던 농가가 유기축산으로의 전환을 위해서는 가축위생(家畜衛生, livestock hygiene)에 초점을 맞추고, 나아가서 동물복지에 관심을 두고 관리해야 한다.

2) 환경위생

(1) 기후

가축은 외부환경에 비교적 잘 적응하는 편이나 유기가축은 항생제나 기타 첨가제를 사용하지 않기 때문에 관행축산과 같은 조악한 환경에서는 쉽게 병에 걸릴 수밖에 없다. 기후조건은 가축의 생산성에 영향을 미치므로 계절에 알맞는 관리를 해 주어야 한다. 기후는 기본적으로 기온, 습도, 기압 등으로 구성되어 있는데, 가축은 저온보다는 고온에 약하다. 즉, 기온이 너무 높으면 식욕이 떨어지고 각종 병에 대한 저항성도 약해진다.

기온에 민감하게 반응하는 가축으로 닭과 젖소를 들 수 있는데, 젖소는 산유능력에 큰 영향을 미친다. 젖소의 적온은 10~15°C이며 21°C가 되면 산유량이 감소한다. 우리나라 젖소의 대종을 이루고 있는 홀스타인(Holstein)은 특히 고온에 약해 27°C가 되면 산유량이 급감하며 저지종 역시 29°C이면 산유량이 감소한다. 저온에 대한 적응을 비교적 강하여 홀스타인은 -15°C, 저지는 0°C가 되어도 유량생산에 큰 차이를 나타내지 않는다. 돼지의 적온은 15~21°C이고 32°C 이상이면 영향을 받는다(이효원 등, 2002). 한편 닭은 고온에서 산란율이 저하되고 난각이 얇아진다.

건조하면 호흡기병이, 습하면 기생충 발생이 많아지며, 춥고 습하면 폐렴, 디프테리아에 감염되기 쉽다. 계절적으로 볼 때 여름철의 장마기간, 1~2월의 혹한기가 유기축산농가가 크게 유의해야 할 시기이다.

광선 역시 가축의 건강에 직접적인 영향을 미친다. 즉, 혈액순환을 돕고 신진대사를 도와 피모 및 피부가 건강해지므로 외부의 변화에 대한 저항성을 갖게 된다. 또한 피하에 있는 콜레스테롤(cholesterol)을 비타민 D_3로 변화시키고 동시에 비타민 A의 공급을 원활히 하여 골격 형성을 돕는다. 자연살균력은 질병예방 효과를 갖는다. 따라서 유기가축은 축사 내의 폐쇄공간이 아닌 햇볕을 쪼일 수 있는 장소에서 사육하고 적당한 가축밀도를 유지하도록 해야 한다.

(2) 물과 수질

물은 가축의 생리상 중요한 역할을 하며 특히 산화작용 및 이화작용을 돕는다. 목욕, 축사의 청소에도 물이 쓰인다. 따라서 신선한 물을 공급하도록 해야 한다. 물은 또한 여러 전염병의 매개가 되어 콜레라, 전염성 설사, 장염의 발생으로

일시에 막대한 피해를 주기도 한다. 또한 폐디스토마도 물에 의해 감염되므로 신선한 물의 공급은 유기축산의 기초이다. 지역에 따라서 지하수는 오염된 경우가 있으므로 오염원이 없는지를 조사한 후에 사용하도록 한다.

2. 전염병

1) 질병의 조기발견

유기축산에서 조기발견처럼 중요한 것은 없다. 일단 발병하면 치료가 불가능하여 폐사시키는 경우가 많기 때문에 치료보다는 예방, 예방보다는 건강한 개체의 사육에 초점을 맞추어야 한다. 조기발견의 요령은 아래와 같다.

(1) 원기 · 식욕

식욕감퇴, 원기부족은 병의 시초이다. 조기발견의 핵심이며 어떤 가축은 반추와 트림을 하지 않는 것도 있는데, 이것들이 모두 이상 징후이다.

(2) 동작의 변화

불안해하며, 눕지 않고 누워 있는 경우에도 눈을 감으며, 기운 없이 귀를 늘어뜨리기도 하고 걸음걸이가 불확실하며, 주위의 상태에 무관심한 표정을 한다. 또한 절름거리고 후구나 배를 불안한 안색으로 자주 돌아보며, 축군을 떠나 한쪽에 홀로 침울하게 서 있고, 축군이 이동할 때 뒤떨어져 기운 없이 뒤에 처지는 개체는 모두 이상 징후에 해당한다.

(3) 피부 · 털

항생제나 첨가제 등을 사용하지 않은 순수 유기사료만을 급여하기 때문에 일반가축보다 피모나 피부색의 윤기가 떨어지거나 피부가 지나치게 거칠거나 퇴색 또는 탈모된 것은 이상 징후이다.

(4) 점막

콧등이 마르고 눈, 콧구멍의 점막 충혈, 바랜 색도 건강이상으로 생각한다.

(5) 침 · 점액

거품을 내고 침을 흘리며 침에서 악취가 나기도 한다. 또한 외음부에서 악취가 나는 점액이 흐르며 눈꼽이 끼면 건강이상으로 판정한다.

(6) 산유량

젖의 양이 갑자기 줄고 이상 색을 띠며 유방에서 열이 난다면 이상이 있는 것으로 본다.

(7) 복부

부풀어 커지고 눌러 보면 딱딱한 감을 주며, 배에서 꾸루룩거리는 소리가 나면 이상 징후이다.

(8) 똥 · 오줌

설사를 하고 똥색이 암갈색, 흑갈색인 것(소, 말)과 회색, 회백색, 적갈색. 적색 또는 흑색의 찐득찐득한 모양을 하는 것은 이상징후로 본다. 오줌색은 판별에 주의가 필요한데, 대체로 피로하면 진해지나, 환축의 오줌은 황색, 선홍색, 유백색, 적갈색 등을 나타낸다. 말은 건강할 때 최초의 오줌도 혼탁하며 면양 등은 처음에는 투명하고 나중에는 혼탁해진다.

(9) 체온

건강한 가축이라도 유축보다 성축이 높고 하루 중엔 저녁이 아침보다 높으며, 채식 후 기온이 높을 때는 동시에 체온도 높다. 그러나 저체온인 경우에 질병인 경우가 많다. 체온측정은 직장, 질 안에 온도계를 넣어 측정한다. 평균체온은 가축의 종류, 노유(老幼)에 따라 다르나, 소는 37.5~40.0°C이고 닭은 40.5~42.0°C이다.

(10) 맥박

맥박은 심장의 작용이 동맥에 미치는 파동인데, 소는 아래턱이나 꼬리 중간의 저동맥, 말은 아래턱 동맥, 중소동물은 고동맥에 손을 대어 검사한다. 맥박수는 생리적으로 나이 · 성 · 채식 · 운동 · 흥분 · 체온상승 등에 의하여 변화하기도 하고, 병적으로 발열 · 심장병 · 운동 · 흥분 · 체온상승 등에 의하여 변화하기도

〈표 8-31〉 가축별 생리적 맥박수(1분간)

가축별	맥박수	가축별	맥박수	가축별	맥박수
암소(성)	60~80	암말 · 거세말(성)	36~40	토끼(성)	120~140
수소(성)	36~60	망아지	40~75	조류(성)	150~200
중소(2~12개월)	80~110	면양(성)	70~80	개(대)	65~80
송아지(2~60일)	110~135	산양(성)	70~80	개(소)	80~100
돼지(성)	60~80	면양(1세)	80~100	낙타(성)	32~50
수말(성)	28~36	산양(1세)	80~100	고양이	110~130

* 가축별 생리적 호흡수(1분 평균)는 말 8~16, 소 10~30, 면양 · 산양 12~30, 돼지 10~20, 개 10~30, 조류 40~50이다.

하는데, 발열 · 심장병 · 빈혈 등에 의해서는 증가하며, 뇌의 병이나 식물이나 약물 중독에 의해서는 감소한다.

(11) 호흡

호흡은 호흡기병이나 중독 등에 의하여 증가하고 호흡상태가 부정확하거나 가끔 끊어지는 호흡곤란은 병의 한 증세이다.

2) 전염병의 종류

전염병(傳染病, infectious disease)은 감염에 의하여 전파되는 질병으로 축종별로 종류가 다양한데, 크게 법정전염병과 일반전염병으로 나뉜다.

(1) 법정전염병

법정전염병(法定傳染病, legal infectious disease)이란 전파력이 빠르고 그 피해가 커서 개인의 힘으로는 예방 · 박멸할 수 없으므로 국가가 법률로 정하여 국가의 행정력으로 예방 · 박멸책을 강구하는 무서운 전염병을 말한다.

가축사육자나 수의사는 전염병의 피해를 최소화하기 위하여 법정전염병에 대하여 법률이 정하고 있는 예방법이 어떤 것인지를 평소 알아두어야 한다. 우리나라에서 국가가 지정한 법정전염병에는 다음과 같은 것들이 있다.

① 제1종 법정전염병

우역(牛疫)·우폐역(牛肺疫)·구제역(口蹄疫)·가성우역(假性牛疫)·불루텅병·리프트계곡열·럼프스킨병·양두(羊痘)·수포성구내염(水疱性口內炎)·아프리카마역(馬疫)·아프리카돼지열병·돼지열병·돼지수포병(水疱病)·뉴캐슬병·고병원성조류(鳥類)인플루엔자

② 제2종 법정전염병

탄저(炭疽)·기종저(氣腫疽)·브루셀라병·결핵병(結核病)·요네병·소해면상뇌증(海綿狀腦症)·큐열·돼지오제스키병·돼지일본뇌염·돼지텟센병·스크래피·비저(鼻疽)·말전염성빈혈·말전염성동맥염(傳染性動脈炎)·구역(口疫)·말전염성자궁염(傳染性子宮炎)·동부말뇌염(腦炎)·서부말뇌염·베네주엘라말뇌염·추백리(雛白痢)·가금(家禽)티프스·가금콜레라·광견병(狂犬病)·사슴만성소모성질병(慢性消耗性疾病). 그 밖에 이에 준하는 질병으로서 농림부령이 정하는 가축의 전염성 질병

③ 제3종 가축전염병

소유행열·소아까바네병·닭마이코플라즈마병·저병원성조류인플루엔자·부저병(腐蛆病). 그 밖에 이에 준하는 질병으로서 농림부령이 정하는 가축의 전염성 질병

(2) 일반전염병

앞에서와 같은 법정전염병 이외의 주요 일반 전염병(common infection disease)에는 야수 우역, 소의 출혈성 패혈증, 소·말의 유행성 감기(influenza)·파상풍(강직병, tetanus), 개의 견온열(canine distemper), 닭의 계두(鷄痘, fowl pox) 및 가금의 디프테리아·유행성 뇌염(fowl diphtheria), 칠면조의 흑두병(黑頭病, blackhead), 가금·토끼의 콕시듐병(coccidiosis), 토끼의 유행성염(shuffle)·매독(梅毒, syphilis) 등이 있다(이효원 등, 2002).

3. 질병 예방 및 관리

유기가축을 선발 또는 육종할 때 기생충에 강한 개체를 육성하는 것이 필요

하다. 이것은 방목강도, 전모나 부화시기를 조절함으로써 가능하다. 또 어린 가축은 기생충에 약하기 때문에 기생충 발생빈도가 낮을 때 방목을 개시하는 방법을 이용할 수 있다.

유기가축과 비유기가축의 건강 및 질병관리의 가장 큰 차이는, 전자는 그 예방에 치중하는 데 비하여 후자는 치료에 치중하는 데 있다. 관리 측면에서 관찰이 가장 좋은데, 영국토양협회는 다음 사항을 유심히 살피라고 하였다. 첫째, 방목가축 중 낙오된 개체는 없는가를 살핀다. 둘째, 어떻게 가축이 서 있는지를 살피는데, 자세 관찰 시 등이 굽은 가축, 귀를 떨군 가축, 멍청히 서 있는 가축, 고개를 숙이고 있는 가축, 힘이 들어가지 않는 다리가 보이는 가축, 안달하는 가축이 있는지를 살핀다. 셋째, 유방을 살피는데, 유방염 증세가 나타나는 개체가 있는지 조사해 본다(딱딱하거나 너무 말랑하거나 멍울이 졌는지를 검사). 넷째, 가축이 어떻게 느끼고 있는가를 주의깊게 본다. 즉, 가죽은 부드러운지, 종기가 나 있는지, 진드기는 없는지, 굽이나 무릎 등에 열이 있는지를 조사한다. 다섯째, 오줌이나 똥의 상태, 즉 변비, 똥에 벌레가 있는지, 오줌 색깔이 이상한지 살핀다. 마지막으로 누워 있는 상태, 사료섭취, 가축별 울음소리에 관심을 가진다.

치료에 항생물질과 각종 호르몬제 등을 사용하지 않은 유기축산에서는 가축을 건강하게 사육하고 사고를 막을 수 있는 조치가 필요하다. 즉, 사육 시 가축의 복지나 안녕(安寧, wellbeing)에 전력을 다하는 것이 좋다.

만약 병이 발병했을 때는 대체요법(代替療法, alternatives)을 사용하는데, 동종요법(同種療法, homeopathy)을 권장하고 있다(Macey, 2000). 동종요법에서 '동종'이란 유사 질병이란 뜻으로, 치료원리는 질병 증상과 유사한 증상을 유발시켜 체내에 자연치유력을 회복시켜 질병을 치료할 수 있다는 것이다. 이것은 1700년대 독일 의사인 하네맨이라는 사람이 발명한 것으로, 퀴닌(quinine)은 말라리아를 치료할 수 있는 약품인데 이 약을 사람에게 투여했을 때 말라리아와 같은 증상이 나타난다는 것을 발견하고 이에 대한 연구를 했다고 한다.

현재 캐나다와 미국에서 이용되는 것으로 외상에는 헤파 설퍼리스 칼카륨, 난산에는 카루로피럼 타릭트로라이드, 상처에는 하이퍼리큠 퍼포라튬, 기타 질병에는 노소데스(Nosodes)가 쓰인다고 한다. 기타 가금의 호흡기병에는 호미아풀밀(homeopulmil)이 사용된다. 유기축산농가의 구급용으로 판매되기도 하며, 가격은 캐나다 달러로 약 140달러 정도이다.

한편 식물을 이용한 치료법도 소개된 바 있는데, 가장 좋은 것은 목장의 일부

〈표 8-32〉 동종요법 및 항생제 치료율 비교(농협 · 농림부, 2005)

치료구 그룹	동종요법 치료율			항생제 치료율		
	건수	완치율(%)	bact(%)	건수	완치율(%)	bact(%)
전체	178	20	41	154	34	51
경산우	121	14	36	111	32	50
미경산우	57	33	53	43	40	53
황색포도상구균	23	17	22	15	47	73
연쇄상구균	30	7	17	22	32	45
대장균	18	17	61	19	21	588
CNS	14	43	79	7	114	577
비특이성	56	30	50	46	41	50
cross-over	44	41	73	20	25	

* 연쇄상구균 및 황색포도상구균에 의한 감염의 경우 동종요법의 치료율이 매우 낮음.

에 이러한 식물을 식재한 후 가축이 스스로 채식할 수 있는 환경을 만들어 주는 것이다. 만약 약으로 만들어 먹일 때는 봄이나 가을에 뿌리나 줄기나 열매를 이용하는데, 초봄에 채취한 것과 개화 전의 것을 사용하고 또 이슬이 마른 다음에 채취한다. 가축치료용으로 이용되는 식물로는 회양풀, 루타, 금송화, 캐러웨이, 야생카밀레, 시과, 파슬리, 고수풀, 박하, 당귀류, 다부쑥, 서양박하, 세이지, 서양톱풀, 타임, 히솝풀, 산쑥 등이 있다. 유방염에는 생강, 마늘, 셀비어 등을 꿀 등에 타서 먹이는 방법이 있다.

유기사육 시 문제가 되는 것은 내부 기생충인데, 대개 기생충 암컷이 분으로 배설되어 유충으로 자라게 되고, 이것을 방목 시 가축이 풀과 함께 섭취함으로써 다른 방목가축에 감염된다. 소에서의 위충, 양이나 염소에서의 위충 및 폐기생충, 돼지에서의 위충, 닭의 하품병충(gapeworm)이 문제가 된다. 구충에 대한 특별한 약제는 없으며 예방해야 한다. 기생충의 가루를 먹여 면역성을 높일 수 있으며 사료에서도 버즈풋트레포일의 탄닌은 알팔파보다 더 저항성을 높여주는 것으로 보고되고 있다. 또 인공포유한 젖소보다는 모유포유한 것이 기생충에 대한 저항성이 높다고 한다(Macey, 2000). 회충구제에 마늘을 이용하며, 기타 쓴쑥(wormwood), 사철쑥(tarragon), 쓴국화, 루핀, 호두, 제충국, 당근씨, 호박씨도 구충에 효과가 있다고 한다. 그 밖에 규조토, 계면활성제, 황산구리, 목탄도 내부

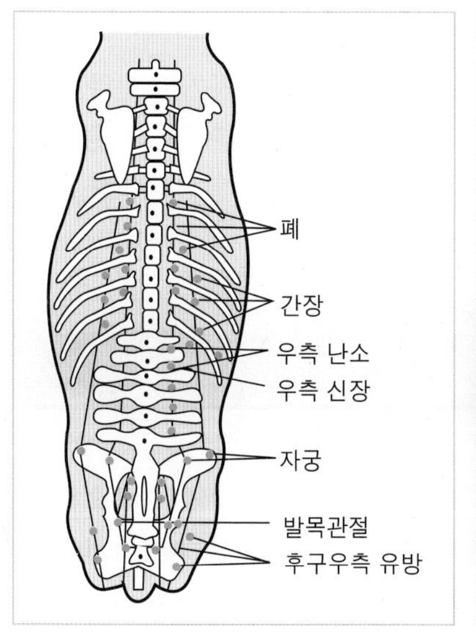

[그림 8-4] 소의 경혈의 예

[그림 8-5] 한우방목

기생충의 제거에 쓰인다.

한편 침(針, acupuncture)이나 지압(指壓, acupressure)도 유기가축의 치료에 이용될 수 있다. 즉, 침은 사람에게도 많이 사용되는 것으로 원리는 에너지가 넘치는 곳에서 부족한 곳으로 이동시킴으로써 에너지 균형(balance of energy)을 이루게 하여 치유한다는 원리에서 출발한 것이다. 동양의학에서는 침술이 인체를 치료하는 데 중요한 기술로 인식되어 왔다. 즉, 그 원리는 인체에는 사람의 눈으로 볼 수 없는 기의 흐름이 있는데, 기(氣)가 유주(流注)되는 곳을 경락(經絡, meridian pathway)이라 하고, 여기에 경혈(經穴, acupuncture point)이 있어 침의 시술처(施術處)로 사용하는 것이다.

가축에는 351개의 경혈이 있으나 실제로 사용되는 것은 150여 개이고, 경혈은 살이나 근육이 있는 곳으로 피부의 약간 낮은 지점에 위치하는데, 보통 갈비뼈 사이, 뼈 사이 또는 어깨, 무릎, 발목 사이에 있다. [그림 8-4]에는 소에 적용할 수 있는 경락을 나타냈다. 경락은 급소에 해당하는 곳인데, 질병의 진단에도 이용할 수 있다. 즉, 그 지점을 마사지하거나 지압하여 고통을 완화시켜 줄 수 있다.

한편 환부는 가압해서는 안 되며 주변의 상하 부위를 지압하거나 또는 침을 놓을 수 있다. 또 환부에 손바닥을 올려놓으면 부기가 가라앉아 종종 스트레스를 완화하는 데 도움을 준다. 물론 이러한 침술은 훈련받은 사람만이 할 수 있다(Macey, 2000). 경우에 따라서는 봉침(蜂針, bee needle)을 사용하기도 한다.

8.4 사육시설기준

사육시설, 부속설비, 기구 등의 관리기준은 국립농산물품질관리원 고시에 제시되어 있다. 육성우(비육)인 경우에 400kg 이상은 두당 면적은 7.1m²이며 축사 바닥은 깔짚우사로 설치하도록 하고 있다. 번식우는 두당 9.2m², 착유우는 두당 17.3m²의 기준을 두고 있다. 깔짚은 분만돈사를 제외하고는 허용된다. 여기서 한 가지 주목해야 할 것은 사료작물포 확보에 관한 것이다. 명기되어 있으나 간과되고 있는 항목이다. 미국에서도 이 문제에 대하여는 격렬한 논의가 진행되고 있는 실정이다. 소농의 입장에서는 반드시 초지접근의 규정이 있어야 유리하지만 대규모 유기농가는 유기사료를 구입하여 사양하면 되기 때문에 이러한 규정에 제한받는 것을 원하지 않기 때문이다.

이와 같은 기준은 기본적으로 관행축산을 기준으로 한 것이다. 그러나 유기

〈표 8-33〉 유기축산물 축사밀도

축 종	성장단계별 또는 종류별	체중 및 단위	축사시설면적 (m²/두(수))	축사형태기준
한·육우	육성(비육)우	400kg 이상	7.1	깔짚우사
	번식우	400kg 이상	9.2	깔짚우사
젖 소	육성우	450kg 이하	10.9	깔짚우사
	건유우	두당	13.2	후리스톨우사
			17.3	깔짚우사
	착유우	두당	9.5	후리스톨우사
			17.3	깔짚우사

돼 지	분만돈	두당	4.0	분만틀돈사
	육성(비육)돈	60kg 이하	1.0	깔짚돈사
	비육돈	60kg 이상	1.5	깔짚돈사
	임신(후보)돈	두당	3.1	깔짚돈사
	웅돈	두당	10.4	깔짚돈사
닭	육계	수당	0.1	깔짚평사
	산란성계	수당	0.22	깔짚평사
	산란육성계	1.5kg 이하	0.16	깔짚평사
	종계	2.5kg 이하	0.22	깔짚평사
양	면양	30kg 이하	1.3	깔짚양사
	산양	30kg 이하	1.3	깔짚양사
오 리	산란오리	수당	0.55	깔짚축사
	육성오리	수당	0.3	깔짚축사
사 슴	꽃사슴	100kg 이상	2.3	깔짚녹사
	레드디어	170kg 이상	4.6	깔짚녹사
	엘크	350kg 이상	9.2	깔짚녹사

〈표 8-34〉 무항생제 축산물 축사밀도

축 종	성장단계별 또는 종류별	체중 및 단위	축사시설면적 (m^2/두(수))	축사형태기준
한 · 육우	육성(비육)우	400kg 이상	7	깔짚우사
	번식우	400kg 이상	9.2	깔짚우사
젖 소	육성우	450kg 이하	6.4	깔짚우사
	건유우	두당	8.3	후리스톨우사
			13.5	깔짚우사
	착유우	두당	8.3	후리스톨우사
			16.5	깔짚우사
돼 지	분만돈	두당	3.9	분만틀돈사
	육성(비육)돈	60kg 이하	0.6	깔짚 · 슬러리돈사
	비육돈	60kg 이상	0.9	깔짚 · 슬러리돈사
	임신(후보)돈	두당	3.1	깔짚 · 슬러리돈사
	웅돈	두당	9.7	깔짚 · 슬러리돈사

축 종	성장단계별 또는 종류별	체중 및 단위	축사시설면적 (m^2/두(수))	축사형태기준
닭	육계	수당	0.042	케이지
			0.046	깔짚평사(무창)
			0.066	깔짚평사(개방)
닭	산란성계	수당	0.042	케이지
			0.11	깔짚평사
	산란육성계	1.5kg 이하	0.025	케이지
			0.066	깔짚평사
	종계	2.5kg 이하	0.11	깔짚평사
양	면양	30kg 이하	1.3	깔짚양사
	산양	30kg 이하	1.3	깔짚양사
오 리	산란오리	수당	0.28	깔짚축사
	육성오리	수당	0.2	깔짚축사
사 슴	꽃사슴	100kg 이상	2.3	깔짚녹사
	레드디어	170kg 이상	4.6	깔짚녹사
	엘크	350kg 이상	9.2	깔짚녹사

농업의 기본인 동물복지를 고려한다면 사사보다는 방목의 방법을 택하는 것이 좋다.

8.5 유기축산의 경제성

유기축산의 경제성은 농협 안성시범목장의 사업결과를 제시한 바 있으나 여기에서는 주로 외국의 예를 중심으로 설명하기로 한다. 한 조사에 의하면 유기채소와 과일의 가격이 가장 비싸며 관행농산물에 비해 유기채소는 60%, 과일은 70%, 치즈는 20%, 곡물은 31%, 육류는 52%, 우유는 42%가 더 높았다고 보고하였다.

돼지사육에 있어 사료생산과 사육에 많은 노동력이 필요한 소규모 유기양돈 농가는 적합한 농후사료를 구할 수 없기 때문에 유기돼지 사육을 주저하고 있는 것이 현실이다. 한 보고에 의하면 유기돼지는 오스트리아 3만 9,000두, 스위스 2만 3,000두, 독일 2만 3,000두, 덴마크 1만 9,000두, 영국 7,200두밖에는 되지 않는다고 한다. 대규모 양돈은 분뇨처리 문제, 좁은 공간에서 사육함에 따른 동물복지 문제, 생산성을 유지하기 위한 동물약품 사용문제 등 때문에 유기축산의 가능성이 낮은 축종이라 하겠다.

시장에서 유기농산물의 비율이 증가하는 것은 첫째, 강력한 소비자의 요구가 있고, 둘째, 식품회사의 지원이 있으며, 셋째, 슈퍼마켓에서 팔리는 유기농산물의 비율이 높고, 넷째, 유기농산물 가격이 그리 비싸지 않으며, 다섯째, 표식에 대한 인식도가 좋기 때문이다.

유럽에서 1인당 가장 많은 유기농산물을 소비하는 나라는 덴마크이며, 그 성공의 원인은 첫째, 유기식품에 대한 덴마크 시장이 비교적 성숙하였다는 점인데, 이는 생산물이 풍부하고 장벽이 없다는 것을 의미한다. 둘째, 유기농산물이 슈퍼에서 판매되고 있으며, 이는 대부분의 소비자가 가장 물건을 많이 구입하는 곳에 물건이 진열되었다는 것을 말한다. 셋째, 슈퍼에서 판매된다는 것은 물량이 많고 또 계속적으로 공급되어야 한다는 것을 의미하는데, 이것은 유기농산물의 가격이 비교적 저렴함을 말한다. 넷째, 인증 프로그램이 아주 잘 되어 있고 또 소비자가 잘 알고 신뢰하기 때문이다.

유기농산물이 일반농산물보다 위생적이고 건강에 좋은 웰빙 식품임은 소비자에게 잘 알려진 일이다. 집약적으로 관리된 소고기는 포화지방산이 유기적 기준에 의해서 사육된 소고기보다 더 많았다는 보고가 있고, 또 유기재배한 흰양배추가 보다 많은 비타민 C와 칼륨를 함유한 반면 칼슘의 함량은 적게 함유하고 있다고 보고되었으며, 유기당근이 관행재배당근에 비하여 낮은 질산태질소 함량을 나타냈다고 한다.

유기낙농가의 수입이 관행낙농가보다 많았으며, 나아가서 온실가스의 발생과 유기농장의 산성화 가능성이 관행낙농가에 비하여 각각 14%와 40% 낮았다는 연구결과도 있다.

한편 캐나다에서도 유기낙농가의 경영비 투입이 관행낙농에 비해 적었는데, 특히 새로운 축군의 개체 및 사료비를 절감할 수 있었다고 하였다. 그러나 유기낙농가는 사료의 자급을 위해 더 많은 토지가 필요하였다.

조사 결과 유기농가가 더 경제적이었는데, 그 이유는 가격이 고가이고 정부 보조를 받을 수 있기 때문이라고 하였다. 한 연구에 의하면 네 가지 작목을 선택하여 관행, 저투입, 유기농의 방법을 채택하여 비교실험한 결과 저투입과 유기농업이 관행농업에 비하여 더 유리하였다고 한다.

혹자는 유기축산을 하여 여기서 생산된 가축을 판매하여 얻을 수 있는 직접적인 가축판매대금에 의존하려는 경향이 있으나 이는 잘못된 생각으로 오히려 물질의 지역 내 순환과 재생 가능한 자원의 이용이라는, 보다 근원적인 문제에 기초한 유기축산이 되어야 한다.

만약 외국에서 유기사료를 수입하여 유기축산을 한다고 할 때의 이익은 무엇인가? 이는 단순히 유기축산물을 팔고 상당한 분뇨를 생산하여 토양과 하천을 오염시킬 뿐 환경적으로 볼 때 기여하는 바가 없다. 이런 형태의 유기축산은 외국에서 직수입되는 저렴한 유기축산물과의 가격경쟁에서 밀릴 수밖에 없고, 물질의 지역순환이라는 유기농업정신에도 위배된다. 경쟁이 되지 않아 자연적으로 도태될 것은 너무나도 당연한 이치이다.

축산경영비 중에서 가장 많은 비율을 차지하는 것은 사료비이다. 일례로 산란계는 전체비용의 52%가 사료비였고, 젖소에서는 전체경영비 중의 54%가 사료비이며, 이 중 24%는 농후사료비, 13%는 조사료비가 차지하였다. 비육우는 26%가 사료비인 것으로 조사되었다.

1. 유기양계

산란계와 육계는 낮은 가격으로 생산할 수 있는 매우 경제적인 분야이다. 생산가격이 낮아지고 가축복지문제가 해결됨에 따라서 유기양계(有機養鷄, organic poultry)는 가능성 있는 분야로 여겨진다. 그러나 유럽의 한 연구소는 ha당 1,000수를 방목하는 방목양계는 수당(首當) 450cm^{2}의 케이지에서 사육하는 것보다 50% 이상의 경비가 더 소요된다고 하였다. 한편 영국토양협회는 ha당 250수 이상은 방목할 수 없도록 규정하고 있어 가격상승의 원인이 되고 있다.

이런 이유 때문에 방목양계 비율은 줄어드는 반면 배터리 양계의 비율은 증가하고 있다. 산란율과 산란중의 변화는 급격한 변화를 가져왔는데, 1960년대는 모든 양계체계에서 연간 185개를 산란하였고,1990년에는 253개로 증가하였다.

그리고 1990년에는 배터리에서 290개인 데 반하여 방목양계에서는 연간 220개를 산란하였다고 한다.

1997년 영국의 발표에 의하면 유기양계는 270개, 방목양계는 276개, 사내양계는 282개, 배터리에서는 290개를 연간 산란하였다고 한다. 1952년에는 식탁의 2kg 식용계를 만들기 위해서 13주 동안 사육해야 했고 이 동안에 사료는 6kg이 소요되었으나 1992년에는 같은 체중에 도달하는 데 6주밖에 걸리지 않았고 사료 섭취량은 3.8kg에 지나지 않았다.

프랑스에서는 조숙성이며 저지방 · 저근육성이 관행육계의 주류이기 때문에 유기육계에서는 만숙종을 사육하며 이때 급여하는 사료도 지방과 유지를 적게 함유하며 성장사료에서 최소 75%의 곡류를 사용하여 81일에 최소 도축령에 도달토록 한다. 유기양계는 노력과 축사설비가 더 많이 들고 마리당 더 많은 면적과 관리시간이 필요하기 때문이다.

2. 유기낙농

우리나라에서는 아직 시범의 범위를 벗어나지 못하고 있으나 오스트리아에는 8만 7,000두, 스위스에는 3만 2,000두, 덴마크에는 2만 1,000두, 영국에는 3,400두의 유기젖소가 있다. 그러나 그 뒤 영국에서는 2000년에서 2003년 사이에 유기우유 생산량은 600%나 증가하였고 이 중 62%가 '유기'라는 상표를 붙여 판매된다고 한다. 캐나다의 조사에 의하면 관행낙농가는 두당 6,030L인 반면에 유기농가는 5,777L에 지나지 않았다고 한다. 영국의 결과를 보면 〈표 8-36〉과 같다.

〈표 8-35〉를 보면 유생산량은 관행축군이 두당 약 500L 더 많이 착유된다는 것을 알 수 있다. 그리고 농후사료 역시 관행축군이 더 많이 사용하였다. 한편 리터당 농후사료 사용량은 유기낙농군이 약 0.7kg이 더 많았고, 방목률도 관행축군이 더 높았음을 알 수 있다. 한편 방목률은 관행낙농우군이 더 높은 2.22의 비율을 나타내었다.

〈표 8-36〉에 근거한 유기방목률을 충족시키기 위해서는 ha당 13톤의 건물, 67%의 이용률을 나타내야 한다. 600kg의 홀스타인은 연간 5.2톤의 건물을 소비하는데, 이를 위해서는 1톤의 농후사료와 4.2톤의 건물조사료가 필요하다.

〈표 8-35〉 관행 및 유기낙농가의 성적(Redman, 1992 ; Webster, 1993)

항 목	관행낙농축군	유기낙농축군
유생산량(L/두)	5,838	5,384
농후사료 사용(kg/두)	1,462	1,145
농후사료 사용(kg/L)	4.0	4.7
방목율(두/ha)	2.22	1.79

〈표 8-36〉 낙농가에서 잠재방목률과 실제방목률

항 목	관행낙농	유기낙농	유기낙농목표
방목률(두/ha)	2.3	1.79	2.0
비료시용(kgN/ha)	232	0	0

참고문헌

- 권동태(2005). 「유기축산물 품질인증 기준 및 인증사례」, 친환경 유기축산 확대방안 심포지엄. 농촌진흥청.
- 농림부(2005). 『유기축산물 생산기술』. 농협중앙회.
- 성경일(1998). 조사료의 확보방안 및 농산부산물의 활용. IMF 시대의 조사료 대책. 한국초지학회. 축산기술연구소.
- 이효원 · 안종건 · 정천용(2002). 『축산학』. 한국방송통신대학교출판부.
- 조익환(2003). 「지역별 순환농업의 유형에 관한 연구」, 『유기농학회지』 11(3):91~98.
- 축산기술연구소(2002). 「한국표준사양표준」. 축산기술연구소.
- 축산연(2005). 친환경 유기축산. 농진청축산연. 유기축산연구회.
- Macey Anne(2000). *Organic Livestock Handbook*. Canadian Organic Growers Inc.
- 大山利男(2002). 『ユーデックス有機畜産ガイドテトンと日本の有機畜産』. 日本有機農業學會.

제 9 장

유기양계

9.1 유기양계의 가능성

유기축산에서 가장 활발한 분야는 유기양계(有機養鷄, organic poultry) 분야이다. 육계와 산란계는 인증 유기축종 중 인증건수가 가장 많다. 이러한 통계수치는 양계 분야가 유기축산화 가능성의 지표이며, 이는 계축의 체구가 비교적 작아 유기사료 요구량이 비교적 적다는 점 때문일 것으로 생각된다.

그간 양계 분야에서는 유정란(有精卵)이란 이름의 계란이 생산, 판매되었는데, 대체로 농장에서 암수의 비율을 15:1로 하고 항생제가 포함되지 않은 주문사료를 생산하여 급여한 후의 계란으로 판매하고 있으나(농림부, 2005), 이것은 유기란이 아니다. 또한 토종닭 생산에서도 축산물 품질인증제를 실시하고 있으나, 이 역시 품종은 토종에 가까울지 모르나 제품인 육계는 유기육계와는 다른 것이다. 원칙에 충실한 제품을 생산하려면 유기농업의 원리에서부터 출발하는 인식의 전환이 필요하다 할 것이다.

우리나라 유기양계에 대한 지침은 친환경농산물 시행 세부지침에 제시되어 있으나 이 규정은 한국의 독자적인 규정은 아니고 영국토양협회, IFOAM, EU의 규정에서 발췌하여 우리의 사정에 맞게 재작성한 것이다. 한편 유기양계를 설계하기 전에 일반양계와 유기양계의 차이점을 비교해 볼 필요가 있고, 〈표 9-1〉은 유기양계 관리기준을 나타낸 것이다.

〈표 9-1〉 관행양계와 유기양계의 기술적 차이(농협, 2005)

분 야	관행양계	유기양계
준비	관행시설 이용	토지, 시설, 사료의 유기적 조건 충족 여부 검토
관리	케이지, 배터리, 평사관리	집단사육, 자연교배에 따른 특별관리
집란	자동화로 경비절감	수동집란에 따른 추가비용 소요
사료	일반 배합사료 사용	유기사료 사용, 유기초지에서 방사 가능
방역	항생제 및 모든 첨가제 사용 가능	자연면역력 강화에 중점
번식	인공부화, 유전력 최대화에 관심	자연교배, 선발육종
계분	공장형 분뇨처리 가능	유기자원비료로 이용
생산성 담보	최대한으로 증가	생산성 증대를 위한 조치 강구 요망

〈표 9-2〉 우리나라의 유기양계 관리기준(농협, 2005)

항 목		관리기준
시설환경	계사면적	• 산란계 및 육계의 최대 사육밀도 기준 제시 • 수당 사육밀도 - 육계 : 0.07m², 산란성계 : 0.22m² - 산란육성계(1.5kg이하) : 0.16m² - 종계(2.5kg 이하) : 0.22m²임
	계사바닥	• 시멘트, 합성구조물 등의 바닥 불허, 깔짚평사 제공 • 계사면적, 운동장, 초지 등의 유기토지 전환
	계분 관리 및 처리	• 자원화를 근간으로 하는 처리 • 오수 · 분뇨 및 축산폐수의 처리에 관한 법률(관행과 동일)
	계사시설	• 제한사육 불가능 • 자유로운 행동표출 및 운동이 가능해야 함 • 군사원칙 • 횃대, 산란상자 마련 • 자유급이시설 마련
	방목지 · 운동장	• 규정사항 없음, 목초지 사육 권장
가축관리	전환기간	• 산란계 및 육계 전환기간 준수 - 육계 : 최소 6주 이상. 다만, 삼계탕용은 3주 이상 - 산란계 : 입식 후부터 5개월 이상
	계군번식	• 종계를 사용한 자연교배 권장, 인공수정 허용 • 호르몬 처리 불허 • 유전공학적 번식기법 불허
	사료 · 영양	• 유기사료 급여기준 제시 • GMO 불허, 성장촉진제, 항생제, 호르몬제 등 불허 • 합성, 유전자조작 변형물질 불허 • 국제식품위원회나 농림부장관이 허용한 물질 사용
	질병관리	• 허가된 구충제 사용 허용, 허가된 천연 예방백신 사용 허용
	사양관리	• 부리자르기 제한적 허용 • 밀집사육, 격리사육 불허, 집약식 케이지 사육 불허 • 산란계의 경우 : 자연 일조 14시간 미만 시 인공광 포함 일조시간 최대 14시간

[그림 9-1] 유기산란계 사육(농협)

[그림 9-2] 유기육계 사육(농협)

밀도는 각 계군마다 약간씩 다르다. 바닥도 시멘트나 합성물질로 축조하는 것을 금하고 있다. 계분은 앞에서도 언급한 바와 같이 유기자원으로 이용하는 것을 원칙으로 한다. 계사는 동물복지 차원에서 접근하여 자유로운 행동이 가능하도록 해야 하고, 횃대, 산란상자, 자유급이시설을 설치해야 한다. 전환기간은 육계 7주, 삼계탕용 닭 3~4주, 산란계는 입식 후 5개월 이상이다. 자연교배를 권장하고 호르몬 처리 및 유전공학적 기법을 이용한 번식은 허용하지 않는다. 유기사료를 급여하고 항생제, 촉진제, 호르몬제를 사용할 수 없다. 허가된 구충제, 예방백신은 가능하다. 부리자르기는 제한적으로 허용한다. 격리사육을 허용하지 않고, 케이지 사육도 허용하지 않는다. 산란계의 인공광은 최대 14시간만 가능한 것이 핵심이다.

농림부(2005)는 유기양계 시 필요한 사양기술을 〈표 9-3〉과 같이 기술하고 있다.

〈표 9-3〉 유기양계 사양기술의 핵심

영양 · 사양 측면	일반관리 측면
사료허실 및 과부족 영양소 조절	어린 병아리 육추관리 최선
운동 에너지를 보급	방목 시 야수 피해 예방
아미노산 균형 및 생산량에 맞는 영양소 공급	질병 예방 및 치료에 대체요법 활용 극대화
방목이용 극대화 : 자연유충 및 조사료 섭취	자연방사에 필요한 제 시설 및 기구 설치
적절한 유기사료 확보방안 모색	일광 최대 이용, 필요 시 인공점등

9.2 유기양계의 사양관리

1. 육추시설

유기양계를 할 때 일정 규모의 육추시설은 불가피하다. 병아리를 기르기 위한 육추사(育雛舍, brooder house)의 조건은 적절한 온도와 습도 유지 및 청결 유지가 기본조건이다. 유기양계에서는 전 기간 평사(平舍, open floor house)에서 사육하게 되므로 농장 여건에 맞도록 일정한 육추공간을 마련하여 사육하여야 한다.

육추사의 조건은 배수가 잘 되고 건조한 곳이 적지이며, 양지 쪽으로 조용하고 사양관리에 편하며 차단방역이 용이한 곳을 선정토록 한다. 천장과 벽 등에 단열처리를 하도록 하며, 과다한 습기와 오염된 공기를 배출시킬 수 있는 환기시설을 해야 한다. 쥐나 고양이 등의 침입을 방지할 수 있는 철망을 배수구와 환풍구에 친다. 겨울철 샛바람이 들어올 우려가 있는 틈은 잘 막고 외부에서 투사되는 빛을 조절할 수 있도록 커튼을 만든다.

2. 육추방법

1) 모계부화 및 육추

육추는 모계육추와 인공육추로 나눌 수 있다. 모계육추(母鷄育雛, natural brooding)란 어미 닭이 알을 낳아서 직접 부화한 후 어미가 병아리를 키우는 방법이다. 모계육추는 유기농업적 관점에서 가장 자연스러운 방법이다. 가금마다 부화기간이 다른데, 예를 들면 닭은 21일, 오리는 28일, 꿩은 23~24일, 메추라기는 16~19일이다. 어미 닭이 품는 알의 수는 겨울철에는 10~12개, 여름철에는 13~15개가 적당하다. 모계부화 및 육추를 하기 위해서는 난육겸용종(卵育兼用種, dual purpose)이나 재래종을 사육해야 한다.

어미가 알을 품고 있는 상자 부근에 물과 사료를 준비해 줌으로써 모계가 하루에 1~2회 나와서 먹을 수 있도록 충분한 양의 사료와 물을 준비해 놓는다. 알

[그림 9-3] 알을 품는 닭

[그림 9-4] 병아리 사육

을 품기 시작한 후 5일, 13일, 18일 등 세 차례 검란을 실시하여 무정란(無精卵, unfertilized egg)과 발육중지란을 꺼낸다. 21일 뒤 병아리가 깨면 깬 병아리만을 인공육추(人工肉雛, artificial brooding)할 수도 있다. 취소성(就巢性, broodiness)이 강한 것은 다시 종란을 넣어 제2차 부화를 시도한다.

모계육추 시 취소성이 강하고 온순하며 병아리를 잘 기르는 모계를 선정하는데, 겸용종인 로드종, 재래종을 선택한다. 모계 1수당 육추수는 15~20수로 하되 봄 · 가을에는 15수, 여름에는 20수, 겨울에는 12수 정도가 되도록 한다. 인공부화한 병아리를 어미에 맡겨 기르는 것을 가모계육추라고 하는데, 이 방법을 이용할 때에는 3~4일 전에 무정란을 몇 개 안겨 놓고 밤에 병아리를 몇 수 넣어 반응

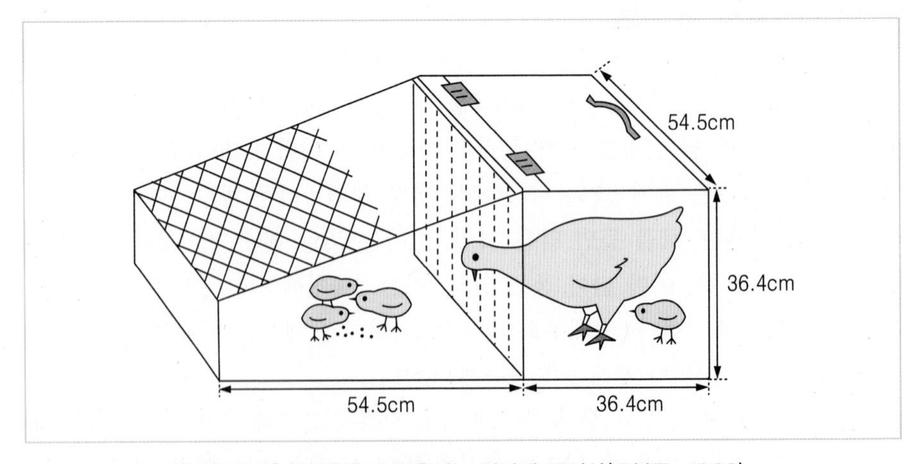

[그림 9-5] 모계육추시 이용되는 병아리 급이상(오봉국, 1986)

을 확인한 후 별 이상이 없으면 다른 알을 넣어 부화시키는 방법을 이용한다. 어미에게서 완전히 떼는 시기는 30일이 지난 후가 알맞다. 모계육추 시에는 병아리만 출입하여 농후사료를 먹도록 하는, 어미 격리 먹이급여상을 [그림 9-5]와 같이 만들어 이용할 수 있다(오봉국, 1986).

2) 인공육추

(1) 육추기

인공육추란 부화기에서 깬 병아리를 육추기(育雛器, brooder)를 이용하여 자립할 때까지 기르는 것을 말한다. 육추기는 크게 상자형과 삿갓형이 있다. 어느 것이든 온도 유지와 조절이 자유롭고 취급이 편리한 것이라야 하며, 화재위험성이 없고 연료비가 적게 들며 사양관리가 편리한 것을 선택한다.

유기양계가 소규모인 점을 감안한다면 상자형 육추기가 삿갓형보다 적합하다고 할 수 있으나 그것은 농가의 성격이나 규모에 따라 선택할 문제이다. 각 육추기의 장 · 단점은 〈표 9-4〉에 소개되어 있다.

〈표 9-5〉는 상자형 육추기의 크기와 적정한 수준의 병아리 수용 규모를 나타낸 것이다. 이것은 병아리가 점점 성장함에 따라서 수용 규모가 작아지는 것을 나타내고 있다.

삿갓형 육추기를 이용할 때는 삿갓의 둘레에 판을 따라 덮어 병아리가 삿갓 안에서 생활할 수 있도록 하는데, 이 판을 보호판(保護板, chick guard)이라고 한다. 병아리의 성장과 함께 면적을 점점 넓혀주고 보호판도 높게 하여 밖으로 나오지 못하도록 해야 한다.

〈표 9-4〉 삿갓형과 상자형 육추기의 특징 비교

항 목	상자형	삿갓형
규모(수)	30~100	200~500
온도 · 열원	전구	전기 · 가스
용도	가정용	전업용
형태	평사용	평사용
장점	연료비 적게 듦, 제작 용이	온도 및 환기조절 용이, 운동장 조절 가능
단점	적온관리 곤란, 환기불량, 불결 약추발생	건조, 약추발생, 연료소모 과다

〈표 9-5〉 상자형 육추기의 크기와 병아리의 적정 수용마리 수(농림부, 2005)

육추기 크기(cm)			육추기 내 수용마리(수)				전체 이용 시(수)
길이	넓이	높이	1주	2주	4주	6주	6주
90	60	30	30	25	12	7	20
180	30	30	100	75	35	20	45~50

〈표 9-6〉 삿갓의 크기와 병아리 수용마리 수

삿갓의 직경(m)	수용마리(수)
1.3	200
1.4	250
1.5	300
1.8	500

(2) 급이 및 급수통

급이기는 먹이를 주는 소형 사료조이며 원통 플라스틱 파이프를 이용한다. 수용 수수에 따라서 급이조(給餌槽, feeder) 수 및 길이를 조절한다. 예를 들면 지름이 30cm인 경우에는 100수당 4개를 준비한다고 한다(농림부, 2005). 물그릇은 수도 파이프에 직접 연결시킬 수 있는 것을 사용하는데, 원형, 컵형, 니플(nipple)형을 설치하면 물의 허실을 막고 축사 내 청결을 유지할 수 있다.

3. 육추준비

1) 육추

육추는 부화된 병아리를 건강하게 육성하는 과정으로, 모이를 처음 줄 때부터 폐온까지(어린 병아리), 폐온 후부터 3개월령에 이르기까지(중병아리), 그 후부터 초산에 이르기까지(큰 병아리)의 3단계로 나눌 수 있다.

[그림 9-6] 육추실 모습

[그림 9-7] 육추기구(급이, 급수통)

(1) 육추온도

어린병아리는 체온조절능력이 약하고 깃털도 보온력이 없어 환경온도가 낮을 때는 반드시 보온을 해 주어야 한다. 부화 1일령 병아리의 표준실온은 35°C로 병아리의 발육상태에 따라 1주일이 지날 때마다 3°C씩 낮추어 주고, 5주령 이후에는 실온(20°C)을 유지한 후 가열을 중지한다.

(2) 습도

육추 초기에는 실내온도가 매우 높아 내부가 건조하기 쉽다. 습도가 너무 낮으면 식체(食滯, indigestion)에 걸리고 쉽고 깃털의 발생이 더디며 정강이가 건조해지고 발육이 나빠져, 심하면 탈수증으로 폐사한다. 입추 후 7~10일 간은 상대습도를 60~65%로, 그 후 6주간은 최소한 50~55%로 유지해 주어야 깃털 발생도 촉진되고 사료효율도 향상된다.

(3) 환기

육추사 내의 환기상태는 병아리의 사료섭취량과 사료효율 및 성장발육에 영향을 준다. 계사의 환기는 계사 내의 CO_2, 암모니아가스와 같은 오염된 공기를 배출하고 실내의 과도한 습기를 제거하며, 깔짚에서 발생하는 먼지 등 유해물질을 배출시키는 역할을 한다.

2) 유기산란계 병아리의 기별 사양관리

병아리의 사양관리는 성장단계에 따라서 크게, 어린 병아리, 중병아리, 큰병아리의 사양관리로 분류할 수 있다.

(1) 어린 병아리의 사양관리

첫 모이주기부터 5~6주령 폐온 시까지의 시기는 병아리의 폐사율이 가장 높으므로 사양관리에 따라 병아리의 발육은 물론 성숙 후 능력에 영향을 준다.

부화된 병아리는 30시간이 지나면 생존에 지장이 없기 때문에 갓 깨어난 병아리는 안정시킨 다음 우선 따뜻한 물을 먹이도록 한다. 이어서 첫 먹이를 주는데, 처음 3일간은 1일 5~6회 반죽먹이를 주는 것이 좋다. 병아리의 사료는 6주령까지 초생추 배합사료를 사용하며 첫 먹이부터 1주일 동안은 22~23시간 점등하여 새로운 환경에 익숙하도록 해 준다.

폐온은 병아리의 상태와 실내온도를 고려하여 결정한다. 봄 · 가을 육추의 경우 4~5주령에, 겨울의 경우는 6~7주령에 폐온을 한다. 폐온은 밤에는 급온을 하고 낮에는 폐온하는 방법을 반복하는 방식을 이용한다. 폐온 후에도 실내온도는 최저 20°C로 유지되어야 야간에 밀집으로 인한 압사를 예방할 수 있다.

(2) 중병아리(중추)의 사양관리

중추는 폐온 후부터 3개월령까지의 병아리이다. 중추는 강한 골격과 튼튼한 근육을 유지시키고 지방 축적이 과다하지 않도록 사육해야 한다. 올바른 체형을 갖추고 정상적인 나이에 성성숙에 도달해야 성장 후 높은 산란능력을 나타내므로 합리적인 사료 급여계획과 점등계획을 세워 사육하여야 정상 발육속도가 유지된다.

중추사료의 에너지 수준은 초생추사료와 비슷하나 단백질은 16~17%로 낮춘다. 중추사료는 6~7주령부터 급여한다.

(3) 큰 병아리(대추)의 사양관리

대추는 3개월령 이후부터 초산할 때까지의 큰 병아리를 의미한다. 대추의 기본적 사양관리는 건강하게 육성하여 적기에 산란을 시작하도록 유도하는 것이다.

대추 사료의 단백질은 12%로 낮추어 준다. 급여하는 사료의 에너지와 단백질은 균형이 맞아야 건강한 대추로 육성된다. 대추 사료에서 산란계 사료의 변경은 처음 알을 낳기 시작한 후 평균 산란율이 5~10%에 도달했을 때이다.

단백질은 산란을 촉진하나 사료 단백질 함량이 높으면 산란시기를 촉진하고, 반대로 너무 적게 공급하면 닭의 영양과 건강을 해롭게 한다. 따라서 적정수준을 유지해야 한다.

3) 유기육계의 병아리 사양관리

유기 브로일러(organic broiler)는 관행육계 사육에 비하여 일당 증체량이 약 20% 정도 저하하는 것으로 보고되고 있다(농림부, 2005). 밀도에 있어서도 관행의 밀도가 아닌 수당 0.07m^{2}를 유지해야 한다. 그러나 EU나 영국토양협회의 수당 0.12m^{2}라는 기준을 감안한다면 좀 더 넓은 면적이 좋을 것이다.

육성기는 종계에서 추천하는 면적인 암평아리 4~7수/m^2, 수평아리 3~4수/m^{2}를 유지한다. 먹이통은 계군의 80% 이상이 동시에 먹을 수 있는 공간에 설치하고, 급수공간은 1수당 최소 1.5cm 기준으로 준비해 준다.

유기육계 병아리 사육시의 온도유지는 관행 산란계와 같다. 유기사료의 급여는 삼계탕용은 부화 후 3~4주, 일반육계는 7주 간의 유기사료 급여가 필요하다. 그리고 관행육계에서와 마찬가지로 올인 올아웃(all in all out) 방식으로 입식과 출하가 한 축사 내의 모든 계군에서 이루어질 수 있도록 하는 것을 원칙으로 한다.

9.3 산란계와 육계의 사양관리

1. 산란계의 사양관리

병아리는 20주령이 되면 산란을 시작하게 된다. 이 시기부터 산란생리에 적합한 사양환경을 마련해 주고 합리적인 사양관리를 하여 계군이 지닌 생산능력을 최대한 발휘할 수 있게 해 준다.

2. 유기산란계의 생산특성

우리나라에서는 유기산란계에 대한 실험결과가 많지 않으나 농림부(2005)의 보고에 의하면 관행산란계는 70주령에 83.7%인 데 비하여 유기산란계는 69.3%였다고 한다. 방사형인 경우 관행산란계의 산란율이 77.5%인 데 비하여 유기산란계는 71.6%였다. 이것은 암수합사에 의한 것으로 보고 있다.

생리적 특성에서도 간, 비장, 회장의 크기 및 길이가 유의적으로 증가하였고, 베타글로블린의 양이 증가하여 면역성이 우수한 것으로 보고되었다. 이러한 것은 유기사양방식에 의한 것이라 한다(농림부, 2005).

유기산란계의 사양방식은 이에 대한 연구결과나 경험이 미흡하여 어떤 정형을 발표할 수 없기 때문에 일반 관행산란계의 방식을 제시하였다. 암수합사나 평사사양 등의 원인에 의해 생산성은 약간 떨어질 것으로 생각된다. 따라서 이런 사항을 감안하여 영양수준 등을 조절해야 될 것으로 보인다.

자유급식(自由給食, self-feeding)은 사료섭취량을 기초로 사료를 급여하는 방

〈표 9-7〉 유기산란계의 적정 사육밀도(농림부, 2005)

기 간	1수당 바닥면적(m^2)	$1m^2$당 사육수수	1평당 사육수수
1.5kg 이하	0.16	6.25	20.6
산란기	0.22	4.5	15

법으로 제한 급여보다 시간과 노력이 절감되나 사료를 너무 많이 섭취하여 체지방의 과다 축적이 일어나기 쉽지만 유기양계에서는 자유급식을 원칙으로 한다.

3. 산란계의 사육방식

유기양계에서는 평사에서 사육하는 것이 원칙이고 서양에서는 운동장이나 방목지에서 사육하는 방식도 권장된다(육계 580수/ha, 산란계 230수/ha, EU 기준).

평사에 의한 사육은 부속 운동장 및 자릿깃이 필요하다. 자릿깃을 이용하여 닭의 배설물과 혼합 퇴적하는 형태로 이용할 수도 있다. 닭의 운동 촉진, 보온효과 및 미지성장인자 생성으로 닭의 발육과 생산성 및 산란율과 부화율을 좋게 하는 장점이 있는 반면, 전염병 예방을 위한 위생관리가 선결되어야 한다.

4. 산란계의 일반관리

1) 일상적 관리

관리자는 세심한 관찰을 통해 병들거나 이상이 있는 닭을 골라낸다. 먹이주기, 물주기, 알꺼내기 등 일반적인 관리를 규칙적으로 실시하며, 특히 점등(點燈, lighting)을 할 때에는 불을 켜는 시간과 끄는 시간을 철저히 지켜야 한다.

아침 일찍 계사에 들어가 닭의 상태 및 급여동작 등을 관찰하고, 저녁에는 채식량과 산란수를 조사하여 산란상태를 알아보도록 한다. 환기를 철저히 하여 계사 내에 먼지나 유독가스가 없도록 쾌적한 환경 유지에 힘써야 한다. 야간에 닭의 숨소리와 잠을 자는 상태를 관찰하여 호흡기질병의 유무와 건강상태를 점검한다. 하루의 관리가 끝나는 대로 산란수, 사료소비량, 그 밖의 생산물 판매와 자재 구입 등을 기록하여 양계경영을 과학화하도록 한다.

2) 계절별 관리

봄철에 기온이 따뜻해지고 낮이 길어지면 닭은 산란이 왕성해지며 휴산계(休

産鷄, resting layer)도 산란을 하게 된다. 따라서 단백질과 에너지가 높은 사료를 급여한다. 여름철에는 기후 때문에 생산성이 감소되고 질병발생 위험이 증가된다. 따라서 사료의 섭취량이 감소하므로 고단백질, 고에너지의 사료를 급여하여 체력의 감소를 막는다. 난각이 얇아지기 쉬우므로 사료에 칼슘 함량을 높여 주어야 한다. 또한 환기에 힘쓰고, 질병의 예방과 구충 등 방역관리와 각종 스트레스 요인을 제거할 수 있게 관리하여야 한다.

가을철에는 점등사육으로 산란을 촉진시키고 환우를 일찍 시작하여 산란 지속성이 없는 닭은 도태시켜야 한다. 겨울철에는 보온과 방한에 힘쓰고 점등관리를 계속하여 높은 산란율을 유지하도록 한다.

3) 점등관리

닭은 일조시간에 영향을 받는 장일성 번식동물이다. 따라서 일조시간을 인위적으로 조절하는 점등관리(點燈管理, management of lighting)를 잘함으로써 성성숙과 알 생산을 효율적으로 할 수 있다.

(1) 점등관리의 목적

닭의 점등관리는 생육시기에 따라 목적을 달리하는데, 육성계의 점등은 일조시간의 단축으로 조기 성 성숙을 억제하며, 산란계의 점등은 일조시간의 연장으로 가을 털갈이를 강제하여 산란을 지속시키는 것이다.

(2) 점등의 원리

광선의 자극은 닭 시신경을 통해 뇌하수체 전엽을 자극하여 난포자극호르몬(FSH)을 분비시킨다. 난포자극호르몬은 난소의 난포를 발육시키며 뇌하수체전엽(腦下垂體前葉, anterior pituitary)에서 분비되는 황체형성호르몬(LH)과 함께 작용하여 배란을 촉진한다.

점등의 원리는 육성기간에는 점등시간을 일정하게 하거나 감소하여 성 성숙을 지연 또는 조절하고 산란기간에는 점등시간을 연장하여 산란을 촉진시키는 것이다.

(3) 점등시간

점등은 생산력을 증대시키기 위해서 일조시간 이외에 불을 밝혀주는 것이다. 규정에 의하면 일조시간에 4시간을 더 켜 주는 것을 원칙으로 하고 있다. 일조시간을 포함한 최대 16시간을 허용하고 있는 유럽연합 기준을 준용한 것으로 보인다.

5. 유기육계의 사양관리

육계(肉鷄, broiler)는 난용계보다 사료이용성이 우수하다. 브로일러는 발육이 빠르고 사료 이용효율이 좋아 사육하는 전 기간 동안 자유급식방법을 이용하는 것이 유리하다. 브로일러에게 급여하는 전기사료는 성장을 촉진하여 조직 형성을 도와주도록 단백질 수준을 높이고, 후기사료는 단백질 함량을 낮추고 에너지 사료를 증가시켜 육질과 육량을 향상시키도록 한다.

유기육계에 관련하여 생각할 수 있는 것은 방사다. 원리는 토종닭을 기르는 방법과 마찬가지이다. 다만 생산성을 높이기 위한 방법으로 단지 방사에만 의존하지 말고 생장단계에 알맞은 사료공급과 적기에 출하하여 육질을 보증하고, 또 나아가서 경제적인 안정성을 높일 수 있도록 해야 한다.

유기육계로 인증을 받기 위해서는 사육조건과 유기사료에 의해 일정기간 사육해야 한다. 브로일러는 부화 후 7주, 삼계용은 부화 후 3주의 기간 동안 유기사료를 급여해야 한다.

9.4 유기양계의 질병치료

유기양계의 질병치료는 발병을 하게 되면 원칙적으로 불가능하기 때문에 예방을 원칙으로 한다. 특히 유기사료는 성장촉진제, 예방제 및 그 밖의 사료첨가제를 사용할 수 없고 단지 허용된 범위에서 예방접종만 가능하기 때문에 이 점에 특히 유의하여야 한다. 최근 조류인플루엔자에 의한 조류독감에 관심이 고조되고, 이것이 인간에 감염되어 인명피해가 수백 건 보고되고 있는 상황이기 때문에 더욱 더 철저하게 예방해야 할 것이다.

유기양계에서 질병은 치료보다 예방에 치중해야 한다는 것은 이미 언급한 바 있다. 예방이나 면역강화를 위해 옻나무 추출액을 이용한 실험을 실시한 결과가 〈표 9-9〉 및 〈표 9-10〉에 나타나 있다. 실험에 따르면 산란계 및 육계에서 효과가 있는 것으로 판명되었으며, 사료요구율이나 사료율의 향상뿐만 아니라 계란의 품질도 좋게 하는 것으로 나타났다.

또한 항생제를 대체하는 효과도 있는 것으로 판명되었다. 이 밖에 유기양계에서 흔히 시도되는 한약재 부산물의 이용은 그 효과가 의심되는 것으로 판단되

〈표 9-8〉 가금의 주요 질병의 병원체 및 치료(농림부, 2005)

원인균, 병명	원인균	신속전염기	전파경로	증상	치료
세균					
추백리	살모넬라	부화 3주	난계대, 수평	졸음, 흰색 및 녹색설사	도태
파라티프스	살모넬라	부화 10일	난계대, 수평	항문 지저분, 졸음	도태
대장균 감염증	대장균	병아리 시기	호흡기, 오염사료	호흡기염	도태
바이러스					
전염성기관지	IB 바이러스	20일령 전후	사료	호흡곤란	백신 접종
전염성F낭병	F 낭성 바이러스	3-6주령	사료 등	수양성 설사, 깃털 빠짐	백신예방
뉴캐슬	ND 바이러스	모든 주령	사료, 물	체온상승, 녹색설사	전수도태
원충성					
콕시듐	콕시듐 원충	3~6주령	배설물, 옷, 기구	혈변, 원기소침	항콕시듐제
류코사이코준병	류코사이코준 원충	초생추	모기	객혈, 식욕부진	설파제
내부기생충					
닭회충	회충	-	충란	설사, 의기소침	피페라진
닭맹장충	맹장충	전기간	충란	사료효율 저하	구제약
외부기생충					
닭이	이	전기간	접촉	생산성 저하	계분 자주 치움

〈표 9-9〉 옻나무 추출액의 산란계 급여 효과(농림부, 2005)

음수수준 (ppm)	정상란율 (%)	연, 파란율 (%)	총산란율s (%)	평균난중 (g)	산란량 (g/d)	사료섭취량 (g/hen)	사료요구율 (%)
0	81.3	2.21	83.5	65.9	55.0	23.5	2.25
500	83.5	3.37	86.9	65.0	56.5	121.3	2.15
1,000	83.5	4.12	87.7	66.7	58.5	122.3	2.10
2,000	79.5	0.97	80.5	64.1	51.6	118.5	2.30
3,000	81.8	3.26	85.0	64.7	55.1	120.5	2.19
5,000	84.0	6.12	90.2	66.2	59.7	120.5	2.06

〈표 9-10〉 육계에 대한 옻나무 추출액의 단독 및 혼합 급여 효과(농림부, 2005)

음수수준 (ppm)	VM* (%)	개시 시 체중 (g)	5주령 체중 (g)	증체량 (g)	사료섭취량 (g/수)	사료요구율 (%)
0	0	47.9	1,720	1,672	2,560	1.53
1,000	0	48.4	1,722	1,674	2,610	1.56
3,000	0	48.7	1,732	1,683	2,584	1.54
5,000	0	47.9	1,755	1,707	2,629	1.54
0	0.5	48.2	1,749	1,701	2,652	1.56
1,000	0.5	49.0	1,743	1,694	2,570	1.52
3,000	0.5	48.5	1,760	1,712	2,627	1.54
5,000	0.5	48.0	1,756	1,708	2,603	1.52

주* VM : 버지니아마이신

며(농림부, 2005), 그 이유로는 한약 찌꺼기는 섬유질이 많아 단위동물인 닭이 이용하기 어렵기 때문이다. 만약 이를 사용하는 경우 사료의 1% 미만을 사용할 것을 권장하고 있다.

농가가 유기축산에 관심을 갖게 된 것은 가축의 복지가 희생되는 것을 목격한 후이다. 그래서 식물이나 동종요법을 사용하는 대체의학에 관심을 갖게 되었다. 일부 수의사들은 유기축산농가를 회의적인 시선으로 대하는데, 그 이유는 이들 농가가 가축치료에 현대 의약품을 이용하지 않으며, 또 유기가축이 인접한 관행농가(慣行農家, conventional farm) 가축의 건강에 위협을 준다고 생각하기 때문이다. 영국토양협회는 유기가축관리방법을 아래와 같이 기술하고 있다.

"가축은 효과적인 관리방법, 동물복지에 대한 높은 표준, 적당한 사료, 수의약품에 의존하기보다는 좋은 목부관리를 통한 효과적인 관리방법을 사용하여 가축의 좋은 건강상태를 유지해야 한다. … 만약 가축이 심각하게 병들거나 고통을 받으면 치료를 해 주어야 한다. … 중략."

참고문헌

- 농림부 · 농협중앙회(2005). 『유기축산물 생산기술』.
- 오봉국(1986). 『가금』. 한국방송통신대학교출판부.
- Macey Anne(2000). *Organic Livestock Handbook*. Lanadian Organic Growers Inc..

제 10 장

유기농업의 미래

10.1 새로운 개념의 친환경농산물

지속 가능한 농업을 위해서는 생태적으로 건강하고 경제적으로 발전 가능성이 있어야 하며, 사회적으로 시의적절해야 하고 문화적으로 건전해야 하며, 경작은 전체적으로 과학적 접근을 해야 한다. 지속적 농업의 견지에서 볼 때 생물다양성을 유지하고 토양비옥도를 유지해야 하며, 관개수가 오염되지 않아야 하고 에너지 절약을 하며 자연자원의 이용을 극대화해야 한다. 유기농산물에 대한 소비자의 혼란이 극대화된 이유는, 생태표시 농산물이 과다 출현하고, 유기농에 대한 세계적 기준 제정에 실패했기 때문이다(Lockie 등, 2006). 특히 소위 친환경이란 이름 하에 유사 유기농산물이 범람하여 소비자의 판단을 흐려 왔음은 주지의 사실이다.

과연 유기농업이 대형 유통업자 인증이나 준유기농산물 또는 아류 유기농산물과의 경합에서 살아남을 수 있을 것인가? 아류 유기농업도 유기농업에서 주장하고 있는 지속성, 안정성, 영양성이 있는 식품을 생산하고 있다고 강조한다. 현재 유기농업 농산물과 유사한 농산물임을 선전하면서, 자체적인 인증 · 보증 · 기준을 제시하며 품질인증을 자처하는 농산물이 범람하고 있다. 이러한 현상은 국내뿐만이 아니며, 예를 들어 슬로 푸드(slow food)와 같이 식품의 생산이나 유통, 판매에 사회적 · 문화적 요소를 강요하여 유기농산물 인증기준과 계속적인 타협을 하는 새로운 브랜드도 출현되어 소비자의 혼란을 더욱 가중시키고 있는 실정이다. 이 중 종합적 생산(綜合的 生産, integrated production)이라는 새로운 개념의 친환경농산물도 유기농산물을 위협하는 요소로 보이는데, 즉 유기농인증기준 또는 전체적인 영농원칙에 의거하지 않고 환경적 또는 안정적 보장을 내세우며 시장에서 유기농산물과 경합을 하고 있다. 이들은 몇 가지 중요한 의문점을 제시하고 있는데, 우선 "이러한 유기농산물의 아류가 인증 유기농산물을 위축시킬 것인가" 또한 "이러한 준 친환경농산물은 어느 정도 유기농업을 잠식할 수 있을 것인가?"라고 하는 점이다.

10.2 유사 유기농산물 출현

유기농산물이 관행농산물에 비하여 영양분이 더 많고 건강한 식품이라는 과학적인 증거는 없지만 적어도 그동안 세간에서 문제가 되었던 농약 및 화학비료와 유전자변형물질, 인공색소나 감미료, 보존제 같은 물질을 생산과정이나 제조과정에서 사용하지 않기 때문에, 보다 자연에 가까운 식품이라는 것을 소비자가 인식하고 있다. 뿐만 아니라 유기농산물은 정치적 · 도덕적 기준에서 우선순위가 높은 동물복지나 종 다양성을 존중하는 윤리적 생산물이라고 인정받고 있다. 그렇지만 새로운 아류의 유기농산물도 계속 창출되고 있다. 서양에서는 이러한 것을 녹색식물이라 하는데, 우리나라에서는 지자체나 대형 유통업체 체인점에서 독자적으로 개발한 자체 브랜드 친환경농산물을 들 수 있다.

서양에서 녹색이란 새로운 개념이 출현한 것은 여성해방, 반전운동, 성 해방, 산업폐기물 오염과 같은 것에 대한 저항의 한 현상이다. 녹색(綠色, green)이란 용어는 모종의 환경적 기치를 걸고 모든 행위, 즉 정치적 집단, 이념, 소비자, 생산물에 걸쳐 사용되고 있다. 이것은 단순히 어의적 관점이 아닌 자재와 서비스가 생산되고 판매되는 방식에 기본적인 변화를 주었다고 한다. 이들은 생산이나 발전에 반대적 의미로 쓰인 것이 아니고 지속적인 이윤창출이나 새로운 시장을 개척하는 데 이용되었다. 그 결과 생긴 개념으로 다음과 같은 것들이 있다.

① 녹색생산(綠色生産, green production) : 오염을 최소한으로 하며 자원을 효율적으로 이용하여 폐기물 생산을 극소화하고 순환을 추구하며 에너지 사용을 줄여 지속적인 발전원칙을 존중한다.

② 녹색소비(綠色消費, green consumerism) : 위에서 열거한 특징을 갖는 생산물을 선택하는데, 이러한 생산물은 보다 자연적이고 생물분해되며 또한 단순하게 포장된 제품이다.

③ 녹색협동(綠色協同, green cooperation) : 대형회사가 채택하는 녹색생산의 요소이며, 이러한 회사는 동시에 환경적 신뢰를 증진시켜 대중 가운데 합법성을 증진할 수 있는 방법을 모색한다. 기타 녹색판매, 녹색세척(綠色洗滌, green washing) 등도 유사한 이념으로 출발한 것이다.

유기축산

무항생제

동물복지

[그림 10-1] 유기축산물 인증 표식

한편, 최근에 나타난 조류독감이나 광우병, 산지표시 위반, 수입농산물의 잔류농약 문제 등으로 소비자들이 식품 안정성에 대한 의식이 높아짐에 따라 대형할인점과 생협 등에서는 불신을 회복하고 생산자와 소비자를 만족시킬 자체 브랜드를 개발하여 시장에 내놓게 되었다. 이를 분류하면 정부에서 추진하는 GAP(優秀農産物, Good Agricultural Products)와 각 지자체에서 추천하는 농산물로, 경기도의 G마크 농산물, 경상북도의 사이소와 같은 것이 대표적인 것이다. 한편 대형유통업체는 크게 대형 할인점과 백화점으로 나눌 수 있는데, 대형 할인점의 예로는 이마트(자연주의, 이후레시), 롯데마트(자연애찬), 홈플러스(웰빙플러스), 농협(아침마루) 등이 있다. 백화점의 예로는 롯데백화점(푸름), 현대백화점(한들내음, 유기농하우스, 그린위드), 갤러리아백화점(후레쉬, 그루메) 등이 있다(김창길 등, 2008).

[그림 10-2] 유기농산물

10.3 유사 유기농산물과의 경쟁심화

유기농산물이 종자뿐 아니라 재배 시 각종 농자재를 자연적인 것으로 사용하여 소비자들의 신뢰를 배가시키려고 노력하고 있으나, 그 결과 재배표준이 엄격하고 제시된 각종 규정을 준수하는 데 무리가 있다고 느끼는 농가도 많다. 또한 제한된 농자재로 인해 농자재 및 농산물 가격이 비싼 것도 문제점으로 지적되고 있다. 판매자의 입장에서는 모양이 좋고 판매대에 오랫동안 전시하면서 팔 수 있어야 하는데, 이런 점에서도 문제가 있는 것이 사실이다.

따라서 멋진 이상과 이념, 규정에 의해 생산된 농산물이라 하더라도 판매상인들이 좋아하지 않는 물건은 문제가 되고, 따라서 대형 할인점이나 백화점, 지방정부조차도 소위 친환경농산물에 대한 규정을 만들어 유기농산물은 아니지만 그에 버금가는 것으로 제정된 것이 생산과 질에 관한 자체 생산표준이다. 이들도 소비자의 관심인 안전성, 복지, 환경부하 등을 고려하여 제정하여 생산자가 이러한 표준을 지키도록 하고 있다. 소위 준 유기표준(準有機標準, semi organic standard)이 그것이며, 대표적인 것이 유렙 GAP(Eurep GAP), 스위스의 네이처(Nature), 일본의 에코파머(Eco Farmer) 등이다. 에코파머는 감농약, 감화학비료, 건강흙만들기를 재배표준에 명시하여 생산하는 농가이다. 이러한 농산물은 기본적으로 색깔이 좋고 매장에서 오래 전시되는 것이 목적이며, 품종, 재배방법, 수확기는 소위 화장표준(化粧標準, cosmetic standard)을 만족시키는 상품으로, 대형 판매자는 이러한 농산물을 원한다는 것이다.

〈표 10-1〉에서 보는 바와 같이 유기인정보다 에코파머의 수가 월등히 많아 유기인정의 약 10배인 4만 7,766건이 인증되었음을 나타내고 있다. 일본도 우리

〈표 10-1〉 일본 대형 유통업체 에코파머의 인증수(Tokue Michiaki)

	판매농가*	유기인정	에코파머
건수	216만 1000호	4,225건	47,766건
비율	-	0.196%	2.21%

주* 판매농가 : 농수성 2004년 농업구조동태조사(2004년 1월 1일 현재)

의 GAP와 같은 전철을 밟고 있다고 볼 수 있다. 이런 것은 수입 유기농산물과 함께 위협적인 존재가 될 수 있다는 것을 말해 주는 결과라 하겠다.

우리나라에서도 앞에서 언급한 준, 아류 또는 유사 유기농산물들이 이러한 부류에 속하며, 생산과정이 간편하면서 판매자가 관리, 전시하는 데 편리하기 때문에 생산과 수요가 증가하고 있다. 이러한 농산품은 관행농산물과 순수 유기농산물을 반반씩 혼합한 농산물로, 장차 순수 유기농산물을 위협하게 될 소위 친환경농산물(유기농산물 제외)이 그것이다.

앞으로 이들의 시장점유는 어떻게 될 것인지, 또 유기농산물의 판매량을 얼마나 잠식할 것인지에 대한 의문을 제기할 수 있다. 소위 아류 유기농산물이 차지하는 비율은 점차 증가할 것으로 예상된다. 특히 현재 저농산물과 유사한 GAP는 2003년에 시작된 9개 농가를 시발로 2013년에는 전 농가의 10%까지 증가할 것으로 예상하고 있다. 그 추세는 [그림 10-3]에서 보는 바와 같다. 한편 대형 유통업체의 아류 유기농산물(친환경농산물)이 차지하는 비율은 18% 정도로 보고 있다(김창길 등, 2008).

[그림 10-3]은 GAP 농가의 연도별 변화를 나타낸 것이다. 최초 2003년에 9개 농가에서 출발하였으나 2006년 3,600여 농가, 2008년 24,400여 농가, 2011

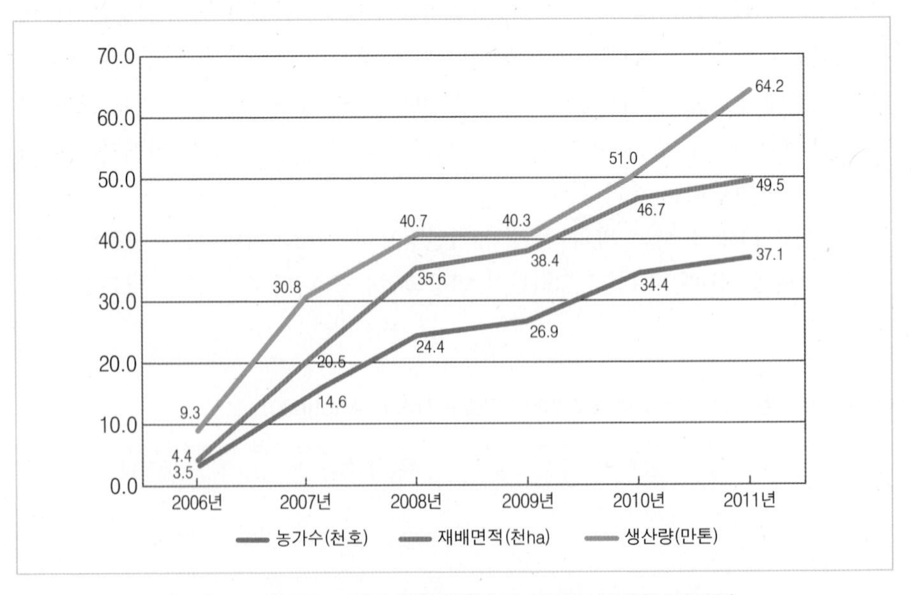

[그림 10-3] GAP 인증 현황 변화추세 (국립농산물품질관리원)

년 37,100여 농가가 참여하며 2008년 후 완만한 성장을 계속하고 있다. 또한 재배면적, 생산량도 같은 추세이다. 이는 유기농산물군에서 탈락한 무농약, 저농약 농가가 GAP에 편입된 이유로 보고 있다.

[그림 10-4]에서 보는 바와 같이 1999년 인증이 시작된 이래 유기농의 생산량 비율은 26.3%에서 6.7%로 감소하고 무농약은 최초 44.3%를 점유하다가, 2008년을 최저점으로 하여 다시 상승하는 추세를 보이고 있다. 그리하여 2009년에는 37.3%, 2010년에는 46.9% 그리고 2011년에는 52.9%를 나타내고 있다. 대신 저농약은 법적인 인증제도권에서 이탈됨에 따라 급격히 감소하고 있다.

이와 더불어 수입농산물 범람과 맞물려 유기농산물은 전체 농산물 시장에서 생존을 위협받을 수도 있다. 특히 일본의 경우 해외 인증농산물이 증가하여 시장의 대부분을 수입 유기농산물(해외인증 포함)이 차지하고 있어 순수 국내 유기농산물은 적고, 외국에서 인증받아 재배한 후 국내에 수입되는 유기농산물이 증가할 것으로 생각된다.

이러한 아류 유기농산물이 식품 지배의 제3군으로 부각되어 공급과 판매를 지배하게 되면 대농은 유리하지만 소농 중심의 유기농은 어려움에 직면하게 될 것이다. 따라서 표면적으로는 유기농산물과 유사한 식품안전성과 환경보존을 담

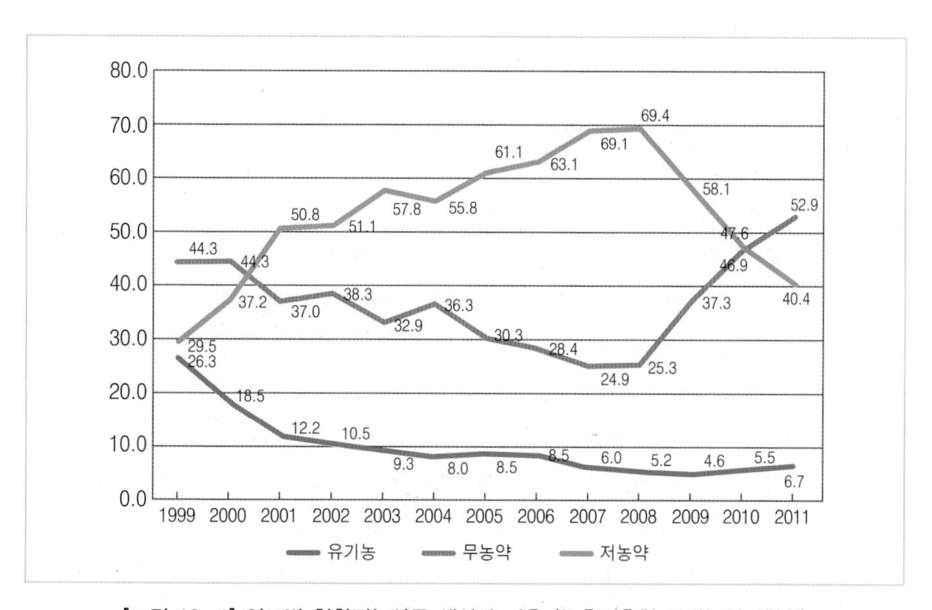

[그림 10-4] 연도별 친환경농산물 생산량 비율 (농촌진흥청 국립농업과학원)

보하는 것처럼 보이는 아류 유기농산물에 소비시장을 내 주지 않으려면 유기농인증기준에 나타난 것처럼 특수한 무엇이 있는 바람직한 요소가 가미된 농산물이라는 것을 소비자에게 각인시키는 노력을 게을리 하지 말아야 한다.

10.4 관행농업의 도전

우리나라에서는 녹색혁명의 기치 아래 관행적으로 재배되던 품종을 통일벼로, 재배법도 축력에서 경운기로, 퇴구비나 농산부산물 위주의 비료가 유안이나 요소와 같은 화학비료로, 자연적인 방제가 농약사용으로 대치되는 과정을 거쳐 오늘날과 같은 농업형태를 띠게 되었다.

이러한 방법으로 수량은 증수되었으나 과도한 시비와 농약 사용은 각종 환경문제를 야기시켰다. 뿐만 아니라 농기계 시비에 대한 과도한 투자로 농가빚이 증가하고 값싼 외국농산물의 수입으로 관행농산물(慣行農産物, conventional agricultural products)의 경쟁력은 저하되었다.

그럼에도 사회 및 환경 비용을 지불하며 정치적 지지와 협력으로 대부분의 소비자에게 저가식품을 제공할 수 있었다. 과연 관행농업이 식품안전과 건강식품에 대한 소비자의 관심이 고조되는 시대에도 계속 유지될 수 있을 것인가라는 의문이 제기되면서 관행농업의 지위가 도전을 받고 있다.

관행농업의 단점을 보완하기 위한 노력도 계속되었는데, 그 하나로 생명과학의 농업 분야 적용이 있다. 즉, 식품과 섬유 생산에 생명공학기법을 적용하고 식품제조공업에 새로운 생물학적 과정을 도입하는 것을 말한다. 제초제의 발명과 더불어 기능성 식품의 개발을 통하여 관행농업에 효율과 생산매출을 창출하고, 나아가 강력한 지적재산권 보호에 의해 보호받는 새로운 시장을 개척하게 되었고, 동시에 정부나 산업계에 매우 매력적인 것으로 받아들였다.

식량증수에 대한 생명과학의 접근은 크게 두 가지로 나눌 수 있는데, 유전적 또는 원자적으로 변형된 식품의 작출을 들 수 있다. 최근에는 나노 기술(nano

〈표 10-2〉 식품 및 농업 분야에 적용된 나노 기술(Lockie 등, 2006)

적용 분야	원리	이용 분야
나노 종자	특정자질 발현이 가능토록 된 종자	수정율
나노 활성물질	제초제가 활력을 보일 성분 캡슐에 삽입	제초제 활성
나노 센서	관수, 제초제, 비료 시용 시기 결정	종자에 장착
나노 입자	생장 중 식물이 산업적 성분 할 나노 입자 흡수	종자
나노 영양성분	위에 흡수되어야 할 기능 성분을 캡슐에 넣어 제조	식품
분자제조	나노보트(nanobots)가 공기 중 탄소, 수소, 산소를 이용하여 식품 합성	식품

technology)을 농업 분야에 적용하고 있는데, 이는 생산자, 소비자, 판매자 모두에게 환영을 받는 기술이다.

이러한 제품들은 바스프(BASF)와 바이엘(Bayer), 몬산토와 신젠타, 조지웨스턴 식품 등에서 제조하여 제품이 판매되고 있다.

물론 이러한 나노 기술에 대한 찬반논의가 활발하다. 즉, 옹호론자는 이러한 신기술이 기아 해방, 농업환경문제 해결, 비만 방지 등에 기여할 수 있다고 주장한다. 반면, 반대자는 소비자의 식품선택권이 침해되고 혜택을 받지 못하거나 접근이 불가능한 소농에는 혜택이 없고, 독성물질이 농업 및 식품제조에 주입될 가능성을 들어 반대의사를 피력하고 있다.

이러한 관행농업과 생명공학기법을 이용한 농업이 현대 농업의 주류였고 그 배경은 소득 또는 수익의 극대화였다. 그러나 이러한 최대투입과 최대이익이라는 패러다임은 최근 새로운 도전에 직면해 있다. 건강한 식품에 대한 소비자의 우려 이외에도 현실적인 문제는 화학 에너지의 소비에 근거한 농업이라는 점 때문이다. 즉 기계화, 관수, 제초제, 화학비료 사용 등은 모두 화석 에너지가 필요한 작업이다.

비료 제조에 있어서도 보통 1톤의 비료를 제조하기 위해서는 5톤의 석유가 필요하며, 이를 공장에서 농장까지 운반하여 살포하는 데도 막대한 에너지가 투입된다. 지금까지의 연구에 의하면 현재의 속도로 화석 에너지를 사용한다면 2037년에는 화석 에너지가 고갈될 것으로 보고 있다. 그러나 경제적 발전속도가 빠른 중국이나 인도에서의 소비량이 늘어나는 추세를 보면, 2037년 이전에 화석 에너지가 고갈될지도 모른다. 뿐만 아니라 이러한 석유의 사용으로 인한 지구온난화가 문제로 대두되고 있으며 교토의정서에 의해 배출되는 이산화탄소를 감축해야만 하는 시대에 살고 있기 때문에 화석연료를 무제한 사용할 수는 없게 될 것이다. 에너지 문제와 관련되어 현재 진행되는 논의는 식품운반거리(食品運搬距離, food miles)이다. 슈퍼마켓에서 팔리는 식품의 평균 운반거리는 3,000마일이며, 이는 운반과 배포에 막대한 에너지가 사용되고 있다는 것을 의미한다.

또 농업경영의 목표인 농업소득의 최대화 개념은 농업 분야에서는 다른 의미로 해석되어야 한다는 견해도 많다. 예를 들어 ha당 생산성 효율은 어떤 작물의 ha당 생산량을 기본으로 하고 에너지 소비, 환경에 대한 영향은 생산효율을 계산하는 데 고려하지 않고 있다. 따라서 관계되는 모든 요인을 계산에 넣는 것이 합당하다는 것이다. 예를 들면 생물다양성, 서식지 등도 고려해야 한다는 입장이다. 현재의 회계는 광물질 자원을 고갈시키고, 산림을 훼손하고 토양이 침식되며 어류를 오염시키는 등의 문제를 고려하지 않은 채, 이들 자산이 소실되어도 영향을 미치지 않는 측정된 소득만을 기준으로 한다. 따라서 결과는 환상소득(幻想所得, illusory gain)이며 자산의 영원한 소실이라고 주장한다(Myers, 2005).

관행농업에 대한 또 다른 비판은 농업 부문에 대한 각종 보조와 세금감면이다. 비료에 대한 보조, 농업연료의 세금감면 등은 자국 농민의 소득을 높일 수 있을지 모르나 이렇게 보조를 받아 생산된 농산물이 국제시장에 비현실적인 가격으로 거래됨으로써 제3세계 농민의 생산성을 약화시키고 나아가서 그들 생활에 어려움을 가중시키게 된다. 예를 들어 미국의 면화 생산농가는 연간 40억 달러의 보조금을 받으나 생산된 면화는 30억 달러에 지나지 않는데, 이는 세계 면화시장에서 25~26%의 가격 저하를 유발하여 보조를 받지 못하는 나라의 면화농가에 피해를 준다. EU에서 사탕무 농가의 보조로 국제시장가격보다 2~3배 더 많이 받는 것은 또 다른 예이다. OECD 국가에서 지급한 보조금은 3,780억 달러이며, 그 결과 보조를 받지 못하는 다른 국가는 경쟁력을 잃게 되었다. 최종 산물인 비료나 연료에 대한 보조를 줄여 시장교란을 막고 과잉생산에 의한 파괴적 형태를 방지하는 것이 소위 공정경쟁의 원리라고 보는 것이다(Myers, 2005).

관행농업의 단점이나 약점을 보완코자 제안된 것이 앞장에서 논의되었던 소위 친환경농업이다. GAP, 대형 마트의 자체 브랜드 농산물, 각 지자체 인증농산물 등이 모두 이에 속한다. 이들이 지향하는 바는 크게 두 가지로, 첫째는 양분관리를 합리적으로 한다는 것이고, 둘째는 병충해 관리에서 농약의 사용을 적정화한다는 것이다. 흔히 말하는 작물양분종합관리(INM)와 병충해종합관리(IPM)가

〈표 10-3〉 식량공급에 대한 각 농업체제의 특징(Lockie 등, 2006)

항 목	관행농법 보완농업	친환경농업	유기농업
주안점	대량생산	대량생산	제철식품
특징	생필품 : 틈새 생명공학/나노 식품	관행과 유기농업의 중간 저농약, 저화학비료	자연체계, 물질순환 중시
방향	생명과학 개척을 통한 생산성, 효율, 생산비 절감	미적, 질적 수월성 추구	생명지역주의, 저렴식품보다 자연적 요구
농업에 투자	GMO, 나노 기술을 포함한 적절한 투입, 화석연료 의존	합성농약, 화석연료 투입	폐쇄영양순환. 합성물질 투입 및 GMO 거부
식품생산	대농장, 고생산성, 저노동력 투하, 지역사회와 농업과의 연결 무	대농장, 고생산성, 저노동력 노동집약적, 지역사회와 농업과의 연결 무	혼합된 농장규모, 노동집약적, 지속성 목표
식품가공	식품특징 대변화 기능성 식품, 생명보존재, 신포장법 선택	주로 생물판매, 가공 적음	가공줄임 : 질과 에너지 절약 포장에 촛점
식품가공	식품특징 대변화 기능성 식품, 생명보존재, 신포장법 선택	주로 생물판매, 가공 적음	가공줄임 : 질과 에너지 절약 포장에 촛점
식품판매	이력 추적(미량성분) 세계기준 판매가격 촛점	주로 내국인 대상 판매	계절 및 지역식품 식물이동거리, 식품 질에 초점
식품분포	국내 또는 세계 소비자는 질이나 표시에 관심 없음	주로 국내	지역, 국가, 세계 및 에너지, 환경의 결과를 받아들일 수 있는 수준, 소비자는 질이나 표시에 관심 높음
환경결과	저농업화학물질 사용 증가 생물적 다양 감소, 환경적, 인간피해 불확실	친환경적이나 그 정도는 불확실	유전적 다양성, 토양, 물건강, 잠재적 지속생산체계
건강	개인 및 사회 건강을 극대화시키기 위한 인간유전자에 식품을 적합케 하는 생명공학	규정준수 식품이나 건강에 대한 확신은 확실치 않음	건강한 생태계에서 생산된 식품이 보다 건강하고 적은 유해물질 함유

항 목	관행농법 보완농업	친환경농업	유기농업
정치적 지지	강함, 식품업의 미래로 생명산업 미래에 대해 정부의 지지. 그러나 건강, 생물적 다양성, 위험성이 알려지지 않았기 때문에 강한 반대	적극 지지, 불완전한 생태계 보존으로 소비자의 지지 약함	적극 지지, 식품가격 상승, 종종 수출경쟁력 없음

그 핵심이다.

관행농산물이 여러 식품사고의 원인이 됨에 따라 소비자들은 생산 · 가공 · 판매 · 인증에 대해 의구심을 갖기 시작했다. 소비자는 관행농산물을 대체할 수 있는 '대체 농산물'에 대해 관심을 갖기 시작했고, 그 결과 생긴 것이 유기농산물, 슬로 푸드, 공정거래 등이다. 이들 농산물이 환경 · 문화 · 사회적 질을 소비에 연결시킬 수 있다고 보았다. 이것은 소비에 미적 관심이 부각되는 것으로 농산물의 개념에 단순한 먹거리를 벗어나 건강, 지역농산물, 유기식품, 슬로 푸드, 공정거래 같은 개념이 삽입되었다. 그리하여 소비자에게 수동적 소비자가 아닌 능동적 소비자로의 변화를 의미하고, 도덕적 결정이 가격, 편리에 우선하며, 또한 소비자에게 정치적 · 도덕적 실천자가 될 것을 요청하는 것이기도 하다.

10.5 도전받는 유기농업

유기농업이 대형 유통업자 인증이나 준 유기농산물 또는 유사 유기농산물과의 경합에서 살아남을 수 있을 것인가? 유기농업은 분명히 그린이나 청정 이미지의 유사농산물 또는 식품판매업자의 새로운 연합에 의해 자체 개발된 브랜드와 경쟁하게 될 것이다.

값싼 외국농산물에 관한 관심과, 농자재의 과투자가 불러온 환경부하에 대한 국민적 관심, 그리고 안전식품에 대한 소비자의 선호에 따라 대안으로 시작된 유기농업은 현재 여러 가지 도전에 직면해 있다. 첫째, 유사 또는 근사 유기농산물의 도전으로 이들 역시 유기농업과 유사한 슬로건과 아이디어를 갖고 이를 소비자에게 부각시키려 하고 있으며, 특히 가격이 저렴하고 외양이 좋기 때문에 판매업자들이 선호한다는 것이다. 둘째, 현재 소비자들이 가격이 비싸다고 느끼고 있으며 브랜드에 대한 충성도가 낮다는 것이다(김창길 등, 2008). 이러한 국내적 여건과 함께 외부로부터도 거센 도전을 받고 있다. 현대 유기농업의 특징을 크게 다섯 가지로 나눌 수 있는데, 첫째 유기농 생산에 현대적 기술을 응용하여 대규모로 재배되고 있고, 둘째, 과거 관행농산물을 취급하던 회사를 통해 사료, 종자, 농자재가 거래되고 있으며, 셋째, 유기농산물 및 유기사료가 국제적으로 거래되고 있고, 넷째, 무역회사에 의해 유기농산물이 가공 및 판매되며, 다섯째, 대형할인매장을 통해 판매되거나 또는 그들이 고유의 브랜드를 만들어 판매하고 있다는 것이다(Alroe 등, 2006).

앞으로 유기농산물과 무농약농산물, 유기축산물과 무항생제만으로 유기농산물 표식이 될 경우 유기농산물이 관행농산물과 아류 및 유기농산물 사이의 틈새시장이 아닌 하나의 주류농산물로 살아남기 위해서는 다음과 같은 대원칙이 지켜져야 한다는 주장이 있다(Lockie 등, 2006).

첫째, 유기농업이 지속적 농업이 되도록 해야 한다. 여기서 지속성이란 생태적인 지속성은 물론이려니와 사회적 · 경제적인 지속성을 포함한다. 따라서 유기농가는 어떤 방법이 지속성(유기농으로 살아남기)을 유지할 수 있을 것인가에 대해 부단한 노력과 연구를 해야 한다.

과수원 GAP 심사

[그림 10-5] GAP 인증과수원 및 심사

[그림 10-6] 대형 할인점 자체 브랜드

둘째, 유기농업기준을 계속적으로 잘 유지하고 이러한 기준을 잘 지켜내야 한다. 유기농업이 다른 유사농업과 차별될 수 있는 규정을 준수하고 생산물의 경제적 가치를 유지하기 위한 노력을 해야 한다. 국제기준을 준수하되 지역변이를 고려하고 유사 유기농산물 기준과 유기농산물 기준의 차이를 파악해야 하며, 소농 유기농가를 위한 새로운 인증기준을 만드는 데 노력을 기울여야 한다.

셋째, 유기농가의 생활개선이 가능하도록 유기농산물의 가격이 높게 유지되도록 노력해야 한다. 유기농산물의 가격이 높지 않으면 농가는 다시 관행농산물을 생산하게 된다. 영국에서는 유기농가의 10%가 이런 이유 때문에 관행농으로 다시 전환한 바 있다. 따라서 높은 가격을 유지할 수 있는 방법이 유기농 유지의 관건이 된다.

넷째, 유기농 시장이 성장하도록 해야 한다.이를 위해서 유기농산물의 접근성을 높이고 생산농산물뿐만 아니라 가공 유기농산물의 공급체계를 개발하여 적정량 공급으로 소비자에게 좋은 인상을 심어주도록 해야 한다. 과도공급은 가격하락으로 이어져 유기농산물 우대가격이 사라지게 되며, 후에 소비자의 인식을 바꾸는 데 많은 노력이 요구된다. 또 가시성, 가용성, 라벨의 개선 등을 통해 소비자의 구매력을 창출시킬 수 있도록 해야 한다

다섯째, 관행농과의 공존, 종 다양성 지지, 유통망과의 협동을 통해 함께 발전할 수 있는 토대를 마련하는 것 또한 중요하다.

국내에서 이런 토대를 마련하기 위한 대책으로 이효원(2004)은 크게 유기농업 지원체계의 강화, 유기농산물 유통의 활성화, 유기농산물에 대한 홍보 강화, 규모화 유도 및 단지화를 해야 한다고 주장한 바 있다. 그리고 김창길 등(2008)은 구매계층별 대응논리 개발, 출하지에서의 조직화, 수요처의 안정적 확보 등을 주장하고 있다. 이러한 논리를 좀 더 세분하면 다음의 몇 가지로 요약할 수 있을 것

이다.

첫째, 유기농업에 대한 보조가 직불제가 아닌 환경보호 및 지역발전 프로그램의 일환으로 이루어져야 한다. 따라서 토양보존, 유기물보존, 경관보존과 환경보호에 초점을 맞춘 보조로 유기농업 원칙에 의거한 농가에만 혜택이 돌아가도록 해야 한다. 이런 보조를 통하여 국내 부존자원 이용의 활성화를 도모해야 한다. 유기퇴비에 대한 보조에 있어서도 국내에서 생산된 것을 더 많이 사용하도록 유도해야 한다.

둘째, 유기농산물 생산지역은 도시 근교가 아닌 산촌에서 이루어지도록 장려해야 한다. 현재의 전남 지역이나 경북 울진과 같은 지역 중심의 유기농산물 생산이 생태적 관점에서 바람직하다.

셋째, 이미 김창길 등(2008)이 지적했듯이 판매전략도 명품, 고품질, 자연식품 등과 같은 브랜드로 거듭나도록 유기농업의 원칙에 의해 생산되도록 품질관리를 하여 유기농산물이 농산물 중에 가장 비싸고 품질이 좋은 생산품으로 각인되도록 노력을 기울여야 한다.

자유무역은 유기농업에 위협적인 존재임에 틀림없다. 즉, 외국의 수입 유기농산물 또한 위협적인 존재로 부각될 것이 확실하다. 신념과 이데올로기가 없이는 불가능한 것이 유기농업이기는 하지만 생존하기 위해서는 가격인하 압력, 다량 요구, 표준화, 특별화, 높은 생산성과 효율을 받아들여야만 하는 것이다. 특히 우리나라와 같이 소농 중심, 노동력의 노령화 등의 특징을 갖고 있는 상황에서 어떻게 하는 것이 지속적일 수 있을 것인가를 고민해야만 할 것이다.

참고문헌

- 김창길 · 이용선 · 이상건(2008). 「친환경농산물의 소비성향과 마케팅 전략」. 농촌경제연구원 정책연구보고.
- 이효원(2004). 『생태유기농업』. 한국방송통신대학교출판부.
- Alroe, Hugo F., John Byrne and Leigh Glover(2006). *Global Development of Organic Agriculture : Challenges and Prospects*. CABI Publishing.
- Lockie. S., K. L. Yons, G. Lawrence, D. Halpin(2006). *Going organic*. CAB International.
- Myers Adrian(2005). *Organic Future*. Green Book.
- Tokue Michiaki(2005). Case study on the Activation of Teikei System and Organic Agricultural Products Distribution. 2005 Organic Food Expo. Uljin.

찾 | 아 | 보 | 기

[가]

[나]

[다]

[라]

[마]

[아]

[자]

[차]

[카]

[타]

[파]

[하]